普通高等学校"十三五"规划教材

C YuYan ChengXu SheJi
C 语言程序设计

主　编　詹金珍
副主编　李　刚

西北工业大学出版社
西　安

【内容简介】 本书是以C语言程序设计的基本方法为培养目标,以任务驱动教学思想为指导编写而成的。其内容突出C语言的趣味性和实用性。

全书共分12章,分别介绍了C语言的特点、数据类型与简单输入和输出、运算符和表达式、结构化程序设计的基本结构、数组、函数、指针、结构体与共用体、文件、位运算符与长度运算符、编译预处理以及图形处理,同时精选了12个上机的实训项目,供读者巩固学习成果。

本书可作为高等院校的C语言程序设计课程的教材,也可作为各层次职业培训教材,同时可供广大C语言程序设计爱好者参考。

图书在版编目(CIP)数据

C语言程序设计/詹金珍主编.—西安:西北工业大学出版社,2018.3
ISBN 978-7-5612-5192-8

Ⅰ.①C…　Ⅱ.①詹…　Ⅲ.①C语言—程序设计　Ⅳ.①TP312.8

中国版本图书馆CIP数据核字(2017)第005578号

策划编辑:杨　军
责任编辑:张　友

出版发行:西北工业大学出版社
通信地址:西安市友谊西路127号　　邮编:710072
电　　话:(029)88493844　88491757
网　　址:www.nwpup.com
印 刷 者:陕西金德佳印务有限公司
开　　本:787 mm×1 092 mm　　1/16
印　　张:18.375
字　　数:446千字
版　　次:2018年3月第1版　　2018年3月第1次印刷
定　　价:39.00元

前　言

　　C语言程序设计是一门实践性很强的课程，重点在于培养学生的程序设计能力，训练编程思维，使其逐步理解和掌握C语言程序设计的思想和方法。

　　本书按照C语言程序设计的教学规律精心设计内容和结构。笔者结合十余年的教学经验进行全书内容的设计，力争结构合理，难易适中，以突出培养学生读程、编程和调试的实际能力。

　　本书以C语言程序设计的基本方法为培养目标，以任务驱动教学思想为指导，以编程应用为主线，突出C语言的趣味性和实用性。书中包含大量的例题和12个上机编程的实训项目，图文并茂，趣味性强，实用性强，强调上机训练编程思维。通过对本书精选的C语言程序设计实训学习，学生可掌握C语言程序设计的基本方法并具备基本调试的能力。

　　全书共分为12章。第1章是C语言概述，主要讲述程序设计中的算法、基本概念、C语言特点与程序的结构，以及Visual C++6.0集成环境下的上机操作过程；第2章是数据类型与简单输入和输出，主要讲述C语言程序设计的基础知识，包括数据的类型及分类、格式输入与输出函数和字符输入与输出函数；第3章是运算符和表达式，主要讲述C语言的各类运算符及表达式的应用和操作；第4章是结构化程序设计的基本结构，主要讲述C语言程序设计的三种基本控制结构，即顺序结构、选择结构和循环结构，重点介绍选择结构和循环结构的程序设计；第5章是数组，主要讲述一维数组、二维数组和字符数组，以及字符串处理函数的使用；第6章是函数，主要讲述函数的概念和定义方式，函数返回值和参数的作用，函数的调用方式，以及使用函数解决实际问题的方法；第7章是指针，主要讲述指针变量的定义、初始化及引用，指针在数组、函数及字符串中的应用，指针作为函数参数的应用；第8章是结构体与共用体，主要讲述结构体类型和结构体类型变量的基本概念、定义和应用；第9章是文件，主要讲述文件的打开、读写、定位和错误检测；第10章是位运算符与长度运算符，主要讲述位运算符与长度运算符的基本概念及应用；第11章是编译预处理，主要讲述宏定义、文件包含和条件编译；第12章是图形处理，主要讲述图形模式的初始化、独立图形程序的建立、基本图形功能、图形窗口以及图形模式下的文本输出。

　　本书由詹金珍任主编，由西北工业大学计算机学院潘巍担任主审。具体编写分工：第1,2章由李刚编写，第3,4章由党建林编写，第5,6章由张淑丽编写，第7,8章由詹金珍编写，第9章由李青编写，第10～12章由麻小娟编写。

　　本书的出版得到西北工业大学出版社杨军编辑的大力支持，在此表示衷心的感谢。

　　由于水平有限，加上时间仓促，书中难免有不足和疏漏，敬请读者批评与指正。

编　者

2017年10月

目 录

第1章 C语言概述 ·· 1
1.1 C语言程序结构 ·· 1
1.2 算法与程序设计 ·· 3
1.3 C语言的特点 ·· 7
1.4 Visual C++6.0上机操作 ·· 7
1.5 流程图与N-S图 ·· 10
1.6 结构化程序设计 ·· 12
实训1 上机练习 ·· 16
习题1 ·· 16

第2章 数据类型与简单输入和输出 ·· 18
2.1 程序设计简例 ·· 18
2.2 数据的表现形式 ·· 19
2.3 格式输入、输出函数 ·· 33
2.4 字符输入、输出函数 ·· 36
2.5 程序设计案例 ·· 37
实训2 简单程序设计 ·· 40
习题2 ·· 41

第3章 运算符和表达式 ·· 45
3.1 算术运算符 ·· 45
3.2 关系运算符和逻辑运算符 ·· 48
3.3 条件运算符和条件表达式 ·· 51
3.4 赋值运算符和赋值表达式 ·· 52
3.5 逗号运算符和逗号表达式 ·· 55
3.6 运算符的优先级与表达式的分类 ·· 56
3.7 程序设计案例 ·· 58
实训3 数据类型 ·· 58
习题3 ·· 60

第4章 结构化程序设计的基本结构 62

- 4.1 概述 62
- 4.2 选择结构程序设计 64
- 4.3 循环结构程序设计 73
- 4.4 多重循环的实现 83
- 实训4 分支结构程序设计 87
- 习题4 88

第5章 数组 91

- 5.1 一维数组 91
- 5.2 二维数组及多维数组 95
- 5.3 字符数组与字符串 99
- 5.4 程序设计案例 104
- 实训5 数组 108
- 习题5 108

第6章 函数 114

- 6.1 函数的概念 114
- 6.2 函数调用 118
- 6.3 变量的作用域和存储类型 123
- 6.4 嵌套调用与递归函数 129
- 6.5 内部函数和外部函数 132
- 6.6 程序设计案例 136
- 实训6 函数 139
- 习题6 140

第7章 指针 147

- 7.1 内存数据的指针与指针变量 147
- 7.2 指针变量的定义及指针运算 149
- 7.3 数组元素的指针与数组的指针 155
- 7.4 函数的指针和返回指针的函数 159
- 7.5 字符指针 162
- 7.6 指针数组与指向指针的指针 163
- 7.7 程序设计案例 167
- 实训7 指针 170
- 习题7 172

第8章 结构体与共用体 ... 177

8.1 结构体类型和结构体类型变量 ... 177
8.2 结构体数组 ... 182
8.3 指向结构体类型数据的指针 ... 185
8.4 内存的动态分配与单链表 ... 188
8.5 共用体和枚举类型 ... 193
8.6 typedef 语句 ... 195
8.7 结构体程序设计案例 ... 198
实训8 结构体与共用体 ... 204
习题8 ... 205

第9章 文件 ... 209

9.1 C 文件概述 ... 209
9.2 文件类型指针 ... 209
9.3 文件的打开与关闭 ... 210
9.4 文件的读/写 ... 212
9.5 文件定位 ... 219
9.6 文件操作中的错误检测 ... 221
9.7 文件程序设计案例 ... 222
实训9 文件操作 ... 224
习题9 ... 225

第10章 位运算符与长度运算符 ... 230

10.1 原码、反码和补码 ... 230
10.2 移位运算符 ... 231
10.3 位逻辑运算符 ... 232
10.4 位自反赋值运算符 ... 235
10.5 结合性和优先级 ... 235
10.6 求长度运算符 ... 236
10.7 位段 ... 237
10.8 位运算程序设计案例 ... 240
实训10 位运算 ... 241
习题10 ... 242

第11章 编译预处理 ... 243

11.1 概述 ... 243
11.2 宏定义 ... 243
11.3 文件包含 ... 247

11.4 条件编译 ……………………………………………………………………………… 248
11.5 预处理程序设计案例 …………………………………………………………………… 251
实训 11 编译预处理 …………………………………………………………………………… 252
习题 11 ………………………………………………………………………………………… 253

第12章 图形处理 ………………………………………………………………………… 256

12.1 EasyX 库的安装与使用 ……………………………………………………………… 256
12.2 图形输出初始化的设置 ……………………………………………………………… 258
12.3 绘图函数 ……………………………………………………………………………… 259
12.4 图形处理程序设计案例 ……………………………………………………………… 283
实训 12 图形处理 …………………………………………………………………………… 283
习题 12 ………………………………………………………………………………………… 285

参考文献 ……………………………………………………………………………………… 286

第1章 C语言概述

本章首先介绍程序设计中的算法、基本概念、C语言特点与程序的结构,其次介绍Visual C++6.0集成环境下的上机操作过程,最后结合流程图和N-S图介绍结构化程序设计的概念。

1.1 C语言程序结构

1.1.1 C语言程序的一般形式

C语言程序一般由一个或者多个函数构成,其中至少有一个主函数main,下面举例说明。

【例1.1】首先在屏幕上输出英文提示"Please enter a number:",然后等待用户输入一个数据。数据输入,按回车键后,计算以该数为半径的圆面积,并在屏幕上输出"The area is ×××"。

```
#include <stdio.h>
#define PI 3.14
area(float r)                          /*求面积函数*/
{
    float s;                           /*定义面积实型变量s*/
    s=PI*r*r;                          /*计算面积并赋给变量s*/
    printf("The area is %f",s);        /*输出面积结果*/
}
main()                                 /*主函数开始*/
{
    float r;                           /*定义半径实型变量r*/
    printf("Please enter a number:");  /*输出需要输入数据的提示信息*/
    scanf("%f",&r);                    /*等待输入数据给半径r*/
    area(r);                           /*调用面积函数area*/
}
```

上述程序有两个函数,即用户定义函数area和主函数main。前者的作用是根据半径r的值求出相应的圆面积并在屏幕上输出显示。后者的作用是提示并接收用户输入的数据,然后调用函数area。调用的同时,将半径r的值传递给函数area。

在C语言程序中至少有一个主函数main,是程序开始运行时调用的函数。C语言程序的一般形式如图1.1所示。其中f1,f2,…表示用户定义函数。另外,还有许多变量,变量要在可执行语句之前先声明,后引用。

```
预处理命令和全局性的
声明
main()
{
    局部变量声明
    语句序列
}
f1()
{
    局部变量声明
    语句序列
}
f2(){
    局部变量声明
    语句序列
}
……
```

图1.1　C语言程序的一般形式

1.1.2　C语言程序的主要成分

1. 预处理命令

预处理命令是程序中以符号♯开头的命令。在C语言程序中,常用的预处理命令有三类,即文件包含、宏定义和条件编译。例1.1程序中的♯define PI 3.14就是一条宏定义命令,用来为数据3.14起一个名字。以后,凡是用到3.14时都可用PI代替。

预处理命令不属于C语言的语句,这些命令是在源程序编译前进行处理。有关预处理命令的定义和使用,将在第11章介绍。

2. 函数

函数是用于实现相对独立的功能的程序段,具有严格的定义格式,一般由首部和函数体组成,可以有参数和返回值,是C语言程序的基本单位。在一个程序中除了必须取名为main的主函数外,其余函数可以任意取名。在函数的执行过程中可以调用其他函数,也可以调用自己,这种调用自己的过程称为递归。

(1)首部,即函数的第一行,是对函数的说明,也称为声明,包括函数名、函数类型、函数参数表(形参表)等。

(2)函数体在首部之后,是两个大括号之间的部分。大括号配对使用,如果一个函数中有多对大括号,则最外面的一对大括号之间的部分是函数体。

函数体一般由说明部分和可执行语句构成。说明部分是定义变量和对有关函数的声明,一般在可执行语句之前。例1.1中,主函数main中的"float r;",用来定义一个半径实型变量r。

说明部分之后就是可执行语句。例1.1中,说明部分"float r;"之后的三条语句都是可执行语句。

用户可调用的函数除了自己编写的以外,还有C语言提供的函数,称为库函数,即标准函数,存储在扩展名为.lib的文件中,也称为系统函数。库函数调用时,"连接程序"根据库函数名在标准函数库中找到相应的目标代码,与调用函数结合起来,这一过程称为"连接"。

系统函数不同于用户编写的函数,前者对应的程序代码不出现在源程序中,后者是源程序的组成部分。

复杂程序通常有多个函数,为便于管理,常把关系密切的函数组织在一起,放在同一个文件中。因此,大型程序通常由多个文件组成,每个文件均以".c"作为扩展名(也称为后缀),例如exam1.c,exam2.c等。

3. 输入与输出

输入/输出是指程序和用户之间进行的数据或信息传送。C语言没有定义输入/输出方法,但是在程序中可以调用库函数来实现输入/输出功能。例如例1.1中的scanf,调用输入函数,等候用户输入数据并赋给相应的变量;printf调用输出函数,输出运行结果。

在调用库函数之前,一般需要在程序的开头使用预处理命令#include < stdio.h >说明,也就是包含。

4. 语句

语句由单词(关键字)按照一定的语法规则构成。例如例1.1中函数内部的每一行都是一条语句。C语言中有多种类型的语句,用来构成函数,再由函数构成程序。

C语言程序的书写格式比较自由,可称为无格式语言。允许一行书写多条语句,也允许一条语句分几行书写,但是每条语句必须以分号";"结束。为了便于阅读,最好一行书写一条语句。

5. 注释

注释是对语句或者程序进行说明的文字,以便于程序员和用户阅读,可以和程序一起存储显示,但是对语句或者程序不起实质性的作用。其格式如下:

/* …… */ 或者 //

注释可以跟在语句后面,也可以独占一行,两端的"/ *"和" * /"成对使用,"/"和" * "之间不能空格。注释的文字可使用操作系统支持的所有语种,常用的是英语和汉语。

1.2 算法与程序设计

1.2.1 算法

1. 算法的概念

通俗地讲,算法就是求解一个问题时所用的方法和步骤,在计算机中称为计算机算法,简称算法。下面,通过具体的实例予以说明。

【例1.2】计算$1+2+3+\cdots+30$,常用算法有两种。

解1:设有变量i和s。其中i表示加数,s表示和,循环算法如下:

步骤1:$1 \to i, 0 \to s$;

步骤2:$s+i \to s$;

步骤 3:i+1→i;
步骤 4:如果 i≤30,转步骤 2;否则,执行步骤 5;
步骤 5:输出结果 s,结束。

其中 0→s 表示把数值 0 赋给变量 s;s+i→s 表示把变量 s 和变量 i 所代表的值相加,结果赋给变量 s,i+1→i 表示变量 i 的值加 1。当步骤 4 中条件 i≤30 满足时重复步骤 2,否则执行步骤 5,输出结果。

解 2: 设有变量 i,j 和 s。其中 i 和 j 表示加数 1 和 30,s 表示和。
步骤 1:1→i,30→j,0→s;
步骤 2:(i+j)×15→s;
步骤 3:输出 s,结束。

【例 1.3】判断一个大于等于 3 的正整数是不是素数。

解: 素数是指能被 1 和本身整除之外再不能被其他任何整数整除的数。例如 13,只能被 1 和 13 整除,而不能被 2,3,4,…,12 整除。设有整数 n,最简单的判断方法是用 n 除以 2 到 (n−1)之间的所有整数,如果都不能被整除(余数不为 0),则 n 是素数。算法如下:
步骤 1:输入 n 的值;
步骤 2:变量 i 表示除数,2→i;
步骤 3:n 除以 i,得余数 r;
步骤 4:若 r=0,表示 n 能被 i 整除,打印 n 不是素数,转步骤 7;否则,执行步骤 5;
步骤 5:i+1→i;
步骤 6:如果 i≤n−1,返回步骤 3;否则打印 n 是素数,转步骤 7;
步骤 7:结束。

实际上,除数 i 只需自增到 n/2 或者 $\sqrt{n}$ 即可。这样,可缩短程序执行时间。

2. 算法的属性

从上述例题中不难看出,算法具有以下属性:

(1)有穷性。有穷性是指算法的操作步骤是有限的、合理的,能在合理的范围内结束。例如求正整数数列的累加和,若不限定范围,将导致求解过程无限。又如执行某一算法需要几年、几十年甚至上百年,虽然有限,但是不合理。

(2)确定性。确定性是指算法中的每一个步骤都是明确的,没有歧义性,即没有可被理解为两种或多种可能的含义。例如"计算 9 月 10 日是一年中的第几天",就属于不确定性问题。因为没有说明哪一年,是否有闰月。

(3)有零个或多个输入。执行算法时从外界获取数据的操作称为输入。输入数据的个数根据算法确定。例如计算 1~30 累加和的算法不需要输入数值;计算 n!的算法需要输入数值 n;计算 m 和 n 的最大公约数和最小公倍数时需要输入 m 和 n 两个数值。

(4)至少有一个或多个输出。输出是指执行算法后得到的结果,没有输出的算法是没有意义的。常见的输出形式是屏幕显示或打印机输出。执行算法的过程就是求解,"解"就是输出。

(5)有效性。有效性是指算法中的每一个步骤应当有效,能得到确定的结果。例如当 a≠0,b=0 时,求解 a/b 不能有效执行,而求解 b/a 能有效执行。

一般而言,为了有效地求解某一问题,需要有正确的算法。

算法的描述方式有多种,常用的有自然语言、计算机语言、伪代码、流程图、N-S 图等。上述两例是用自然语言和数学公式来描述算法的。

1.2.2 程序

在计算机中,用计算机语言描述的算法称为程序。为了有助于编程,常在编写程序前用其他方式描述算法,然后再翻译成某种计算机语言程序。

算法的描述如果太细,可能烦琐;如果太粗,可能难以直接翻译成计算机程序语言。下面举例说明。

【例1.4】输入11个任意整数,求出其中的最大数。

解: 设有整型变量 bmax,i 和 x。

步骤1:输入一个整数,赋给变量 bmax;

步骤2:$0 \rightarrow i$。

步骤3:如果 i<10,输入下一个整数,赋给变量 x,转步骤4;否则,转步骤6;

步骤4:如果 x>bmax,x$\rightarrow$bmax;

步骤5:$i+1 \rightarrow i$,转步骤3。

步骤6:输出结果 bmax,结束。

针对上述算法,用 C 语言描述:

```c
#include <stdio.h>
main()                       /* main 是主函数,一个 C 程序必须有一个主函数 */
{
    int i,x,bmax;            /* 说明 i,x,bmax 是存放整数的变量 */
    scanf("%d",&bmax);       /* 输入一个整数给 bmax */
    for(i=0;i<10;i++)        /* i 从 0 到 9(每次加 1)进行循环 */
    {
        scanf("%d",&x);      /* 每循环 1 次,输入一个整数给 x */
        if(x>bmax)bmax=x;    /* 如果 x 大于 bmax,将 x 的值赋给 bmax */
    }
    printf("%",bmax);
}
```

如果把例1.4求最大数的算法简化为:

步骤1:输入10个数,求其中的最大值并赋给 bmax。

步骤2:输出 bmax,结束。

那么直接翻译成 C 语言程序就困难了。因为算法太粗略,没有描述如何求10个整数中的最大者。

1.2.3 程序设计语言与程序设计过程

1. 程序设计语言

在人类社会中,语言的种类很多,比如汉语、英语、德语等。每一种语言都有自身的语法规则。用于计算机程序设计的语言称为计算机语言,可分为机器语言、汇编语言和高级语言。机器语言、汇编语言是面向机器的语言,与计算机硬件紧密相关。高级语言则是面向过程(比如

C语言),或面向对象的语言(比如Java,C++等)。用高级语言编写的程序可在不同类型的计算机中运行。

机器语言程序,计算机可以直接执行,汇编语言程序和高级语言程序只有转换成机器语言程序以后计算机才能执行。把汇编语言程序转换成机器语言程序的过程称为汇编,由汇编程序完成。把高级语言程序转换成机器语言程序的过程称为解释或者编译,分别由解释程序或者编译程序完成。

用汇编语言或者高级语言编写的程序称为源程序,经汇编或者编译而生成的机器语言程序称为目标(或者目的)程序。

2. 程序设计过程

使用计算机求解某一问题,首先要从实际问题的描述入手,经过算法分析、算法描述、编写程序和调试等过程。只有调试通过以后,方可运行,从而求得问题的解。程序设计的一般过程可概括为以下几个步骤:

(1)建立数学模型。对于简单问题,比如例1.4求10个整数中的最大值,可由程序员直接编写程序。对于复杂问题,首先要用数学语言描述,形成一个抽象的、具有一般性的数学问题,并给出问题的数学模型。

例如计算个人收入调节税,问题描述为:月收入3 500～8 000元的,超过3 500部分纳税税率为10%。输入月收入income,计算应交纳税款tax。该问题可用数学方式描述为:

$$tax = \begin{cases} 0 & income \leq 3\ 500 \\ (income - 3\ 500) \times 0.1 & 8\ 000 > income > 3\ 500 \end{cases}$$

数学模型是进一步确定计算机算法的基础。数学模型和算法的结合将给出问题的解决方案。在实际应用中,数学模型可能千变万化,这里仅举出一个简单的例子予以说明。

(2)算法描述。数学模型建立以后,需要用算法进行描述,一般选择比较理想的算法。例如,上述计算个人调节税的算法可描述为:

步骤1:输入月收入给income。

步骤2:当income>3 500且income<8 000时,计算(income-3 500)×0.1→tax;否则0→tax。

步骤3:输出tax。

算法描述可使用自然语言,然后逐步转化为程序流程图或其他直观方式。对于一些特殊问题,其数学模型可能就是一种算法描述,这时可省略由数学模型到算法描述的转换。

(3)编写程序。使用计算机程序设计语言,把设计好的算法表示出来,这一过程称为编写程序(或称编程)。程序编写后需要反复调试,才能得到正确的程序。

(4)程序测试。程序编写完成后必须进行测试,才能保证程序的正确性。同时,通过测试还可对程序的性能进行评估。

对于非数值计算问题,比如图书检索、人事管理等,在描述算法之前往往需要考虑数据结构,即描述事物的数据元素和数据元素之间的关系。有关数据结构的知识请参阅相关书籍。

总而言之,程序设计是算法、数据结构和程序设计语言相统一的过程。这三个方面又称为程序设计三要素。

对于大型复杂问题,如何从问题描述入手构成解决问题的算法,如何快速合理地设计出结构和风格良好的高效程序,将涉及多方面的理论和技术,即程序设计算法。

如果问题规模大、功能复杂，可把问题分解成功能相对单一的小模块，分别设计。根据C语言的特点，本书在1.6节着重介绍结构化程序设计的思想。

1.3　C语言的特点

1990年国际标准化组织ISO首次接受C89为ISO C标准。1999年C89技术修正为C99，2004年修正为TC2。本书的叙述以C99为依据。和其他高级语言相比，C语言有下述特点。

（1）C语言允许直接访问物理地址。C语言属于高级语言，但是它兼有机器语言和汇编语言的一些功能，可直接对硬件进行操作，允许对计算机中的位、字节和地址单元进行操作。

（2）用C语言编写的程序可移植性好。与汇编语言程序相比，C语言程序具有很好的可移植性，是一种通用语言。由于它兼有高级语言和低级语言的功能，因此，在所有的计算机系统中都可以使用C语言。

（3）结构化程序设计语言。结构化程序是指整个程序可分解为不同功能的模块，每一个模块又由不同的子模块组成。最小的模块是一个最基本的结构。

结构化程序设计语言提供许多控制语句，以实现结构化程序设计。结构化程序的显著特征是代码和数据的分离。C语言能把执行某一任务的指令和数据从程序中分离出去，隐藏起来。C语言的主要结构成分是函数，即独立的子程序。利用函数可分离程序代码和数据。在引用函数时只需要知道函数做什么，不需要知道如何做。

（4）语言简洁紧凑。C语言一共有37个关键字，9种控制语句。C语言区分大小写，其关键字都是小写英文单词。例如else是关键字，ELSE则不是。与其他高级语言相比，控制语句和运算也比较紧凑。

（5）运算符丰富。C语言的运算符有34种，C语言把括号、赋值和强制类型转换等都作为运算符处理。灵活使用各种运算符可实现在其他高级语言中难以实现的运算。但是对于初学者，有时感到难以区分和掌握。

（6）数据结构丰富。C语言的数据类型包括整型、实型、字符型、数组、指针、结构体、共用体和枚举等，基本上具有现代高级语言的各种数据类型，可实现各种复杂的数据结构（譬如链表、树、堆栈）的运算。

（7）语法限制不太严格，书写格式比较自由。C语言编译系统对下标越界不作检查。这对编程者来说有利有弊，程序编译容易通过，但是初学者出错时难以检查。程序书写时，几条语句可以写在同一行，一条语句也可以分成几行书写。

（8）目标代码质量高，程序执行效率高。C语言原来是专门为编写系统软件而设计的，目前主要用途是编写"嵌入式系统程序"。

1.4　Visual C++6.0上机操作

在计算机上运行C语言程序时，首先输入自己编写的源程序，称为编辑；其次对源程序进行编译（包括预处理），生成目标程序；第三步，把目标程序与系统函数库及其他目标程序连接起来，形成可执行程序；最后运行可执行程序，得到结果。

在对结果验证后,如果正确,结束。如果不正确,则需进行调试。C语言程序的编辑、编译、连接和运行过程如图1.2所示。

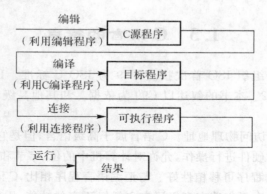

图1.2　C语言程序编辑、编译、连接、运行过程

C语言程序的运行环境有IDE编译器Visual C++6.0和Turbo C++3.0等。其中Visual C++6.0是在微机上广泛使用的集成环境,具有清晰、直观、功能强等特点。它把程序的编辑、编译、调试、连接和运行等操作全部集中到一个界面上,使用方便。

使用Visual C++6.0之前,需要安装Visual C++6.0系统。

1. 启动

双击桌面上Visual C++6.0图标,进入Visual C++6.0集成环境,如图1.3所示。

在Visual C++主窗口的顶部是Visual C++的主菜单栏。其中包含9个菜单项:文件、编辑、查看、插入、工程、编译、工具、窗口和帮助。主窗口的左侧是项目工作区窗口,右侧是程序编辑窗口。工作区窗口用来显示所设定的工作区的信息,程序编辑窗口用来输入和编辑源程序。

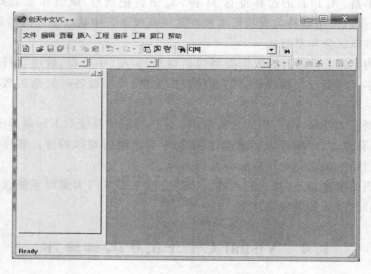

图1.3　Visual C++6.0启动主窗口

2. 输入和编辑源程序

(1)新建一个源程序。单击主菜单"文件"→"新建",出现"新建"对话框。在对话框中,单

击"文件"选项卡,单击选择"C++Source File"项,表示要建立新的C++源程序文件,然后在对话框的右半部分的"目录"文本框中输入准备编辑的源程序文件的存储路径,在其上方的"文件"文本框中输入准备编辑的源程序文件的名字,如图1.4所示。单击"确定"按钮,返回"Visual C++主窗口",看到光标在程序编辑窗口闪烁,表示程序编辑窗口已激活,可以输入和编辑源程序了。在输入过程中如发现错误,可利用全屏幕编辑方法进行修改编辑。

如果经检查无误,单击主菜单"文件"➔"保存",则将源程序保存在前面指定的文件中。

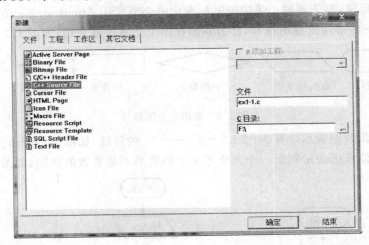

图1.4 新建C源程序

(2)程序的编译。在编辑和保存了源文件以后,若需要对该源文件进行编译,可单击主菜单栏"编译"➔"编译的源文件名"或按Ctrl+F7组合键,出现一个对话框,内容是"This build command requires an active project workspace. Would you like to create a default project workspace?"(此编译命令要求一个有效的项目工作区,你是否同意建立一个默认的项目工作区),单击"是"按钮,表示同意由系统建立默认的项目工作区,然后开始编译。

在进行编译时,编译系统检查源程序中有无语法错误,然后在主窗口下部的调试信息窗口输出编译的信息,如果无错误,则生成目标文件;如果有错,则会指出错误的位置和性质,提示用户改正错误。

3. 程序的连接

在得到后缀为.obj的目标程序后,还不能直接运行,还要把程序和系统提供的资源(如函数库)建立连接。单击主菜单栏"编译"➔"构建可执行文件名"。在执行连接后,在调试输出窗口中显示连接时的信息,说明没有发生错误,生成了一个可执行文件。

按F7键,可一次完成编译和连接任务。

4. 程序的执行

在得到可执行文件后,单击主菜单栏"编译"➔"执行可执行文件名",屏幕自动切换至运行窗口,显示出运行结果。

5. 关闭程序工作区

如果已完成对该程序的运行操作,不再对它进行其他处理,需要关闭程序工作区,以结束对该程序的操作,方法为单击主菜单栏"文件"➔"关闭工作区"。

1.5 流程图与 N-S 图

1.5.1 用流程图表示算法

流程图是用一组框图符号表示的各种操作按顺序连接而成的图,也称为框图。用流程图表示算法直观,形象,易于理解。美国国家标准化协会 ANSI(American National Standard Institute)规定的一些常用流程图符号,已为各国程序工作者普遍采用,如图 1.5 所示。

图 1.5　常用流程图符号

【例 1.5】用流程图表示计算 $1+2+3+4+\cdots+30$ 的算法,如图 1.6 所示。

【例 1.6】用流程图表示判断一个大于等于 3 的数是不是素数的算法,如图 1.7 所示。

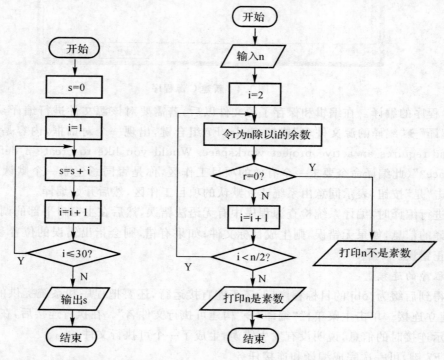

图 1.6　求 1～30 累加和的流程图　　　图 1.7　判断素数的流程图

可见,流程图由多种形式的操作框和带箭头的流程线组成,框内外可书写必要的说明文字。流程图能比较清楚地显示出各个框之间的逻辑关系。但是这种方法占用篇幅较大,画起来比较麻烦。1966 年提出的结构化程序设计方法对传统的流程图做了改进,以后又提出结构化程序设计的 N-S 图表示法。

1.5.2 用 N-S 图表示算法

N-S 图是美国学者 I. Nassi 和 B. Shneiderman 提出的一种流程图形式。它去掉流程线,全部算法写在一个矩形框内。框内还可以包含其他从属框,即由一些基本框组成一个大框。N-S 图如图 1.8 所示,表示三种基本结构。

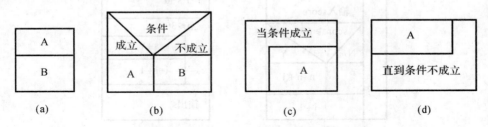

图 1.8 三种基本结构的 N-S 图符号
(a)顺序结构;(b)选择结构;(c)while 循环结构;(d)do-while 循环结构

(1)在图 1.8(a)中,框 A 和框 B 组成顺序结构。两个框分别表示两个程序段,程序运行时先执行框 A,再顺序执行框 B。

(2)在图 1.8(b)中,表示选择结构,当条件成立时执行框 A;否则,执行框 B。其中框 B 可以为空。在一次执行过程中,只能执行框 A 或者框 B 中的一个。

除了上述双分支选择结构以外,还有多分支的选择结构,如图 1.9 所示。当表示条件的值等于"值$_i$"时执行框 A_i。虽然这种结构可以利用双分支的嵌套来实现,但 C 语言以及多数高级语言都提供了直接实现这种结构的语句。

条件			
值$_1$	值$_2$	…	值$_n$
A_1	A_2	…	A_n

图 1.9 多分支选择结构

(3)循环结构有两种,分为 while 循环和 do-while 循环。

1)图 1.8(c)所示是 while 循环结构,当条件成立时反复执行框 A 中的操作(即循环体),条件不成立时退出循环,向下执行。

2)图 1.8(d)所示是 do-while 循环结构,反复执行框 A 中的操作,直到条件不成立时结束。

用以上三种 N-S 图的基本框,可以构成复杂的 N-S 图,来表示算法。

在图 1.8(a)中,框 A 和框 B 可以是一个简单的操作,例如输入数据或打印输出,也可以是三个基本结构之一。例如统计一个班 30 名学生中及格人数的算法,可以用图 1.10 所示的 N-S 图表示,下面的循环框可以看作顺序框的一部分。

例 1.5 计算 1 到 30 累加和的算法 N-S 图如图 1.11 所示;例 1.6 判断一个数是否是素数的算法 N-S 图如图 1.12 所示。

通过以上例子可以看出用 N-S 图表示算法比文字描述直观,形象,便于理解。比传统流程图紧凑易画,废除了流程线,整个算法由基本结构按顺序构成。N-S 图自上而下的顺序就是程序执行的顺序,写算法和看算法时从上到下。用N-S图表示的是结构化算法,各基本结构之间不存在跳转,流程的转移仅限于基本结构内部,包括循环流程的跳转。

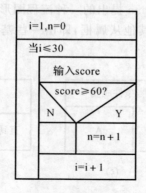

图 1.10 统计及格人数　　图 1.11 计算累加和

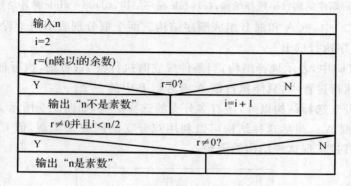

图 1.12 判别数 n 是否是素数

1.6 结构化程序设计

1.6.1 结构化程序

在1.5.2小节介绍了算法的三种基本结构,即顺序结构、选择结构和循环结构。在实际应用中,无论多么复杂的算法都可以用这三种基本结构和一些附加的规定按层次清晰地描述出来。如果一个算法由这三种基本结构所组成,则称为结构化算法。用高级语言表示的结构化算法称为结构化程序。C语言提供实现上述三种基本结构的语句,以利于读者设计结构化的程序。结构化程序便于编写、阅读、修改和维护,可提高程序的规范性。

结构化程序的要点:

(1)仅由顺序结构、选择结构和循环结构等三种基本结构组成,基本结构可以嵌套。

(2)每一种基本结构只有一个入口和一个出口。这样的结构置于其他结构之间时,程序的执行顺序必然是从前一结构的出口到本结构的入口,再到达本结构的唯一出口。

(3)程序中没有死循环,也就是没有不能结束的循环;没有死语句,也就是没有永远执行不到的语句。

1.6.2 结构化程序设计遵循的原则

一般把一个大的问题分解成若干子问题,各子问题又可以细分,子问题之间可能有某种联系。结构化程序设计遵循的原则:"自顶而下,逐步求精";模块化设计;结构化编程。下面分别予以说明。

1. 自顶而下,逐步求精

采用自顶而下逐层分解的方法对问题进行抽象,划分出不同的模块,形成不同的层次。也就是说,把一个较大的问题分解成若干个相对独立的小问题,只要解决了每一个小问题,整个问题也就解决了。其中的小问题还可以进一步分解成若干个更小的问题,一直重复下去,直到每一个小问题足够简单,便于编程为止。其示意如图1.13所示。

这种方法便于检查算法的正确性,在上一层正确的情况下向下细分,如果每层都正确,整个算法就正确。检查时也是由上向下逐层进行。

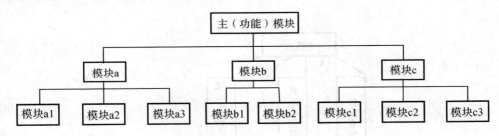

图1.13 自顶而下逐步求精示例

2. 模块化设计

模块化设计早在低级语言时期就已经出现,又在结构化程序设计的发展中得到充实、完善和提高。因此,它也是结构化程序设计方法的组成部分。

一般而言,模块化设计是把复杂的算法或程序,分解成若干相对独立、功能单一、可供其他程序调用的模块。在引入结构化程序设计之后,这些模块不仅与通常所说的子算法、子程序或子过程有着相似的概念,而且必须由三种基本结构组成。整个系统如图1.14所示,各功能模块用矩形框表示,实箭头线表示模块之间的调用关系,虚箭头线表示返回。各模块之间相互独立,每个模块独立设计、编程、调试、修改和扩充,不影响其他模块和整个程序的结构。

程序中的子模块,在C语言中常用函数来实现,每个函数完成一个特定功能。

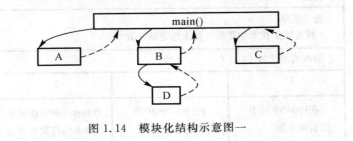

图1.14 模块化结构示意图一

3. 结构化编程

结构化编程是利用高级语言提供的相关语句实现三种基本结构。程序中不使用goto之类的转移语句。以1.5.1小节图1.7所示流程图描述的"判断一个数是否是素数"的算法为例,如果直接用C语言去描述,必须使用goto语句。因为这个算法不是由基本结构组成的,当循环体中判定"r=0"时,流程线指向循环体的外面。若对这种算法进行改造,如图1.12所示,整个算法由三种基本结构组成,若再用C语言去描述,就不需要使用goto语句了。

1.6.3 结构化程序设计举例

下面举例说明自顶而下逐步求精法的应用。

【例1.7】 试从所有3位数的自然数中,选出满足下列条件中一个或两个的数:
(1)素数。
(2)"水仙花数"。

解: 所谓"水仙花数"是指一个三位数,其各位数字3次方和等于该数本身。例如,153是一个水仙花数,因为 $153=1^3+5^3+3^3$。所有三位自然数在 $100\sim999$ 之间,在其中寻找满足条件的数,可能得到素数、水仙花数和水仙花数素数。采用模块化设计方法,系统结构如图1.15所示。

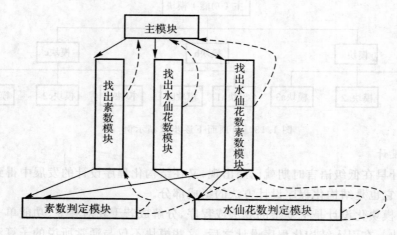

图 1.15 模块化结构示意图二

1. 主模块算法设计

主模块也就是一级求精模块,算法结构化 N-S 图如图 1.16 所示。

开始		
显示菜单		
1.找素数;2.找水仙花数;3.找水仙花数素数		
输入类型代号(1~3)		
1	2	3
在100~999中找所有的素数	在100~999中找所有的水仙花数	在100~999中找所有的水仙花数素数

图 1.16 主模块一级求精 N-S 图

图 1.16 中下面的三个框,可进一步求精,从左到右的二级求精分别如图 1.17、图 1.18 和图 1.19 所示。

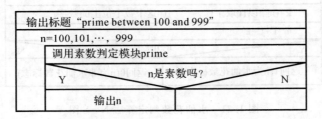

图 1.17　找出所有素数二级求精 N-S 图

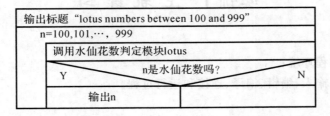

图 1.18　找出所有水仙花数二级求精 N-S 图

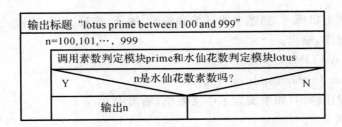

图 1.19　找出所有水仙花数素数二级求精 N-S 图

用图 1.17~图 1.19 代替图 1.16 中的相应框,可得到主模块的二级求精 N-S 图。这时,二级求精就到了实现级,不需要再进一步求精。下面需要考虑的就是子模块"素数判定"和"水仙花数判定"的设计。

2. 子模块的设计

(1) 素数判定模块的设计。素数判定模块的 N-S 图如图 1.20 所示。

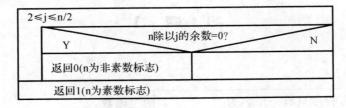

图 1.20　素数判定算法 N-S 图

(2) 水仙花数判定模块的设计。水仙花数判定模块的 N-S 图如图 1.21 所示。

i=[n/100]	(n这个数百位上的数字)
j=[(n-i*100)/10]	(n这个数十位上的数字)
k=(n除以10取余)	(n这个数个位上的数字)
m=$i^3+j^3+k^3$	
Y　　　　　　　　　n=m?	N
返回1(n为水仙花数标志)	返回0(n为非水仙花数标志)

图1.21　水仙花数判定算法N-S图

实训1　上机练习

1. 实训目的

(1)熟悉上机编程环境；

(2)学习程序的输入、编辑、编译、连接和运行过程。

2. 实训环境

上机环境安装 Visual C++6.0 软件。

3. 实训内容

(1)用本章例题上机练习,熟悉上机环境和编辑、编译、连接、运行过程。

(2)编写一个程序,输出：

WHAT CAN A COMPUTER DO?

A computer can do thousands of things.

(3)编写一个程序输出(如果安装了中文系统,输出中文)：

我的姓名是 XXX.

我的专业是 XXX。

4. 实训报告要求

(1)说明上机环境；

(2)实验过程与步骤；

(3)实验结果；

(4)有什么意见和要求。

习　题　1

1. 填空题

(1)算法是＿＿＿＿＿＿＿＿＿＿＿＿＿＿＿＿＿＿＿＿＿＿＿＿＿＿＿＿＿＿。

(2)一个C语言程序只有一个名为＿＿＿＿＿＿＿的主函数。

(3)C语言程序中的每一条语句以＿＿＿＿＿＿＿结束。

(4)C语言程序中,函数由＿＿＿＿＿＿＿和＿＿＿＿＿＿＿组成。

(5)结构化程序由＿＿＿＿＿＿＿、＿＿＿＿＿＿＿和＿＿＿＿＿＿＿三种基本结构构成。

(6)在结构化程序中,每个结构有＿＿＿＿＿＿＿入口和＿＿＿＿＿＿＿出口,没有＿＿＿＿＿＿＿和

_____。

2.选择题

(1)C语言是一种(   )。
A.机器语言　　　　B.符号语言　　　　C.高级语言　　　　D.面向对象的语言

(2)C语言程序的基本单位是(   )。
A.函数　　　　　　B.文件　　　　　　C.语句　　　　　　D.字符

(3)C语言程序中的变量(   )。
A.不用声明　　　　B.先声明后引用　　C.先引用后声明　　D.引用和声明顺序无关

(4)变量的说明在(   )。
A.执行语句之后　　B.执行语句之前　　C.执行语句当中　　D.位置无关

3.算法设计

(1)设计计算 n! 的算法。
(2)设计求三个数中最大数的算法。

第 2 章　数据类型与简单输入和输出

本章主要介绍 C 语言程序设计的基础知识,包括数据的类型及分类、格式输入/输出函数和字符输入/输出函数。再通过简单举例,说明程序设计的思想和方法。

2.1　程序设计简例

程序就是由一系列语句描述的操作步骤。设计一个程序,首先要将问题分析清楚,然后用适当的方法将问题描述出来,再根据描述编写程序,最后调试运行。下面通过简例说明程序的基本要素和设计方法。

【例 2.1】简单的 C 程序。

程序如下:
```
#include <stdio.h>                    /*头文件*/
main()                                /*主函数*/
{
    printf("Hello World ! \n");
}
```

程序运行结果:

Hello World !

头文件,又称包含文件,是 C 语言程序的重要组成部分,一般放在程序的开始,系统在编译时自动将头文件嵌入源程序中。

在头文件中,存放有 C 程序中所用函数的说明及一些常量的说明,不同的函数有不同的头文件。除了系统定义的头文件外,还有用户自己编写的头文件。

main 函数,又称主函数,是 C 语言程序的入口函数,在任何 C 语言程序中都有一个 main 函数,且只能有一个 main 函数。

程序从 main 函数开始执行,然后在 main 函数中结束。

【例 2.2】已知圆的半径为 r,求圆的面积和周长。

程序如下:
```
/*计算圆的面积和周长*/                  /*注释*/
#include <stdio.h>                    /*头文件*/
main()                                /* main 主函数*/
{
```

```
    float r,area,s;                              /*变量说明*/
    scanf("%f",&r);                              /*数据输入*/
    area=3.14*r*r;                               /*数据处理*/
    s=2*3.14*r;
    printf("面积=%f,周长=%f\n",area,s);         /*结果输出*/
}
```

程序运行时如果输入数据:4↙

则运行输出结果如下:

面积=50.240002,周长=25.12000

可见,一个完整的 C 程序包括 7 个部分:注释、头文件、主函数、变量说明、数据输入、数据处理、结果输出。

1. 注释

格式:/*注释的内容*/或者//注释的内容

作用:程序中解释性的说明,供人们阅读程序时使用,计算机不做任何处理。

说明:注释可单独写一行,也可以放在语句行的后面;空白行也可作为注释处理。

2. 头文件

格式:#include <头文件名.h>

说明:头文件包含有程序中用到的函数的说明,不同函数的说明在不同的头文件中,使用时要特别注意。

3. 主函数

格式:main()
　　　{
　　　函数体　　/*由若干条语句构成*/
　　　}

4. 变量说明

变量说明是告诉计算机,程序中用到的变量是什么类型,计算机将根据相应的类型分配内存单元,为存放数据做好准备。

5. 数据输入

数据输入语句的功能是提供原始数据。

6. 数据处理

数据处理是对输入的数据根据程序的功能要求进行相应的处理。

7. 结果输出

将计算机计算的结果显示在屏幕上,或者通过打印机输出,或者保存到磁盘上。

2.2 数据的表现形式

C 语言中,在定义变量时需要指定变量的类型,因为在计算机中,数据存放在内存储器中,存储单元是由有限的字节构成的,每一个存储单元中存放数据的范围是有限的,不可能存放"无穷大"的数,也不能存放循环小数。不同的数据类型的变量所占用的字节数是不等的。

2.2.1 数据类型

用计算机进行的计算不是理论值的计算,而是用工程的方法实现的计算,所以在一般情况下只能得到近似的结果。例如用 C 程序计算并输出 10.0/3.0:

printf("%f",10.0/3.0);

得到的结果是 3.333333,只能得到 6 位小数,而不是无穷位的小数。

数据类型就是对数据分配存储单元的安排,不同类型的数据分配不同大小的存储空间,具有不同的存储形式。

C 语言允许使用的数据类型如图 2.1 所示。

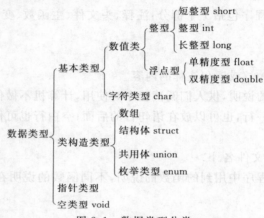

图 2.1 数据类型分类

不同类型的数据在内存中存储的方法不同,占用的存储单元长度也是不同的,例如在 Visual C++6.0 中,为 char 型数据分配 1 个字节,为 int 型数据分配 4 个字节。C 标准没有具体规定各种类型数据所占用存储单元的长度,这是由各编译系统自行决定的。C 标准只要求 long 型数据长度不短于 int 型,short 型不长于 int 型,即:

sizeof(short)≤sizeof(int)≤sizeof(long)≤sizeof(long long)

sizeof 是测量类型或变量长度的预算符。在 Visual C++6.0 中,short 类型数据的长度是 2 字节,int 类型数据的长度是 4 字节,long 类型数据的长度是 4 字节。通常的做法是把 long 型定为 32 位,把 short 型定为 16 位,而 int 型可以是 16 位,也可以是 32 位。读者应该了解所用系统的规定,并注意其中的区别。例如:在 A 编译系统中,int 型数据占 4 个字节,程序中将整数 60000 赋给 int 型变量 p 是合法、可行的。但在 B 编译系统中,int 型数据占 2 个字节,这时候将整数 60000 赋给 int 型变量 p 就超出 int 型数据的字节范围,出现"溢出",这时应该把 int 型变量改为 long 型,才能得到正确的结果。

2.2.2 常量和变量

1. 常量

在程序运行过程中,值不能被改变的量称为常量。

常用的常量有以下几种:

(1)整型常量。如 100,123,-256,0 等都是整型常量。

(2)实型常量。有如下两种表示形式:

1)十进制的小数形式,由数字和小数点组成,如 1.12,－3.21,0.13 等。

2)指数形式,如 1.12E4(表示 $1.12×10^4$),－3.21E－12(表示 $-3.21×10^{-12}$),0.13E－3(表示 $0.13×10^{-3}$)等。由于在计算机中输入或输出时,无法表示上标或下标,所以规定以字母 e 或 E 代表以 10 为底的指数。但要注意:e 或 E 之前必须有数字,且 e 或 E 之后必须是整数。如不能写成 E5,8e5.6 等。

(3)字符常量。有如下两种表示形式:

1)普通字符,用单撇号括起来的一个字符,如'a','3','X','?',不能写成'az'。

注意:字符常量只能用单撇号括起来,不能使用单引号或其他括号,且字符常量只能是一个字符,不能是字符串,并且不包括单撇号。'a'和'A'是两个不同的字符常量。在计算机中存储字符常量时,并不是存储字符本身,而是以其代码(一般是 ASC II 代码)存储的。如字符'A'的 ASC II 代码是 65,因此在存储单元中存放的是 65(以二进制形式存放)。

2)转义字符,C 语言中,允许一种特殊形式的字符常量,其含义是将反斜杠后面的字符转换成另外的意义,即以字符\开头的字符序列。如在 printf 函数中的'\n',它代表一个"换行"符。另外还可以用字符的 ASC II 代码表示,即用\开头,后跟字符的 ASC II 代码,这种方法也称为转义序列表示法。具体有如下两种表示形式:

一种是用字符的八进制 ASC II 代码,如\0dd,这里的 0dd 是八进制值(0 可以省略)。

另一种是用字符的十六进制 ASC II 代码,如\xhh 或 Xhh,这里 hh 是两位十六进制值。

如'A'(ASC II 代码值为十进制的 65),'\101'(八进制 101,相当于十进制的 65)和'\x41'(十六进制 41,相当于十进制的 65)都表示同一个字符常量。C 语言中规定所有的字符常量都作为整型量来处理,字符型数据与整型数据可以通用,如可以使用 10＋'A'。

常用的转义字符见表 2.1。

表 2.1 转义字符及其作用

转义字符	字符值	输出结果
\'	一个单撇号(')	具有此八进制码的字符
\"	一个双撇号(")	输出此字符
\?	一个问号(?)	输出此字符
\\	一个反斜线(\)	输出此字符
\a	警告(alert)	产生声音或视觉信号
\b	退格(backspace)	将当前位置后退一个字符
\f	换页(form feed)	将当前位置移到下一页的开头
\n	换行	将当前位置移到下一行的开头
\r	回车(carriage return)	将当前位置移到本行的开头
\t	水平制表符	将当前位置移到下一个 tab 位置
\v	垂直制表符	将当前位置移到下一个垂直制表对齐点

续表

转义字符	字符值	输出结果
\d,\dd 或\ddd (d 代表一个八进制数字)	与该八进制码对应的 ASCⅡ字符	与该八进制码对应的字符
\xh 或\xhh (h 代表一个十六进制数字)	与该十六进制码对应的 ASCⅡ字符	与该十六进制码对应的字符

(4)字符串常量。由一对双撇号括起来的字符序列,如"China","C program","$21.5"等,注意不能写成'China'。单撇号内只能包含一个字符,双撇号内可以包含一个字符串。可以把一个字符常量赋值给一个字符变量,但不能把一个字符串常量赋值给一个字符变量,在C语言中没有相应的字符串变量。字符常量'A'和字符串常量"A"虽然都只有一个字符,但在内存中的情况是不同的:

'A'在内存中只占一个字节,表示为:A。

"A"在内存中占两个字节,表示为:A\0。

2. 符号常量

在C语言中,可以用一个标识符来表示一个常量,称为符号常量。符号常量在使用之前必须先定义,其一般形式为:

#define 标识符 常量

其中#define是一条预处理命令,也称为宏定义命令,其功能是把该标识符定义为其后的常量值,一经定义,之后在程序中所有出现该标识符的地方均代之以该常量值。例如:

#define PI 3.14

经过以上的定义后,本程序中从此行开始所有的PI都代表3.14。在对程序进行编译前,预处理器先对PI进行处理,把所有PI全部置换为3.14。在预编译后,符号常量PI就不存在了(全部置换为3.14),对符号常量的名字是不分配存储单元的。

使用符号常量有以下好处。

(1)含义清楚。阅读程序时从PI就猜测它代表圆周率。一般在程序中不提倡使用很多的常数,如S=3.14*8*8,在检查程序时搞不清楚各个常数代表什么,如果换成S=PI*8*8,就显得很明了,这是一个计算圆形面积的语句。

(2)在程序中,多处用到同一个常量时,能做到"一改全改"。例如在程序中多处用到一个圆形的半径,如果我们用8来表示,则在半径改变为10时,就需要在程序中多处进行修改,而使用符号常量R代表半径,只需要修改一处即可。

#define R 10

3. 标识符

在C语言中,用来对变量、符号常量名、函数、数组、类型等命名的有效字符序列统称为标识符。简单地说,标识符就是一个对象的名字,如前面用到的符号常量名PI和R,函数名printf等都是标识符。

C语言中规定,标识符只能是由字母(A~Z,a~z)、数字(0~9)、下画线(_)组成的字符串,并且其第一个字符必须是字母或下画线。下面列出的是合法的标识符,可以作为变量名。

sum,_total,Day,Student_name,c1,p_1_2,PI。

下面列出的是不合法的标识符。

Mail.qq.com,$23,#class,a>b。

在使用标识符时还必须注意以下几点。

(1)标准C不限制标识符的长度,但它受C语言编译系统限制,同时也受到具体机器的限制。例如在C语言中规定标识符前8位有效,当两个标识符前8位相同时,则被认为是同一个标识符。

(2)在标识符中,大、小写是有区别的,例如BOOK和book是两个不同的标识符。

(3)标识符虽然可由程序员按规定定义,但标识符是用以表示某个变量的符号,因此,命名时应尽量有相应的意义,便于阅读和理解程序。

4. 变量

变量代表一个有名字的、具有特定属性的存储单元。它用来存放数据,也就是存放变量的值。在程序运行期间,变量的值是可以改变的。例如:

```
int a=5;              //定义一个整型变量a,并给其赋值为5
a=a*2;                //让a变为自身的2倍
printf("%d\n",a);     //输出a
```

得到输出结果为10,变量a的值已经改变。

变量必须先定义,后使用。在定义时指定该变量的名字和类型。一个变量应该有一个名字,以便于被引用。变量名实际上是以一个名字代表一个存储地址。在对程序编译连接时由编译系统给每一个变量名分配对应的内存地址。从变量中取值,实际上是通过变量名找到相应的内存地址,从该存储单元中读取数据。如图2.2所示,a是变量名,5是变量a的值,即存放在变量a的内存单元中的数据。

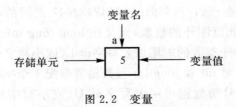

图2.2 变量

定义变量时,一般在函数开头的声明部分定义变量,也可以在函数外定义变量(即全局变量)。

C语言中也允许使用常变量,例如:

const int a=5;

表示a被定义为一个值为5的整型变量,并且在变量存在期间,其值不能改变。常变量具有变量的基本属性,有类型、占存储单元,只是不允许改变其值。可以说,常变量是有名字的不变量,而常量是没有名字的不变量,有名字便于在程序中被引用。而符号常量也有名字,那么常变量和符号常量的区别又在哪里呢?

例如:

#define PI 3.14

const float PI=3.14;

符号常量 PI 和常变量 PI 都代表 3.14,在程序中都能使用。但定义符号常量用♯define 指令,它是预编译指令(宏定义),它只是用符号常量代表一个字符串,在预编译时只是进行了字符串替换,在预编译后,符号常量就不存在了(全部被置换成 3.14),对符号常量的名字是不分配存储单元的。例如:

♯define N2+3   //预想定义 N 的值是 5
float b=N/2;   //预想定义 b 的值是 2.5,可实际上 b 的值是 3.5

原因在于预编译时,编译系统将 b=N/2 处理成了 b=2+3/2,这就是宏定义的字符串替换。因此要用如下方法来改进定义:

♯define N(2+3)

而常变量要占用存储单元,有变量值,只是该值不被改变。从使用角度看,常变量具有符号常量的优点,而且使用更方便,有了常变量以后,可以不必多用符号常量。

2.2.3 整型数据

整型(Integer)数据是不包含小数部分的数值型数据。整型数据只用来表示整数,以二进制形式存储。

1. 整型常量

在 C 语言中,整型常量有十进制、八进制、十六进制三种表示形式。十进制整型常量的表示与数学上的整数表示相同,没有前缀,由 0~9 的数字组成,如 2016,0,−17 等。八进制整型常量的表示形式是以数字 0 为前缀,后面跟 0~7 的数字组成的八进制数。八进制数通常是无符号数,如 016(十进制为 14),0102(十进制为 66)等。十六进制整型常量是以 0x 或 0X 为前缀(0x 或 0X 中 x 或 X 前面是数字 0),其后跟由数字 0~9、字母 A~F 或 a~f 组成的十六进制数,如 0x2A(十进制为 42),0XF0(十进制为 16)等。

在 Visual C++中,凡在 −2147483648~2147483647 之间的不带小数点的数都作为 int 型处理,分配 4 个字节,在此范围外的整数,而又在 long long int 型数的范围内的整数,作为 long long int 型处理。在一个整数的末尾加大写字母 L(或小写字母 l),表示它是长整型(long int)。但在 Visual C++中对 int 和 long int 型数据都分配 4 个字节,因此没有必要使用 long int 型。整型常量中的无符号型数据可用大写字母 U(或小写字母 u)做后缀表示,如 358u,0xFFU 等。

整型常量在存储单元中是用整数的补码形式存放的。一个正数的补码是此数的二进制形式,如 6 的二进制形式是 110,如果用两个字节存放一个整数,则在存储单元中数据形式如图 2.3 所示。如果是一个负数,则应先求出其补码。求负数补码的方法:先写出此数绝对值的二进制形式,然后对其二进制形式按位取反,再加 1,如求 −6 的补码如图 2.4 所示。

整型数据常见的存储空间和取值范围见表 2.2 所示。

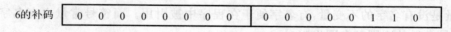

图 2.3 6 的补码

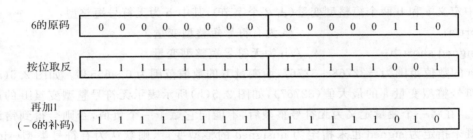

图 2.4　求 -6 的补码

表 2.2　整型数据常见的存储空间和取值范围

类型	字节数	取值范围
int(基本整型)	2	$-32768\sim 32767$，即 $-2^{15}\sim(2^{15}-1)$
	4	$-2147483648\sim 2147483647$，即 $-2^{31}\sim(2^{31}-1)$
unsigned int(无符号基本整型)	2	$0\sim 65535$，即 $0\sim(2^{16}-1)$
	4	$0\sim 4294967295$，即 $0\sim(2^{32}-1)$
short int(短整型)	2	$-32768\sim 32767$，即 $-2^{15}\sim(2^{15}-1)$
unsigned short(无符号短整型)	2	$0\sim 65535$，即 $0\sim(2^{16}-1)$
long int(长整型)	4	$-2147483648\sim 2147483647$，即 $-2^{31}\sim(2^{31}-1)$
unsigned long(无符号长整型)	4	$0\sim 4294967295$，即 $0\sim(2^{32}-1)$
long long int(双长整型)	8	$-9223372036854775808\sim 9223372036854775807$，即 $-2^{63}\sim(2^{63}-1)$
unsigned long long int（无符号双长整型）	8	$0\sim 18446744073709551615$，即 $0\sim(2^{64}-1)$

2. 整型变量

整型变量的基本类型为 int 型，可根据数值的范围将整型变量定义为基本整型变量(int)、短整型变量(short 或 short int)、长整型变量(long 或 long int)或双长整型变量(long long int)。整型变量根据是否有符号可以分为有符号(signed)和无符号(unsigned)两种类型。只有整型数据可以加 signed 或 unsigned 修饰符，实型数据不能加。

在存放有符号类型整数的存储单元中，最高一位是用来表示符号的，如果该位为 0，表示该数为正；如果该位为 1，表示该数为负。如果给整型数据分配 2 个字节，则存储单元中能存放的最大值为 0111111111111111，第 1 位为 0 表示正数，后面 15 位全为 1，此数值为 $(2^{15}-1)$，即十进制数 32767。最小值为 1000000000000000，第 1 位为 1 表示负数，后面 15 位全为 0，此数值为 -2^{15}，即 -32768。因此一个 2 字节数的整型的值的范围为 $-32768\sim 32767$，超过此范围就会出现数值的"溢出"，输出的结果显然不正确。

而在实际应用中，有的数据的范围常常只有正值(如年龄、库存量等)，为了充分利用变量的值的范围，可以将变量定义为无符号类型。由于第 1 位不再用来表示符号，而用来表示数值，无符号型变量只能存放不带符号的整数，如 123，1000 等，而不能存放负数，如 -123。如果

在程序中定义 a 和 b 两个短整型变量(占 2 个字节),其中 b 为无符号短整型:
```
short a;                    //a 为有符号短整型变量
unsigned short b;           //b 为无符号短整型变量
```
则变量 a 的数值范围为 −32768～32767,而变量 b 的数值范围为 0～65535。如图 2.5(a)所示表示有符号整型变量 a 的最大值(32767),如图 2.5(b)所示表示无符号整型变量 b 的最大值(65535)。在将一个变量定义为无符号整型后,不能向它赋予一个负值,否则会得到错误的结果。若既未指定为 signed 也未指定为 unsigned 的整型变量,则默认为有符号类型(signed)。如 signed int a 和 int a 等价。

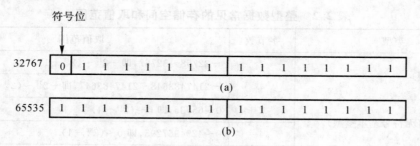

图 2.5 有符号整型变量和无符号整型变量

2.2.4 实型数据

实型数据是用来表示具有小数点的实数的。

1. 实型常量

在 C 语言中,实型常量只能用十进制形式表示,不能用八进制或十六进制表示。实型常量只有两种表示形式:小数形式和指数形式,而在内存中都以指数形式存储。

一个实数表示为指数有多种表示形式,如 3.14 可以表示为 3.14×10^0,0.314×10^1,31.4×10^{-1} 等,它们代表同一个值。可以看到,小数点的位置是可以在 3,1,4 这几个数字之间和之前或之后(加 0)浮动的,只要在小数点位置浮动的同时改变指数的值,就可以使该实数的值不变。由于小数点位置可以"浮动",所以实数的指数形式称为浮点数。

表示实数时,在指数形式的多种表示方法中,把小数部分中小数点前的数字为 0、小数点后第 1 位数字不为 0 的表示形式称为标准化的指数形式,如 0.314×10^1 就是 3.14 的标准化指数形式。一个实数只有一个标准化指数形式,实数在内存中是以标准化的二进制指数形式存放在存储单元中的,如图 2.6 所示(用十进制数示意)。

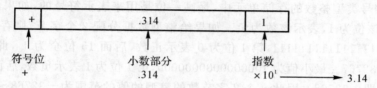

图 2.6 实数以标准化指数形式存放在存储单元中

实数以其标准化指数形式存放在存储单元中,但在 C 语言中以指数形式输出实数时,是以实数的规范化指数形式输出的。所谓的规范化指数形式,是指小数点前只有一位数(1～9)

的指数形式,如 1234.56 用规范化的指数形式表示就是 $1.23456×10^3$,如我们要以指数形式输出 1234.56 时(printf("%e\n",1234.56);),其输出结果为:1.234560e+003。

在 4 个字节(32 位)中,究竟用多少位来表示小数部分,多少位来表示指数部分,C 标准中并无具体规定,由各 C 语言编译系统自定。C 语言的编译系统把实型常量都按双精度处理,分配 8 个字节,如:

  float pi=3.14;

在进行编译时,对 float 变量分配 4 个字节,但对于实型常量 3.14 按双精度处理,分配 8 个字节。编译系统会发出警告 warning:truncation from 'const double' to 'float',意为"把一个双精度常量转换为 float 型",提醒用户注意这种转换有可能会损失精度,这样的警告一般不会影响程序运行结果的正确性,但会影响程序运行结果的精确度。

可以在常量的末尾加专用字符,强制指定常量的类型。如在 3.14 后面加字母 F 或 f,就表示是 float 型常量,分配 4 个字节。如果在实型常量后面加大写字母 L 或小写字母 l,则指定此常量为 long double 类型。如 3.14L(把 3.14 作为 long double 型处理),21.2F(把 21.2 作为 float 型处理)。

2. 实型变量

实型变量分为 float(单精度浮点型)、double(双精度浮点型)、long double(长双精度浮点型)。由于用二进制形式表示一个实数以及存储单元的长度是有限的,因此不可能得到完全精确的值,只能存储成有限的精确度。小数部分占的位(bit)数越多,数的有效数字越多,精度也就越高;指数部分占的位数越多,则能表示的数值范围越大。

编译系统为每一个 float 型变量分配 4 个字节,能得到 6 位或 7 位(受编译器影响)有效数字;为 double 型变量分配 8 个字节,可以得到 15 位或 16 位有效数字。在 C 语言中进行浮点数的算术运算时,将 float 型数据都自动转换为 double 型,然后进行运算。不同的编译系统对 long double 型变量的处理方法不同。Visual C++6.0 对 long double 型变量和 double 型变量一样处理,分配 8 个字节。表 2.3 列出了实型数据的有关情况。

表 2.3　实型数据的有关情况

类型	字节数	有效数字位数	数值范围(绝对值)
float	4	6～7	0 以及 $1.2×10^{-38} \sim 3.4×10^{38}$
double	8	15～16	0 以及 $2.3×10^{-308} \sim 1.7×10^{308}$
long double	8	15～16	0 以及 $2.3×10^{-308} \sim 1.7×10^{308}$

由于单精度实数只能保证 7 位有效数字(十进制),多余位数的数字将因舍入误差而变得没有意义。

【例 2.3】实数的误差。

程序如下:

＃include ＜stdio.h＞
main()
{
  float a,b,c;

```
    double d;
    a=123456.789e5;
    b=a+20;
    c=33333.33333;
    d=33333.3333333333;
    printf("a=%f\nb=%f\nc=%f\nd=%f\n",a,b,c,d);
}
```

运行结果为:

a=12345678848.000000
b=12345678848.000000
c=33333.332031
d=33333.333333

程序分析:

程序中表明 b 值比 a 值大 20,但是其结果相同,这是因为 a 和 b 都是单精度实型,只能保证 7 位有效数字,后面的数字是无意义的,所以运行后 a 和 b 得到的结果相同,都是 12345678848.000000。c 也是单精度实型,有效位数只有 7 位,整数部分已占 5 位,故小数部分 2 位之后均为无效数字。d 是双精度实型,有效位数为 16 位,但输出时小数部分只保留 6 位,其余部分四舍五入。

2.2.5 字符型数据和字符串常量

字符型数据包括字符常量和字符变量。

1. 字符常量

并不是任意一个字符程序都能识别的,例如圆周率 π 在程序中是不能识别的,只能使用系统的字符集中的字符,目前大多数系统采用 ASC II 字符集。各种字符集(包括 ASC II 字符集)的基本集都包括了 127 个字符。其中包括:

(1)字母:大写英文字母 A~Z,小写英文字母 a~z。

(2)数字:0~9。

(3)专门符号:! " # & ' ( ) * + , - . / : ;< > ? [\] ^ _ ` { | } ~。

(4)空格符:空格、水平制表符(tab)、垂直制表符、换行、换页(form feed)。

(5)不能显示的字符:空(null)字符(以 '\0' 表示)、警告(以 '\a' 表示)、退格(以 '\b' 表示)、回车(以 '\n' 表示)等。

这些字符用来编写程序基本够用了。

由于字符是按其代码(整数)形式存储的,因此 C99 把字符型数据作为整数类型的一种,但字符型数据在使用上又有自己的特点。字符以整数形式(字符的 ASC II 代码)存放在内存存储单元中,例如:

大写字母 'A' 的 ASC II 代码是十进制数 65,二进制形式为 1000001;

数字字符 '1' 的 ASC II 代码是十进制数 49,二进制形式为 0110001;

空格字符 ' ' 的 ASC II 代码是十进制数 32,二进制形式为 0100000;

专用字符'~'的 ASC II 代码是十进制数 126,二进制形式为 1111110；

转义字符'\n'的 ASC II 代码是十进制数 10,二进制形式为 0001010。

可以看到,以上字符 ASC II 代码最多用 7 位二进制就可以表示,所有 127 个字符都可以用 7 位二进制表示(ASC II 代码为 127 时,二进制形式为 1111111,7 位全是 1)。所以在 C 语言中,指定用 1 个字节(8 位)存储一个字符(所有系统都不例外),此时,字节中的第一位置为 0。

字符可以是字符集中的任意字符,但数字被定义为字符型之后就以其 ASC II 代码值存储并参与数值运算。如字符'6'的 ASC II 代码值为十进制的 54,在内存中占用 1 个字节,以 54 的二进制补码存储,与数字 6(在内存中占用 2 个或 4 个字节,以 6 的二进制补码存储)是不同的,'6'是字符常量,而 6 是整型常量。如下:

printf("%c\n%d\n",'6','6');//分别以字符形式和整型形式输出字符'6'

运行结果为:

6//以字符形式输出'6',只是按原样输出 6

54//以整型形式输出'6',即输出其 ASC II 代码值

注意,'\ddd'中的 ddd 为 1~3 位八进制数,由于 1 个八进制数要占用 3 个二进制位,所以 3 个八进制数共占用 9 个二进制位,为了要用 1 个字节(8 位二进制位)存储这 3 个八进制数,则第 1 个八进制数不应大于 3,这样,3 个八进制数恰好占用 1 个字节(8 位),也即为一个字符的长度。同样'\xhh'中的 hh 为 1~2 位十六进制数。由于 1 个十六进制数要占用 4 个二进制位,所以 2 个十六进制数恰好占用 1 个字节(8 位),也即为一个字符的长度。

2. 字符变量

字符变量用来存储字符常量,一个字符变量占 1 个字节的内存单元,只能存放 1 个字符常量。字符变量用类型符 char 定义,如:

char c1,c2;   //定义两个字符变量 c1,c2
c1='a';   //将字符'a'赋值给字符变量 c1
c2=98;   //将整数 98 赋值给字符变量 c2
printf("%c   %c\n",c1,c2);   //按字符型输出 c1,c2
printf("%d   %d\n",c1,c2);   //按十进制整型输出 c1,c2

运行结果:

a b

97 98

每个字符变量被分配 1 个字节的内存空间,字符值以 ASC II 代码值存放。将字符'a'赋值给字符变量 c1,字符'a'的 ASC II 代码值是 97,系统把整数 97 赋值给变量 c1,c1 是字符变量,实质上是 1 个字节的整型变量,由于它常用来存放字符,所以称为字符变量。可以把 0~127 之间的整数赋值给一个字符变量。如上将整数 98 赋值给字符变量 c2。在输出字符变量的值时,可以选择以字符形式输出或者以十进制整数形式输出。

由于字符型数据和整型数据的存储形式类似,字符型数据和整型数据之间的转换就很容易,即字符型和整型可以通用。字符型数据可以参与算术运算,此时相当于它们的 ASC II 代码值进行算术运算,即先将其由 1 个字节转换为 4 个字节(一个整型数据的长度),然后进行运算。既然字符类型也属于整型,也就可以用 signed 和 unsigned 修饰,在使用有符号字符型变

量时,允许存储的值为-128~127(字符型数据的存储空间和取值范围见表2.4),但字符的代码值不可能为负值,所以在存储字符时实际上只用到0~127这一部分,其第1位都为0。

表 2.4 字符型数据的存储空间和取值范围

类型	字节数	取值范围
signed char(有符号字符型)	1	$-128\sim127$,即$-2^7\sim(2^7-1)$
unsigned char(无符号字符型)	1	$0\sim255$,即$0\sim(2^8-1)$

如果将一个负整数赋给有符号字符型变量是合法的,但它不代表一个字符,而作为一个字节整型变量存储负整数。Visual C++把char默认为signed char类型,如:

```
char c=255;              //把255赋值给字符变量c
printf("%d\n",c);        //按十进制整型输出c的值
```

编译时出现警告"把一个整常数赋值给char变量",表示255已经超出char变量的数值允许范围,在运行时输出-1。如果把第1行改为"unsigned char c=255;"则不出现警告,并且输出255。

3. 字符串常量

用一对双撇号""""括起来的字符序列称为字符串常量,例如,以下是合法的字符串常量:

"CHINA"
"This is a C Program."
"1024"
"*****"
" "   //表示一个空格
"\n"   //表示一个转义字符"换行"

由上可知,字符串中可以是任意字符,包括转义字符。字符串常量在内存中存放时,系统仅存放双撇号之间的字符序列,即将这些字符按照顺序以其ASCII代码值存放(包括空格符),为了表示字符串的结束,系统自动在字符串的最后加上一个字符串结束标志,即转义字符'\0'(ASCII代码值为0)。因此,长度为n个字符的字符串常量在内存中要占用n+1个字节的空间。例如:字符串"C Program"的长度为9,但在内存中所占用的字节数为10,其在内存中存储情况如图2.7所示。

C		P	r	o	g	r	a	m	\0

图 2.7 "C Program"在内存中的存储

再比如字符常量'A'和字符串常量"A",虽然都只有一个字符,但在内存中的存储方式不同,字符常量'A'只占用1个字节,而字符串常量"A"占用2个字节。

2.2.6 系统函数

在C语言中,为了方便用户使用,系统中自带了许多常用的函数,称之为库函数。

1. 系统库函数

库函数由C语言编译系统直接提供且不必在程序中作类型说明,只需在程序前包含该函数原型的头文件即可,前面所使用到的printf,scanf等函数均属此类。C语言提供了丰富的库

函数,常见的库函数如下。

(1)输入/输出函数(头文件为 stdio.h):用于完成输入/输出功能。
(2)字符串函数(头文件为 string.h):用于字符串操作和处理。
(3)数学函数(头文件为 math.h):用于数学计算。
(4)内存管理函数(头文件为 stdlib.h):用于内存管理。
(5)日期和时间函数(头文件为 time.h):用于日期、时间的转换操作。
(6)接口函数(头文件为 dos.h):用于 DOS,BIOS 和硬件的接口。
C 程序中调用库函数时需要分两步实现。

第一步:在程序开始处使用 include 命令指出库函数的相关定义和说明,include 命令必须以"#"开头,系统提供的头文件以".h"作为文件后缀,文件名用一对尖括号"<>"或一对双撇号""""括起来。使用"<>"引用的是编译器的类库路径里面的头文件,使用""""引用的是程序目录的相对路径中的头文件,在程序目录的相对路径中找不到该头文件时会继续在类库路径里搜寻该头文件。由于以#include 开头的命令行不是 C 语言语句,故该命令行末尾不加分号";"。例如:

#include <stdio.h>

或

#include"stdio.h"

第二步:在程序中需要调用这个库函数的地方调用此函数,其形式为:
库函数名(参数表)

2. 常用数学函数

使用数学函数时,应该在源程序中使用以下命令行:
#include <math.h>或 #include "math.h"
常用的数学函数见表 2.5。

表 2.5 常用数学函数和其功能说明

函数名	函数原型	功　能	返回值	说明
abs	int abs(int x);	求整数 x 的绝对值	计算结果	
fabs	double fabs(double x);	求 x 的绝对值	计算结果	
sin	double sin(double x);	计算 sinx 的值	计算结果	x 单位为弧度
cos	double cos(double x);	计算 cosx 的值	计算结果	x 单位为弧度
tan	double tan(double x);	计算 tan(x)的值	计算结果	x 单位为弧度
asin	double asin(double x);	计算 $\sin^{-1}(x)$ 的值	计算结果	
acos	double acos(double x);	计算 $\cos^{-1}(x)$ 的值	计算结果	
atan	double atan(double x);	计算 $\tan^{-1}(x)$ 的值	计算结果	
fmod	double fmod(double x,double y);	求整除 x/y 的余数	计算结果	
pow	double pow(double x,double y);	计算 x^y 的值	计算结果	

续表

函数名	函数原型	功　能	返回值	说明
sqrt	double sqrt(double x);	计算$\sqrt{x}$	计算结果	
rand	int rand(void);	产生-90~32767间的随机整数	随机整数	
exp	double exp(double x);	求e^x的值	计算结果	
log	double log(double x);	求$\log_e x$,即$\ln x$	计算结果	
log10	double log10(double x);	求$\log_{10} x$	计算结果	

【例2.4】计算整数 x 的绝对值,并求其绝对值的 2 次方根。

程序如下：

```
#include <stdio.h>          //指定包含输入/输出函数头文件(stdio.h)
#include <math.h>           //指定包含数学函数头文件(math.h)
void main()                 //主函数
{
    int x,y;                //定义2个整型变量x和y
    double a,b;             //定义2个双精度实型变量a和b
    scanf("%d",&x);         //调用scanf函数,输入一个整数赋值给x
    y=abs(x);               //调用绝对值函数abs,计算x的绝对值并赋值给y
    a=sqrt(y);
//调用2次方根函数sqrt,计算y的2次方根,正数有2个2次方根,正的2次方根赋值给a
    b=-sqrt(y);             //负的2次方根赋值给b
    printf("x=%d\ny=%d\n",x,y);     //输出x和y的值
    printf("a=%f\nb=%f\n",a,b);     //输出y的2个2次方根a和b的值
}
```

程序分析：

因为程序中用到了数学函数 abs(求整数的绝对值),和 sqrt(求 2 次方根),所以在程序中需要使用#include<math.h>命令行。先输入一个整数赋值给 x,然后调用 abs(x)函数求 x 的绝对值,并将结果赋值给 y,这样保证 y 是正数,然后调用 sqrt(y)计算 y 的 2 次方根,并将结果赋值给 a 和 b(y 有正、负两个 2 次方根),最后再分别输出 x,y 和 a,b。

如在程序运行时输入-35,则得到结果：

-35
x=-35
y=35
a=5.916080
b=-5.916080

2.3 格式输入、输出函数

2.3.1 格式输入函数 scanf

1. 格式

scanf(格式说明,地址表列);

2. 功能

按指定"格式说明"从标准设备(如键盘)输入任何类型的多个数据,存入地址表指定的存储单元中,并按回车键结束。

3. 说明

(1)输入的数据存放在"地址表列"中,"地址表列"中给出了各个变量的地址,该地址是由取地址运算符"&"后跟变量名组成的。例如:

scanf("%d",&a);

如果运行输入数据:10 ↵

则运行结果:a=10

(2)"格式说明"。当用"%d%d"格式输入数据时,不能用逗号作两个数据间的分隔符,必须在两个数据之间以一个或多个空格间隔,也可以用回车键、跳格键tab。例如:

scanf("%d%d", &a, &b);

如果a的值为10,b的值为2,则此时a,b之间的值必须用空格,不能用逗号,即必须按如下形式输入数据:

10 2 ↵

当用"%d,%d"格式输入数据时,例如:

scanf("%d,%d", &a, &b);

如果a的值为10,b的值为2,则此时a,b之间的值必须用逗号,与"%d,%d"中的逗号对应,不能用空格,即必须按如下形式输入数据:

10,2 ↵

(3)scanf用到的格式字符参见表2.6。scanf附加的格式说明修饰符参见表2.7。例如:

scanf("%x",&a);

如果运行输入数据:11 ↵

则运行结果:a=17

scanf("i=%d, j=%d", &i, &j);

如 i 的值为1,j的值为2,则必须按如下形式输入数据:

i=1, j=2

表 2.6 scanf 格式字符

格式字符	说 明
d	用来输入十进制整数
o	用来输入八进制整数

续表

格式字符	说 明
x	用来输入十六进制整数
c	用来输入单个字符
s	用来输入字符串,将字符串送到一个字符数组中,输入时以非空白字符开始,以第一个空白字符结束。字符串以串结束标志'\0'作为其最后一个字符
f	用来输入实数,可以用小数形式或指数形式输入
e	与f作用相同,e与f可以互相替换

表 2.7 scanf 附加的格式说明修饰符

修饰符	说 明
h	用于 d,o,x 前,用来指定输入短整型数据
l	用于 d,o,x 前,用来指定输入长整型数据
l	用于 f,e 前,用来指定输入 double 型数据
m	指定输入数据所占宽度(列数),遇空格或不可转换字符则结束
*	抑制符,表示指定输入项在读入后不赋给相应的变量

(4)可以指定输入数据所占列数,系统自动按它截取所需数据。例如:
scanf("%3d%3d",&a,&b);
如果运行输入数据:123456789 ↵
则系统自动将 123 赋给 a,456 赋给 b。
也可用于字符型,例如:
scanf("%3c",&ch);
输入 3 个字符,把第一个字符赋给 ch。例如输入字符 abc,则 ch 得到"a"。
(5)%后的"*"附加说明符,用来表示跳过它相应的数据。例如:
scanf("%2d %*3d %2d",&a,&b);
如果运行输入数据:12 345 67 ↵
则将 12 赋给 a,67 赋给 b,第二个数据"345"被跳过不赋给任何变量。
(6)输入数据时不能对实型数指定小数位的宽度(即规定精度)。例如:
scanf("%7.2f",&a);
是不合法的。
(7)输入数据时,若无指定输入分隔符,则默认遇以下情况认为该数据结束:
1)遇空格、TAB 或回车。
2)遇宽度结束。
3)遇非法输入。
(8)当两个不同变量数据输入无间隔符时,自动加空格或回车等。若"格式说明"中出现逗号等分隔符则原样输入。

2.3.2 格式输出函数 printf

1. 格式

printf(格式说明，输出表列);

2. 功能

数据转换为指定的格式输出。

3. 说明

(1)"格式说明"是用双引号括起来的字符串,总是由"％"字符开始的。它包括"格式说明"和需要原样输出的"普通字符"。

(2)"输出表列"是需要输出的变量值,可以是表达式。例如：

printf("%d%d", a, b);

变量 a 和 b 分别按 d 格式符输出十进制整数。

printf("a=%d, b=%d", a, b);

变量 a 和 b 分别以"a="及", b="作为提示符,再按 d 格式符输出十进制整数。

(3)printf 用到的格式字符参见表 2.8。

表 2.8　printf 格式字符

格式字符	说　明
d	用来输出十进制整数
md	m 为指定的输出字段的宽度。如果数据的位数小于 m,则左端补以空格;若大于 m,则按实际位数输出
ld	用来输出长整型的十进制整数
o	用来输出八进制整数
x	用来输出十六进制整数
c	用来输出单个字符
u	用来输出十进制无符号数
s	用来输出一个字符串
ms	m 为指定的输出字符串的宽度。如果字符串本身的长度小于 m,则左端补以空格;若大于 m,则按字符串的实际长度输出,不受 m 的限制
−ms	如果字符串长度小于 m,则字符串向左靠,右补空格
m.ns	指定输出长度占 m 列,但只取字符串左端 n 个字符,左补空格
−m.ns	指定输出长度占 m 列,但只取字符串左端 n 个字符,右补空格
f	用来输出实数(包括单、双精度),以小数形式输出 6 位小数,不指定字段宽度。但单精度实数的有效位数为 7 位,双精度实数的有效位数为 16 位
m.nf	指定输出长度占 m 列,其中有 n 位小数。如果数值长度小于 m,则左端补空格
−m.nf	指定输出长度占 m 列,其中有 n 位小数。如果数值长度小于 m,则数值向左靠,右补空格

续表

格式字符	说明
e	以标准指数形式输出单、双精度数。数字部分小数占 6 位。指数部分占 5 位,其中"e"占一位,指数符号占 1 位,指数占 3 位
g	选用%f 或%e 格式中输出宽度较短的一种格式,不输出无意义的 0

(4)如果想输出字符"%",则在"格式说明"字符串中用连续两个%表示,例如
printf("%f%%",10);
则输出:10%。

2.4 字符输入、输出函数

2.4.1 字符输入函数 getchar

1．格式
getchar( );

2．功能
从标准设备(如键盘)输入一个字符。

3．说明
(1)getchar 是函数,所以使用本函数前要在程序的开始添加头文件 stdio.h,即
#include <stdio.h>
(2)getchar 函数得到的字符可以赋给一个字符变量或整型变量,也可以不赋给任何变量,作为表达式的一部分。例如:
c=getchar();
printf("%c", getchar());

【例 2.5】输入一个字符。

程序如下:
```
#include <stdio.h>
main()
{
    char c;
    c=getchar();
    putchar(c);
    putchar('\n');
}
```
运行输入:M
运行输出结果:M

2.4.2 字符输出函数 putchar

1. 格式

putchar(字符变量);

2. 功能

向终端输出字符变量值得一个字符。

3. 说明

(1) putchar 是函数,所以要在程序的开始添加头文件 stdio.h。即

#include <stdio.h>

(2) 字符变量可以是字符型变量、整型变量或字符。

(3) putchar('\n')输出一个换行符。

(4) putchar('\'')输出一个单引号字符(转义字符)。

【例 2.6】输出字符串。

程序如下：

```
#include <stdio.h>
main()
{
    char a='M',b='a',c='i',d='n';
    int i=97;
    putchar(a); putchar(b); putchar(c); putchar(d);
    putchar('\n');
    putchar(i);
}
```

运行输出结果：

Main

i

2.5 程序设计案例

【例 2.7】从键盘输入两个整数 a,b,求 a 除 b 的余数。

程序如下：

```
//求两个整数的余数              // 注释
#include<stdio.h>               //头文件
main()                          // main 主函数
{
    int a,b,c;                  //定义整型变量 a,b,c
    scanf("%d,%d",&a,&b);       //从键盘输入两个整数 a 和 b,a 和 b 之间用逗号间隔
    c=a%b;                      // "%"为整除运算符
    printf("c=%d\n",c);         // 输出语句
```

}
运行输入:10,3
运行结果如下:
c=1

【例2.8】鸡兔同笼,已知鸡兔总头数为 H 个,总的脚数为 F 只,问鸡兔各有多少只?
(1)算法分析。
1)建立数学模型。设鸡为 x 只,兔为 y 只,由题意有:
$$x+y=H \quad \cdots\cdots(1)$$
$$2*x+4*y=F \quad \cdots\cdots(2)$$
2)求解方程,找出 x,y 的具体求解公式。以下用消元法找出方程的解:
由(2)式-2×(1)式得
$2*y=F-2*H;$
$y=(F-2*H)/2;$
由 4×(1)式-(2)式得
$2*x=4*H-F;$
$x=(4×H-F)/2;$
注意:计算机不会自己建数学模型,也不会自己解方程!
(2)数据结构。程序中头和脚的数量是整型变量。方程的解理论上讲是整型,但在求解方程时要进行运算,为了避免发生错误,还是用实型变量。
(3)伪代码。说明变量 x,y,f,h。
输入数据 f,h
计算 x,y
打印结果
(4)程序设计。

```
#include <stdio.h>              //头文件
main()                          // main 主函数
{
    int H,F;                    //定义头和脚的整型变量 H,F
    float x,y;                  // 定义鸡和兔的数量 x,y
    printf("Input the numbers of Heads and Feet:");
                                // 输出"说明输入数据的内容"
    scanf("%d,%d",&H,&F);       // 输入"头的总数量 H,脚的总数量 F"
    x=(4*H-F)/2;                // 赋值语句,求解方程,处理数据
    y=(F-2*H)/2;
    printf("Heads=%d, Feet=%d\n",H,F);
                                // 输出"鸡、兔的总数量 H 和脚的总数量 F"
    printf("Chicken=%f,rabbits=%f\n",x,y);
                                // 输出"鸡的数量 x,兔的数量 y"
}
```

运行输入:Input the numbers of Heads and Feet:20,60
运行结果如下:
Heads=20,Feet=60
Chicken=10.000000,rabbits=10.000000

【例2.9】设我国2012年工业产值为100,如果以8%的年增长率增长,计算到2016年时的工业产值。

(1)算法分析。对此问题,要找出问题的数学模型。设rate为年增长率,n为年数,value为第n年的总产值,year为年份,则有 value=$100*(1+rate)^n$,n=year-2012。

这里有个指数的求解问题。可以利用求幂函数pow求解。其格式如下:

格式:pow(底,指数)

说明:底和指数均为浮点型数据。使用求幂函数时,必须要在程序的开始添加头文件math.h。

(2)数据结构。根据算法分析,至少要用到这么几个量:年增长率、年数、第n年的总产值。而这几个量中,年增长率肯定是浮点型数据,年数是整数(整型),总产值不会是整数,应为浮点数。这些数据都要放在相应的变量中,并要进行相应的数据说明。

(3)伪代码。说明变量 n,year,
输入数据 value,rate
计算年数 n,value
打印结果

(4)程序设计。

```c
#include <stdio.h>                    //头文件
#include<math.h>                      //添加头文件 math.h
main()                                // main 主函数
{
    int n,year;                       //定义整型变量年数 n,年份 year
    float value,rate;                 //定义浮点型变量第 n 年的总产值 value,年
                                      //  增长率 rate
    printf("请输入年份和年增长率:");
    scanf("%d,%f",&year,&rate);       //输入年份和年增长率
    n=year-2012;
    value=100*pow((float)(1+rate),(float)n);
                                      //赋值语句,求解方程,处理数据
    printf("按给定年增长率到指定年份的总产值为%f\n",value);
                                      //输出给定年增长率到指定年份的总产值
}
```

运行输入:2016,0.08
运行结果如下:
按给定年增长率到指定年份的总产值为 136.048895

实训 2 简单程序设计

1. 实训目的
(1)进一步熟悉 C 程序的编辑、编译、连接和运行过程。
(2)掌握 C 语言程序的输入与输出方法。
(3)初步掌握 C 程序算法的设计思想。
2. 实训环境
上机环境为 Visual C++6.0。
3. 实训内容
(1)从键盘输入一个大写字母,要求改用小写字母输出。分别输出相应的字符和 ASCII 码。
1)设计步骤如下:
根据大小写字母的 ASCII 码值相差 32 的结论。
定义一个字符型变量 ch;
用输入函数 scanf 或 getchar 输入一个大写字母;
再利用 ch=ch+32,把大写字母变成小写字母;
最后利用输出函数 printf 或 putchar 输出变量 ch 中的值。
2)程序设计代码自己完成。
(2)编写程序求半圆面积。
1)设计步骤如下:
根据圆面积公式 s=π*r*r。
定义一个变量 r 存放圆半径值,变量 s 存放半圆面积;
赋值 pi=3.14159,s=pi*r*r/2.0。
用输出函数 printf 或 putchar 输出圆半径值及半圆面积。
2)参考程序:
#include <stdio.h>
main()
{
    float r,s,pi;
    printf("r=");
    scanf("%f",&r);
    pi=3.14159;
    s=pi*r*r/2.0;
    printf("r=%f,s=%f\n",r,s);
}
(3)已知一名学生的四门学位课考试成绩,求他的学位课平均成绩。
1)设计步骤如下:
平均成绩=四门成绩之和除以 4。

定义 4 个实型变量,用来存放四门学位课成绩;
再定义 1 个实型变量,用来存放平均成绩;
用输入函数 scanf 来输入四门学位课考试成绩;
平均成绩＝四门成绩之和/4;
最后利用输出函数 printf 来输出平均成绩。
2)程序设计代码自己完成。
(4)编写一个程序,从键盘输入一个球半径,求球的表面积和体积(保留 2 位小数)。
1)设计步骤如下:
圆球的表面积＝4*π*r*r,体积＝4.0/3.0*π*r*r。
定义 3 个实型变量 r,s,v,分别用来存放球的半径、球的表面积和体积;
用输入函数 scanf 来输入球的半径;
赋值 pi=3.14159,s=4*pi*r*r,v=4.0/3.0*π*r*r*r;
最后利用输出函数 printf 来输出球的半径、球的表面积和体积。
2)参考程序:

```
#include <stdio.h>
main()
{
    float r,s,v,pi;
    printf("r=");
    scanf("%f",&r);
    pi=3.14159;
    s=4*pi*r*r;
    v=4.0/3.0*pi*r*r*r;
    printf("圆球的半径=%f,表面积=%.2f,体积=%.2f\n",r,s,v);
}
```

4. 实训报告要求
(1)实验题目。
(2)设计步骤。
(3)源程序。
(4)输出结果。
(5)实验总结。

习 题 2

1. 填空题

(1)在 printf 格式字符中,以带符号的十进制形式输出整数的格式字符是_____;只能输出一个字符的格式字符是_____;用于输出字符串的格式字符是_____;以小数形式输出实数的格式字符是_____;以无符号十进制形式输出整数的格式字符是_____。

(2)若想通过以下输出语句使 a 中存放字符串 1234,b 中存放字符 5,则输入数据的形式应该是_____。
```
char a[10],b;
scanf("a=%s b=%c",a,&b);
```
(3)_____函数是每个程序执行的起始点。
(4)一个函数由_____首部和_____两部分组成。
(5)可以使用_____对 C 程序中的任何部分作注释。
(6)C 语言本身不提供输入/输出语句,输入/输出的操作是通过调用库函数_____和_____完成的。

2. 选择题
(1)只能向终端输出一个字符的函数是_____。
A. printf   B. putchar   C. getchar   D. scanf
(2)一个 C 语言的源程序中,_____。
A. 必须有一个主函数   B. 可以有多个主函数
C. 必须有主函数和其他函数   D. 可以没有主函数
(3)只能用来输入一个字符的函数是_____。
A. printf 函数   B. putchar 函数   C. getchar 函数   D. scanf 函数
(4)以下程序的运行结果为_____。
```
#include <stdio.h>
main()
{
    char c1='a',c2='b',c3='c';
    printf("a%c b%c\tc%c\n",c1,c2,c3);
}
```
A. abc abc abc   B. aabb cc   C. a b c   D. aaaa bb
(5)若有定义"int x,y; char a,b,c",并有以下输入数据:
1 2 <回车>
A B C <回车>
则能给 x 赋整数1,给 y 赋整数2,给 a 赋字符 A,给 b 赋字符 B,给 c 赋字符 C 的正确程序段是_____。
A. scanf("x=%dy+%d",&x,&y); a=getchar(); b=getchar(); c=getchar();
B. scanf("%d%d",&x,&y); a=getchar(); b=getchar(); c=getchar();
C. scanf("%d%d%c%c%c",&x,&y,&a,&b,&c);
D. scanf("%d%d%c%c%c%c%c%c",&x,&y,&a,&a,&b,&b,&c,&c);
(6)以下程序的输出结果为_____。
```
#include <stdio.h>
main()
{
    unsigned short a=65536;
    int b;
```

```
        printf("%d\n",b=a);
}
```
A. 65536   B. 6553   C. 0   D. 6554

(7) 若从键盘输入 10A10<回车>,则以下程序的输出结果是_____。
```
#include <stdio.h>
main()
{
    int m=0,n=0;
    char c='a';
    scanf("%d%c%d",&m,&c,&n);
    printf("%d,%c,%d\n",m,c,n);
}
```
A. 10,A,10   B. 10,a,10   C. 10,a,0   D. 10,A,0

3. 问答/程序阅读

(1) 分析并写出下列程序的运行输出结果。
```
#include <stdio.h>
main()
{
    int a=-7,b=-2;
    printf("%d\n",a%b);
    printf("%d\n",a/b*b);
    printf("%d\n",a-b);
    printf("a-b=%d\n",a-b);
}
```

(2) 分析并写出下列程序的运行输出结果。
```
#include <stdio.h>
main()
{
    char c1='A',c2='BE',c3='CEF';
    putchar(c1);
    putchar(c2);
    putchar(c3);
    printf("%c",c3);
}
```

(3) 分析并写出下列程序的运行输出结果。
```
#include<stdio.h>
main()
{
    float   x=1234.567;
```

```
    double y=1234.5678;
    printf("x=%f,y=%f\n", x,y);
    printf("x=%6.3f,y=%10.3f\n", x,y);
    printf("x=%g\n", x);
}
```

(4)分析并写出下列程序的运行输出结果。
```
#include<stdio.h>
main()
{
    float t,f,x;
    printf("input data t,f: ");
    scanf("%d,%d",&t,&f);
    x=t+f;
    printf("x=%f",x);
}
```

4. 程序设计

(1)从键盘输入 4 个整数,求平均值。数据输入、计算结果输出要求有文字注释。

(2)输入两个整数给变量 x,y,然后进行交换,把 x 中原来的值给 y,把 y 中原来的值给 x,再按顺序输出 x,y 的值。

(3)编写程序把分钟数换算成用小时和分钟表示,然后输出。

第 3 章 运算符和表达式

本章介绍 C 语言的各类运算符及表达式,包括算术运算符、关系运算符、逻辑运算符、条件运算符、赋值运算符、逗号运算符,运算优先级和结合性,C 赋值表达式、算术表达式、关系表达式、逻辑表达式、条件表达式和逗号表达式的应用和操作。

3.1 算术运算符

几乎每一个程序都需要进行运算,对数据进行加工处理。要进行运算,就需要规定可以使用的运算符。C 语言的运算符范围很广,除了控制语句和输入/输出以外的几乎所有的基本操作都作为运算符处理。

3.1.1 基本算术运算符

C 语言中的基本算术运算符有 5 种,按操作数的个数是一个还是两个,可分为单目运算符和双目运算符两类,见表 3.1。

表 3.1 基本算术运算符

运算符	含义	举例	结果
+	正号运算符(单目运算符)	+a	a 的值
−	负号运算符(单目运算符)	−a	a 的算术负值
*	乘法运算符	a*b	a 和 b 的乘积
/	除法运算符	a/b	a 除以 b 的商
%	求余运算符	a%b	a 除以 b 的余数
+	加法运算符	a+b	a 和 b 的和
−	减法运算符	a−b	a 和 b 的差

由于键盘上无 ×号和÷号,运算符以 * 和/代替。两个实数相除的结果是双精度实数;两个整数相除的结果为整数,舍去小数部分,如 9/5 的结果为 1。但是当除数或者被除数中有一个为负数时,则舍入的方向是不固定的,例如−9/5,有的系统中得到的结果为−1,有的系统得到结果为−2。多数 C 编译系统(如 Visual C++)采用"向零取整"的方法,即 9/5=1,−9/5=−1,取整后向零靠拢。

求余(%)运算符要求参加运算的运算对象(即操作数)为整数,结果也是整数。求余运算所得结果的符号与被除数的符号相同。设 a 和 b 是两个整型数据,并且 b≠0,则 a%b 的值与 a-(a/b)*b 的值相等。如 5%3 的结果为 2,-5%3 的结果为-2,5%-3 的结果为 2。除求余(%)以外的运算符的操作数都可以是任意算术类型。

3.1.2 算术表达式和运算符的优先级与结合性

算术表达式是由算术运算符和圆括号将运算对象(也称操作数)连接起来的、符合 C 语法规则的式子。运算对象包括常量、变量、函数等。例如以下是合法的算术表达式:

a*2
(a*2)/b
(a+b)*sin(x)-c%7

一个算术表达式有一个确定类型的值,即求解算术表达式所得到的最终结果。算术表达式求值过程是按运算符的优先级和结合性规定的顺序进行的,例如先乘除后加减。如表达式 a+b*c,b 的左侧为加号,右侧为乘号,而乘号优先级高于加号,因此先算 b*c,再将所得结果与 a 相加。

注意:*(乘法运算符)不能省略,如 3*a,不能省略写成 3a。

当一个运算对象两侧的运算符优先级别相同时,则按规定的结合方向处理,即先左后右。如 a+b-c,b 先与加号结合,执行 a+b 运算,然后再执行减 c 的运算。这种先左后右的结合方向又称为左结合性,即运算对象先与左面的运算符结合。

3.1.3 自增、自减运算符

C 语言中有两个特殊的算术运算符,即自增运算符"++"和自减运算符"--",这两个运算符都是单目运算符,且都具有右结合性,并且运算对象只能是整型变量或指针变量。它们的作用是使变量的值加 1 或减 1,如:

++i,--i(在使用 i 之前,先使 i 的值加(减)1)
i++,i--(在使用 i 之后,使 i 的值加(减)1)

粗略地看,++i 和 i++ 的作用相当于 i=i+1,但 ++i 和 i++ 的不同之处在于 ++i 是先执行 i=i+1 后,再使用 i 的值,而 i++ 是先使用 i 的值,再执行 i=i+1。如果 i 的原值为 5,执行 j=i++ 时,先将 i 的值 5 赋给 j,j 的值为 5,然后 i 自增 1 变为 6。

自增运算符(++)和自减运算符(--)只能用于变量,而不能用于常量或表达式,如 3++或--(a+b)都是不合法的。

自增 1 和自减 1 运算在使用时容易出错,特别是当它们出现在比较复杂的表达式或语句中时,常常难以理解,如 i+++j,是理解为(i++)+j 呢,还是 i+(++j)? 为避免二义性,应当采用不致引起歧义的写法,可以加一些括号,如(i++)+j。

【例 3.1】自增、自减运算示例。
程序如下:
```
#include <stdio.h>
main()
{
```

```
    int a=5,i=5,j=5,p,q;
    p=(i++)+(i++);              //将 i+i 的值 10 赋给 p,然后 i 自增 1 两次变为 7
    q=(++j)+(++j);              //j 先自增 1 两次变为 7 后,将 j+j 的值 14 赋给 q
    printf("p=%d,q=%d,i=%d,j=%d\n",p,q,i,j);    //输出 p,q,i,j 的值
    printf("++a=%d\n",++a);     //输出++a 的值
    printf("--a=%d\n",--a);     //输出--a 的值
    printf("a++=%d\n",a++);     //输出 a++的值
    printf("a--=%d\n",a--);     //输出 a--的值
    printf("-a++=%d\n",-a++);   //输出-a++的值
    printf("-a--=%d\n",-a--);   //输出-a--的值
    printf("a=%d\n",a);         //输出 a 的值
}
```

运行结果：
p=10,q=14,i=7,j=7
++a=6
--a=5
a++=5
a--=6
-a++=-5
-a--=-6
a=5

程序分析：

第 3 行 a,i,j 的初值都为 5;第 4 行 p=(i++)+(i++)应理解为先将两个 i 相加,结果赋给 p,p 的值为 10,然后 i 再自增 1 两次,故 i 最终的值为 7;第 5 行 q=(++j)+(++j)应理解为 j 先自增 1 两次,j 的值变为 7,之后,再将两个 j(j 的值为 7)相加结果赋给 q,则 q 的值为 14;第 6 行输出 p,q,i,j 的值;第 7 行先将 a 的值自增 1 变为 6,然后输出++a 的值 6;第 8 行先将 a(值为 6)的值自减 1 变为 5,然后输出--a 的值 5;第 9 行先输出 a 的值 5,然后 a 的值自增 1 变为 6;第 10 行先输出 a 的值 6,然后 a 的值自减 1 变为 5;第 11 行先输出-a(a 的值为 5)的值-5,然后 a 的值自增 1 变为 6;第 12 行先输出-a(a 的值为 6)的值-6,然后 a 的值自减 1 变为 5;第 13 行输出 a 的值 5。

3.1.4 类型转换运算符及类型转换

C 语言中整型和实型数据可以混合运算,字符型数据和整型数据可以通用,因此整型、实型以及字符型数据之间可以混合运算。C 语言规定:相同类型的数据可以直接进行运算,运算结果还是原来的数据类型;而不同类型的数据运算时,需先将这些数据转换成同一类型,然后进行运算。转换方法有两种,一种是强制类型转换,一种是自动转换(隐式转换)。

有时需要根据实际情况改变某个表达式的数据类型,这就需要强制类型转换。强制类型转换是通过类型转换运算符来实现的,其一般形式为:

(类型名)(表达式)

表达式应该用括号括起来,如果写成

(int)x+y

则只将 x 转换成整型,然后与 y 相加。在强制类型转换时,得到一个所需类型的中间数据,而原来变量的类型并未发生改变。例如:

int n;

float x=5.8;

n=(int)x%3;

即对 x 强制转换得到一个整型值 5(变量 x 的 float 类型以及存放在内存中的 x 的值 5.8 并没有改变),再用整型值 5 对 3 求余,得到的余数 2 为整型,赋给整型变量 n。

自动转换发生在不同类型的数据混合运算时,它由编译系统自动完成,自动转换遵循以下规则。

(1)参与运算的数据类型不同时,则先转换成同一种类型,然后再进行运算。

(2)转换按数据长度增加的方向进行,以保证不降低精度。如 int 型和 double 型进行运算时,先将 int 型转换成 double 型后再进行运算。

(3)所有的实数运算都是以双精度进行的,即使是仅含 float 型的单精度运算表达式也要先转换成 double 型,然后再进行运算。

(4)char 型和 short 型参与运算时必须先转换成 int 型。

(5)在赋值运算中,当赋值号两边的数据类型不同时,赋值号"="右边表达式值的类型将转换为左边变量的类型。当右边表达式值的类型所占的内存长度大于左边变量数据类型所占内存长度时,在转换过程中将丢失一部分数据。例如:

int x;

float y=5.15;

x=y+2;

则 x 的值为 7,丢失了小数点后的数据 0.15。

3.2 关系运算符和逻辑运算符

在程序中有时要在不同的操作间进行选择,要对条件进行判断,或同时对多个条件进行判断,并根据其结果的组合来进行选择,这时就需要用到关系运算符和逻辑运算符。

3.2.1 关系运算符和关系表达式

在程序中,判断往往涉及数据的比较,如 a 是否大于 b,或者 i 是否等于 0 等。关系运算用于实现两个数据的比较,并得出结果,因此也叫比较运算符。

在 C 语言中有以下 6 种关系运算符。

(1) < :小于。

(2) <= :小于或等于。

(3) > :大于。

(4) >= :大于或等于。

(5) == :等于。

(6)！＝：不等于。

关系运算符都是双目运算符，其结合性均为左结合。关系运算符的优先级低于算术运算符，高于赋值运算符。在 6 个关系运算符中，＜，＜＝，＞，＞＝ 的优先级相同，高于 ＝＝ 和 ！＝，＝＝ 和 ！＝ 的优先级相同。C 语言程序中，可以用关系运算符加以比较的数据类型有：整型、实型和字符型，比较字符型数据时，按其 ASC II 代码进行比较。

关系表达式是用关系运算符将比较对象连接而成的表达式。这里的比较对象可以是常量、变量，也可以是一个表达式，如 6＜7，120％10！＝0，a＞＝b＋4。关系表达式的值只有两种可能，即真或者假。若条件成立，结果为真，否则结果为假。在 C 语言中运算结果为真用 1 表示，为假用 0 表示。上面三个例子中 6＜7 成立，结果为真，表达式的值为 1；120％10！＝0 不成立，结果为假，表达式的值为 0。

关系表达式也可能出现嵌套的情况，即在一个关系表达式中又包含其他关系表达式，这种情况下要注意运算的次序。例如：

假设 a＝5，b＝4，c＝3，则 C 语言中表达式 a＞b＞c，要先计算 a＞b 的值，其结果为真，值为 1，再计算 1＞c，结果为假，其最终值为 0。相当于 (a＞b)＞c。

【例 3.2】关系运算符的应用。

程序如下：

```
#include<stdio.h>
main()
{
int i=3, j=5;
    printf("%d> %d=%d\n", i,j, i>j);        //比较 i>j 并输出比较结果
    printf("%d< %d=%d\n", i,j, i<j);        //比较 i<j 并输出比较结果
    printf("%d>=%d=%d\n", i,j, i>=j);       //比较 i>=j 并输出比较结果
    printf("%d<=%d=%d\n", i,j, i<=j);       //比较 i<=j 并输出比较结果
    printf("%d==%d=%d\n", i,j, i==j);       //比较 i==j 并输出比较结果
    printf("%d!=%d=%d\n", i,j, i!=j);       //比较 i!=j 并输出比较结果
}
```

运行结果：

3＞ 5＝0
3＜ 5＝1
3＞＝5＝0
3＜＝5＝1
3＝＝5＝0
3！＝5＝1

程序分析：

程序中先定义两个整型变量 i 和 j 分别赋初始值 3 和 5，再用 6 种关系运算符分别比较 i 和 j 并输出比较结果，条件成立则为真，结果输出为 1，反之输出为 0。

3.2.2 逻辑运算符和逻辑表达式

关系运算符只能对单一条件进行判断,如 a>b,a==b 等,如果要对多个组合在一起的条件进行判断,如 a>b 且同时 a<c 时,就需要使用逻辑运算来完成。C语言提供了三种逻辑运算符。

(1) &&:逻辑与运算符。
(2) ||:逻辑或运算符。
(3) !:逻辑非运算符。

这三种逻辑运算符中,&& 和 || 是双目运算符,并具有左结合性,! 是单目运算符,具有右结合性。其中 ! 优先级高于算术运算符和关系运算符;而 && 和 || 的优先级相同,低于算术运算符和关系运算符,但高于赋值运算符和逗号运算符。

用逻辑运算符连接起来的式子称为逻辑表达式。逻辑表达式的一般形式为

表达式　逻辑运算符　表达式

其中,表达式也可以是一个逻辑表达式,即形成了逻辑表达式的嵌套。例如:

(a>c&&b>d)||(!c&&d<e)

逻辑表达式的值是一个逻辑值,即真或假,分别用 1 和 0 来表示。逻辑运算符两边的运算对象不但可以是 0 或 1,也可以是其他整数,还可以是任何类型的数据,如实型、字符型和指针类型的数据,系统最终是以 0 和非 0 来判断它们的假或真。例如 'A'&&'B',由于 'A' 和 'B' 的 ASCⅡ代码值均不为 0,则按"真"处理,即表达式的值为 1。逻辑表达式进行判断时是以非 0 为真、0 为假,而运算的结果则是真为 1、假为 0。以变量 a,b 取不同的值为例,逻辑运算符的运算规则见表 3.2。

表 3.2　逻辑运算符的运算规则

a	b	a&&b	a||b	!a
0	0	0	0	1
0	1	0	1	1
1	0	0	1	0
1	1	1	1	0

需要指出的是,在使用多个逻辑运算符连接的逻辑表达式中,并不是所有的表达式都被执行,只有当执行该表达式才能得出整个逻辑表达式的结果时,才去执行它,即一旦某个逻辑表达式执行到可以得出确定值的部分,那么剩下的表达式就不会再被执行。

【例 3.3】逻辑运算符的应用。

程序如下:

```
#include <stdio.h>
main()
{
    int a,b;
    a=1&&(b=8);                //将 1&&(b=8)的值(真值为1)赋给a
```

```
        printf("a=%d b=%d \n", a, b);        //输出 a 和 b 的值
        a=0 ||(b=7);                         //将 0 ||(b=7)的值(真值为 1)赋给 a,执行 b=7
        printf("a=%d b=%d \n", a, b);        //输出 a 和 b 的值
        a=4 ||(b=5);                         //将 4 ||(b=5)的值(真值为 1)赋给 a,未执行 b=5
        printf("a=%d b=%d \n", a, b);        //输出 a 和 b 的值
        a=2;
        printf("! a=%d \n", ! a);            //输出! a 的值
        b=0;
        printf("! b=%d \n", ! b);            //输出! b 的值
    }
```

运行结果:

a=1 b=8

a=1 b=7

a=1 b=7

! a=0

! b=1

程序分析:

程序中第 5 行 a=1&&(b=8)中,由于=(赋值运算符)的优先级低于&&,所以先执行 1&&(b=8),圆括号的优先级最高,需先执行括号中的 b=8,给 b 赋值 8,b 的值为 8,然后 1&&8 结果为真,值为 1,将 1 赋给 a,则 a 的值为 1。而第 9 行 a=4 ||(b=5)中,先执行 4 ||(b=5),4 是非 0 值,为真,所以不论 || 运算符右边是真还是假,表达式 4 ||(b=5)的值都是真,所以不再执行(b=5),b 继续保持原值(值为 7),最后将表达式的值 1(表达式为真)赋给 a。第 13 行给 b 赋值为 0,则在第 14 行输出! b 的值为 1(非 0)。

3.3 条件运算符和条件表达式

条件运算符是一种用于检验数据的运算符,它根据关系表达式的值是真还是假,来决定执行两个表达式其中的一个。条件运算符为"?"和":",用于连接 3 个操作数,所以它是一个三目运算符,它的结合方向是自右向左。

由条件运算符连接的条件表达式的一般形式为:

(表达式 1)? (表达式 2):(表达式 3)

其求值规则为:先求解表达式 1 的值,若表达式 1 的值为真(非 0),则表达式 2 的值即为整个条件表达式的值,否则表达式 3 的值即为整个条件表达式的值。例如:10>8? 5:15 的值是 5,而 10<8? 5:15 的值是 15。

条件运算符"?"和":"是一对运算符,不能分开单独使用,考虑结合性时,也应将"?"和":"看作一个整体。条件运算符的优先级高于赋值运算符,低于关系运算符和算术运算符。例如:

(a>b)? a:((b>c)? b:c)

等价于

a>b? a:b>c? b:c

【例 3.4】条件运算符应用,求 a,b,c 三个数的最大值,并输出结果。
程序如下:
```
#include <stdio.h>
main()
{
    float a,b,c,max;
    printf("Please input 3 numbers：\n");
    scanf("%f%f%f",&a,&b,&c);         //输入3个数分别赋值给a,b,c
    max=a>b? a:b;                      //比较a和b的大小,大的数值赋给max
    max=c>max? c:max;                  //比较c和max的大小,大的数值赋给max
    printf("max=%f\n",max);            //输出max
}
```
运行结果：
Please input 3 numbers：
25.2 46.5 8.0 回车
max=46.500000

程序分析：
程序运行时,先输入 3 个数 25.2,46.5,8.0 分别赋值给 a,b 和 c,第 7 行先比较 a 和 b 的大小,大的数赋值给 max,第 8 行再比较 c 和 max 的大小,大的数赋值给 max,这时 max 的值就是 a,b 和 c 三个数的最大值,最后再输出 max。

如果上述程序中第 7 行和第 8 行合成一条语句,如写成"max=a>b? a:(b>c? b:c);",程序运行时如果输入 25.2,8.0,46.5 这三个数,最终结果将是 max=25.200000,而不是 max=46.500000,这显然是错误的。那么问题出在哪里？注意前面提到的,程序运行中,并不是所有的表达式都会被执行,对于 max=a>b? a:(b>c? b:c),程序执行时会先判断 a>b 是否为真,这里 a=25.2,b=8.0,显然 a 是大于 b 的,即 a>b 为真,那么根据条件表达式的求值规律,会将 a 的值作为整个条件表达式的值赋给 max,后半部分(b>c? b:c)并没有被执行,故最后得到的结果为 max=25.200000。

3.4 赋值运算符和赋值表达式

在程序中常常需要给变量赋值,这时就需要用到赋值运算符和赋值表达式。

3.4.1 赋值运算中的运算符和表达式

赋值符号"="就是赋值运算符,它的作用是将一个数据赋给一个变量,也可以将一个表达式的值赋给一个变量。赋值表达式的一般形式为：

变量=表达式

赋值运算符的左侧只能是变量,不能是常量或表达式,而赋值运算符的右侧可以是常量、已赋值的变量或表达式,即赋值运算符的操作是将赋值运算符"="右边的表达式值赋给赋值运算符"="左边的变量,这种赋值操作是单方向的操作。

带有赋值运算符的表达式被称为赋值表达式。赋值表达式的作用就是将等号"="右边表达式的值赋给等号"="左边的对象。赋值表达式的类型为等号"="左边变量的类型,赋值表达式的值就是赋值运算符"="左边变量的值,运算的结合性为自右向左。而赋值表达式中的"表达式"还可以是一个赋值表达式,如:x=20+(y=5)。

赋值运算可以连续进行,如:a=b=c=7,这个表达式等价于a=(b=(c=7)),即先将7赋值给c,然后c的值7再赋给b,最后将b的值7赋给a。

程序中也可以用赋值语句对变量赋值,还可以在定义变量时对变量赋以初值,这样可以使程序更简练。如:

  int a=7;   //定义a为整型变量,初值为7
  char c='b';   //定义c为字符变量,初值为'b'
  float f=5.5;   //定义f为实型变量,初值为5.5

也可以给定义的部分变量赋初值,如:

  int a,b,c=7;   //定义a,b,c为整型变量,只对c赋初值为7

如果对几个变量赋以同一个初值,应写成:

  int a=7,b=7,c=7;

而不能写成:

  int a=b=c=7;

3.4.2 赋值运算中的数据类型转换

如果赋值运算符两侧的类型一致,则直接进行赋值;如果赋值运算符两侧的类型不一致,但都是算术类型时,在赋值时要进行类型转换,即把赋值号右侧的类型转换成左侧的类型,类型转换是由系统自动进行的。具体规则如下:

(1)实型数据赋值给整型数据时,先对实型数据取整,即舍去小数部分,然后赋予整型变量。如果a为整型变量,执行"a=5.5"的结果是使a的值为5,以整数形式存储在整型变量中。

(2)将整型数据赋值给单、双精度的实型变量时,数值不变,但以实型数据的形式存储到变量中。如果变量f为float型,执行"f=35"时,先将整数35转换成实数35.0,再按指数形式存储在变量f中。

(3)将double型数据赋值给float型变量时,先将双精度转换成单精度,即只取6~7位有效数字,存储到float型变量的4个字节中,应注意双精度数值的大小不能超出float型变量的取值范围,否则会出错。

将一个float型数据赋值给double型变量时,数值不变,在内存中以8个字节存储,有效位数扩展到15位。

(4)将字符型数据赋值给整型变量时,直接将字符的ASCII代码赋值给整型变量。

(5)将一个占字节多的整型数据赋值给一个占字节少的整型变量或字符变量(例如把占4字节的int型数据赋值给占2字节的short型变量或占1字节的char型变量)时,只将其低字节原封不动地送到被赋值的变量中。例如:

  int a=289;
  char c='b';
  c=a;

赋值情况如图 3.1 所示,c 的值为 33,如果用％c 输出 c,将得到字符"!"(其 ASC II 代码值为 33)。

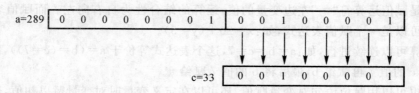

图 3.1　保留低位

要避免把占字节多的整型数据向占字节少的整型变量赋值,因为赋值后数值可能发生失真。如果一定要进行这种赋值,应当保证赋值后数值不会发生变化,即所赋的值应该在变量的允许数值范围内。

3.4.3　算术自反赋值运算符与自反赋值表达式

在赋值运算符"＝"之前加上其他算术运算符,可以构成复合的赋值运算符,即算术自反赋值运算符,见表 3.3。

表 3.3　算术自反赋值运算符

算术自反赋值运算符	表达式举例	等价表达式
＋＝	a＋＝b	a＝a＋b
－＝	a－＝b	a＝a－b
＊＝	a＊＝b	a＝a＊b
／＝	a／＝b	a＝a／b
％＝	a％＝b	a＝a％b

算术自反赋值运算符可以构成算术自反赋值表达式,其一般形式为:
变量算术运算符＝表达式
它等价于
变量＝变量算术运算符表达式

在算术自反赋值运算中,是将赋值号"＝"右边的表达式看做一个整体,例如 a－＝b＋4 等价于 a＝a－(b＋4),而不是 a＝a－b＋4。算术自反赋值运算符在书写时,两个运算符之间不能有空格,否则会出错。

赋值表达式也可以包含算术自反赋值运算符,如:
a＋＝a－＝a＊a;

3.4.4　赋值运算符的优先级与结合性

在所有运算符中,赋值运算符的优先级几乎是最低的,它的优先级只比逗号运算符的优先级高,低于其他所有运算符,如:
x＝2＊a－5;

先计算赋值运算符右侧的表达式的值,再将此值赋给赋值运算符左侧的变量 x。

赋值运算的结合方向是"自右向左",如:

int a=5;

a+=a-=a*a;

即先计算 a-=a*a,等价于 a=a-a*a,即 a=5-5*5=-20,这时变量 a 的值变为-20,再计算 a+=a,等价于 a=a+a=-20-20=-40,即变量 a 的最终值为-40。

3.5 逗号运算符和逗号表达式

在 C 语言中,逗号","称为逗号运算符,又称为顺序求值运算符,把两个表达式用逗号","运算符连接起来组成一个表达式,称为逗号表达式。其一般形式为:

表达式1,表达式2

其求解过程是,先求解表达式 1 的值,再求解表达式 2 的值,并将表达式 2 的值作为整个逗号表达式的值。例如:逗号表达式 2+3,5-1 的值为 4。逗号运算符的优先级是所有运算符中最低的。

【例 3.5】逗号表达式应用。

程序如下:

```
#include <stdio.h>
main()
{
    int a=6,b=7,c=8,x,y;
    y=(x=a+b),(b+c);
    printf("x=%d,y=%d\n",x,y)?;
    y=((x=a+b),(b+c));
    printf("x=%d,y=%d\n",x,y)?;
}
```

运行结果:

x=13, y=13

x=13, y=15

程序分析:

由于逗号运算符的优先级最低,所以对表达式 y=(x=a+b),(b+c),先求 y=(x=a+b),经过计算和赋值后可得到 x 的值为 13,y 的值为 13,然后再计算逗号运算符后面的(b+c),其值为 15,整个逗号表达式的值即为 15。

如果将程序中第 4 行的 y=(x=a+b),(b+c)改为 y=((x=a+b),(b+c)),则最终输出结果变为:

x=13,y=15

因为是将整个逗号表达式的值赋给了变量 y。

y=表达式 1,表达式 2;

则 y＝表达式 1。
　　y＝(表达式 1,表达式 2);
则 y＝表达式 2。
　　逗号表达式一般形式中的表达式 1 和表达式 2 也可以是逗号表达式,这就形成了逗号表达式的嵌套。可以把逗号表达式扩展为以下形式：
　　表达式 1,表达式 2,……,表达式 n
　　整个逗号表达式的值等于表达式 n 的值。
　　程序中使用逗号表达式通常是要分别求逗号表达式内各个表达式的值,而并不一定要求出整个逗号表达式的值。并不是在所有出现逗号的地方都会构成逗号表达式,如在变量说明中,函数参数表中逗号只是各变量之间的间隔符。

3.6　运算符的优先级与表达式的分类

　　在程序中,经常出现多种运算符混合在一个表达式中,这时就需要根据各个运算符的优先级和结合性来按顺序运算。

3.6.1　运算符的优先级和结合性

　　在表达式中,优先级较高的运算符先参加运算,如果一个运算量两侧的运算符优先级相同,则按运算符的结合性所规定的方向处理。
　　C 语言中各运算符的结合性有两种,即左结合性(自左至右)和右结合性(自右至左)。例如算术运算符的结合性是自左至右,即先左后右,如有表达式 a－b＋c,则 b 应先与"－"号结合,执行 a－b 运算,然后再执行＋c 的运算。如表达式 a＝b＝c 中,由于"＝"的右结合性,应先执行 b＝c,再执行 a＝(b＝c)运算。
　　C 语言的运算符中有不少是右结合性的,应注意区别,以避免错误。一般而言,单目运算符优先级较高,赋值运算符优先级低,算术运算符优先级较高,关系和逻辑运算符优先级较低,多数运算符具有左结合性,单目运算符、三目运算符和赋值运算符具有右结合性。各运算符的优先级与结合性具体见表 3.4。

表 3.4　运算符优先级与结合性

优先级	运算符	含义	运算对象的个数	结合方向
1	( )	圆括号		自左至右
	[ ]	下标运算符		
	－＞	指向结构体成员运算符		
	.	结构体成员运算符		
2	！	逻辑非运算符	1(单目运算符)	自右至左
	～	按位取反运算符		
	++	自增运算符		
	－－	自减运算符		

续表

优先级	运算符	含义	运算对象的个数	结合方向
2	-	负号运算符	1(单目运算符)	自右至左
	(类型)	类型转换运算符		
	*	指针运算符		
	&	取地址运算符		
	sizeof	长度运算符		
3	*	乘法运算符	2(双目运算符)	自左至右
	/	除法运算符		
	%	求余运算符		
4	+	加法运算符	2(双目运算符)	自左至右
	-	减法运算符		
5	<<	左移运算符	2(双目运算符)	自左至右
	>>	右移运算符		
6	< <= > >=	关系运算符	2(双目运算符)	自左至右
7	==	等于运算符	2(双目运算符)	自左至右
	!=	不等于运算符		
8	&	按位与运算符	2(双目运算符)	自左至右
9	^	按位异或运算符	2(双目运算符)	自左至右
10	|	按位或运算符	2(双目运算符)	自左至右
11	&&	逻辑与运算符	2(双目运算符)	自左至右
12	||	逻辑或运算符	2(双目运算符)	自左至右
13	?:	条件运算符	3(三目运算符)	自右至左
14	= += -= *= /= %= <<= >>= &= ^= |=	赋值运算符	2(双目运算符)	自右至左
15	,	逗号运算符(顺序求值运算符)	2(双目运算符)	自左至右

各类型数据混合运算时,按照前面介绍过的数据类型转换的规则进行转换后,再按照运算符的优先级与结合性进行运算。

3.6.2 表达式的类型

C语言中有多种类型的运算符,因此也构成了多种类型的表达式。具体有以下几种。
(1)赋值表达式。

(2)自反赋值表达式。
(3)算术表达式。
(4)关系表达式。
(5)逻辑表达式。
(6)条件表达式。
(7)逗号表达式。

几乎每一个程序都需要进行运算,对数据进行加工处理,这时就需要使用各种类型的表达式来进行处理。

3.7 程序设计案例

【例3.6】当n为127时,求出n的个位数字、十位数字、百位数字的值。
程序如下：

```
// 求两个整数的余数                      // 注释
#include <stdio.h>                   // 添加头文件 stdio.h
#include <math.h>                    // 添加头文件 math.h
main()                               // main 主函数
{
    int n;                           // 定义整数 n
    printf("请输入一个三位的整数");   // 提醒输入一个三位的整数
    scanf("%d",&n);                  // 输入一个三位的整数 n
    printf("%d的个位数为%d,十位数为%d,百位数为%d\n",n,n%10,(n/10)%10,n/100);
                                     // 输出三位整数的个位数、十位数、百位数
}
```

运行输入:请输入一个三位的整数127
运行结果如下：
127的个位数为7,十位数为2,百位数为1

实训3 数 据 类 型

1. 实训目的
(1)了解 C 的数据类型。
(2)掌握常量与变量的定义、赋值。
(3)掌握各种类型数据的运算。
(4)掌握数据的输入、输出在 C 语言中的实现。
(5)掌握顺序结构程序设计。

2. 实训环境
上机环境为 Visual C++6.0。

3. 实训内容

输入并运行以下程序，注意各种数据类型的定义方法和在输出时所用的相应格式字符，以及各种数据类型间的转换。

```c
#include<stdio.h>
void main()
{
    int a,b;
    float d,e;
    char c1,c2;
    double f,g;
    long m,n;
    unsigned int p,q,r;
    a=61;b=62;
    d=2.56;e=-6.85;
    c1='a';c2='b';
    f=3141.592654;g=0.123456789;
    m=50000;n=-60000;
    p=32768;q=40000;r=65535;
    printf("a=%d,b=%d\nc1=%c,c2=%c\n",a,b,c1,c2);
    printf("d=%6.2f,e=%6.2f\nf=%16.6f,g=%16.12f\n",d,e,f,g);
    printf("m=%ld,n=%ld\np=%u,q=%u\n",m,n,p,q);
    printf("r=%u,r=%o,r=%x,r=%d\n",r,r,r,r);
    printf("%%  %%  %10s %% %%\n","abcde");
}
```

运行程序，观察运行结果。注意值 r 输出的各种情况，lf 和 ld 格式字符分别用于输入、输出 double 型和 long 型数据。

在此基础上，作以下改动：

(1)将程序第 10～15 行改为：

```
a=61;b=62;
c1=a;c2=b;
f=3141.592654;g=0.123456789;
d=f;e=g;
p=a=m=50000;q=b=n=-60000;r=65535;
```

运行并分析结果。

(2)在(1)的基础上，将 printf 语句改为：

```
printf("d=%15.6f,e=%15.6f\nf=%f,g=%f\n",d,e,f,g);
printf("m=%d,n=%d\np=%d,q=%d\n",m,n,p,q);
```

运行并分析结果。

(3)在原程序上，改用 scanf 函数输入数据而不用赋值语句，scanf 函数如下：

scanf("%d,%d,%c,%c",&a,&b,&c1,&c2);
scanf("%f,%f,%lf,%lf",&d,&e,&f,&g);
scanf("%ld,%ld,%u,%u,%u",&m,&n,&p,&q,&r);
运行时输入的数据如下：
61,62,a,b↙
2.56,-6.85,3141.592654,0.123456789↙
50000,-60000,32768,40000,65535↙
运行程序并分析结果。

4. 实训报告要求
(1)实训题目。
(2)设计步骤。
(3)源程序。
(4)输出结果。
(5)实验总结。

习 题 3

1. 选择题
(1)在 C 语言中,下列中合法的字符常量是(　　)。
 A. '\048'　　　　B. '\x48'　　　　C. 'ab'　　　　D. "\0"
(2)设 a,b,c 和 k 都是 int 型变量,则执行表达式 a=(b=36,c=18,k=25)后,a 的值为(　　)。
 A. 36　　　　B. 18　　　　C. 25　　　　D. 79
(3)有定义语句"int a=0;",下面四个表达式中 a 的值未发生改变的是(　　)。
 A. a++　　　　B. a+=1　　　　C. ++a　　　　D. a+1
(4)有以下程序段：
int a=2,b=2,c;
c=1.0/b*a;
执行后 c 的值是(　　)。
 A. 0　　　　B. 1　　　　C. 2　　　　D. 3
(5)有以下程序：
#include<stdio.h>
void main()
{
　　int a=10,b=10;
　　printf("%d,%d\n",a++,--b);
}
其输出结果是(　　)。
 A. 10,9　　　　B. 11,9　　　　C. 10,10　　　　D. 11,10

2.填空题

(1)表达式(1+3)/(2+4)+8%3 的值为_____。

(2)C语言中,int 类型数据在内存中的存储形式是_____。

(3)有定义"char c;",则给变量 c 赋值为'A'(A 的 ASC II 代码值为65),正确的赋值表达式为_____或_____。

(4)下面程序的输出结果是_____。

```
#include<stdio.h>
void main()
{
    unsigned a=32769;
    printf("a=%d\n",a);
}
```

(5)若有程序段

```
int a=7;
a=sqrt(2*a++)+a;
printf("a=%d\n",a);
```

则输出结果是:_____。

3.简答题

(1)字符常量与字符串常量有什么区别?

(2)写出表达式运算后 a 的值,设初值 int a=8,b=5。

1)a+=a

2)a-=2

3)a*=2+1

4)a%=(b%=3)

5)a+=a-=a*=a

4.编程题

(1)用 getchar 函数读入两个字符给 c1 和 c2,然后分别用 putchar 函数和 printf 函数输出这两个字符,并用 printf 函数输出其 ASC II 码值。

(2)编写程序,输入圆的半径,计算并输出其周长和面积。常量 PI 的值取 3.14159,周长和面积取小数点后2位数字。

(3)编写程序,输入一个小写字母,输出其对应的大写字母。

(4)编写程序,从键盘输入两个字符分别存放在变量 c1 和 c2 中,要求交换 c1 和 c2 的值,并输出。

第4章 结构化程序设计的基本结构

本章介绍 C 语言程序设计的三种基本控制结构,即顺序结构、选择结构和循环结构。重点介绍选择结构和循环结构的程序设计,包括实现选择结构的两种语句(if 语句和 switch 语句)、实现循环结构的三种语句(while 语句、do - while 语句和 for 语句)的语法特点、结构特点、功能,以及使用它们进行程序设计的方法。

4.1 概 述

程序设计是一个复杂而精细的过程。结构化程序设计方法是最早的程序设计方法之一,对于某个求解问题,首先从整体的角度考虑,将问题分解成若干个逻辑上相互独立的模块,然后分别实现,最后再把这些独立模块组装起来。用结构化程序设计方法得到的程序不仅结构良好、清晰易读,而且易于维护、易排错、易于正确性验证,它向人们揭示了研究程序设计方法的重要性,并为后来的程序设计方法奠定了基础。

计算机程序的一个重要方面就是描述问题求解的计算过程,即对计算步骤的描述。在程序设计语言中,一个计算步骤或者用一个基本语句实现,或者用一个控制结构实现。控制结构主要由控制条件和被控制的语句组成,不同的控制结构用于描述不同的控制方式,实现对程序中各种成分语句的顺序、选择和循环等方式的控制。

1966 年,Bohm 和 Jacopini 的研究表明,只需要采用顺序结构、选择结构和循环结构这三种控制结构就能编写所有的程序。

将一个大程序分解为若干个相对独立且较为简单的子程序,这些子程序就是过程与函数。大程序通过调用这些子程序来完成预定的任务。过程与函数的引入不仅可以比较容易地解决一些复杂的问题,而且更重要的是使程序有了一个层次分明的结构,这就是结构化程序设计"自顶向下、逐步求精、模块化"的基本思想。

因此一个结构化的程序是由顺序、选择和循环这三种基本结构和过程(函数)结构组成的。面对一个较复杂的求解问题,不要急于编写程序,应遵循问题分析、算法设计、流程描述的顺序做好准备工作,然后再着手编写程序。用计算机处理问题,编写程序只是其中一个步骤,而算法设计是整个程序设计的核心。

随着计算机技术的飞速发展,计算速度越来越快,内存容量越来越大,对效率的苛求有所缓解,另一方面,程序的规模越来越大,软件开发采用的是团队化、规模化的生产方式。随之而来的是出错的可能性大了,出错带来的后果也越来越严重。这时,判断程序好坏的标准就从效率第一变成要求程序有良好的可读性,便于查错和维护,减少软件设计的成本,即把程序的可

第 4 章 结构化程序设计的基本结构

靠性与可维护性摆在了首要位置。

为了从根本上保证程序的正确与可靠,1968 年,计算机科学家 E. W. Dijkstra 指出了程序设计中过去常用的 goto 语句的三大危害,反对滥用 goto 语句,代之以软件生产方式的科学化、规范化、工程化,并由此产生了结构化程序设计方法和"软件工程"概念。

结构化程序设计方法是一套指导软件开发的方法,涵盖了系统分析、系统设计和程序设计三方面的内容。而结构化程序设计中的三种基本控制结构就是顺序结构、选择结构和循环结构。

顺序结构:程序流程沿着一个方向进行,是最简单的一种结构,如图 4.1(a)所示。

选择结构:程序的流程发生分支,根据一定的条件选择执行其中某一模块,也可称为分支结构,如图 4.1(b)所示。

循环结构:程序流程是不断重复执行某一模块后退出循环,也可称为重复结构。循环结构可以分为 while 循环和 do - while 循环两种类型。while 循环的流程是先判断条件是否成立,若成立,则执行循环体模块,否则退出循环,如图 4.1(c)所示。而 do - while 循环流程是先执行循环体模块,然后判断条件是否成立,当条件不成立时继续执行循环体,否则退出循环,如图 4.1(d)所示。

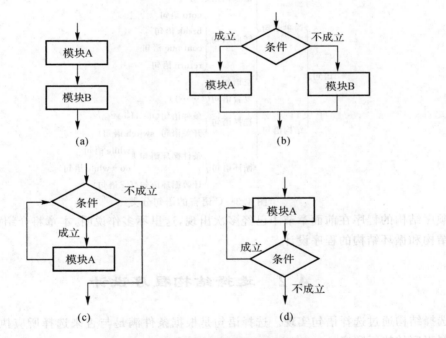

图 4.1 三种控制结构的传统流程图
(a)顺序结构;(b)选择结构;(c)while 循环结构;(d)do - while 循环结构

从图 4.1 可以看出结构化程序的三种基本结构可以用框图和流程线表示,但当程序较复杂时,流程线自然会增多,从而导致程序的结构不清晰,不便于阅读。美国学者 I. Nassi 和 B. Shneiderman 于 1973 年提出了一种新的绘制流程图的方法:N-S 图,它是以这两位学者名字的首字母命名的。N-S 图的重要特点就是完全取消了流程线,这样算法被迫只能从上到下顺序执行,从而避免了算法流程的任意转向,保证了程序的质量。图 4.2 采用了 N-S 图来描述顺序、选择和循环三种基本结构,图 4.2(a)~(d)和图 4.1(a)~(d)的传统流程图相对应。

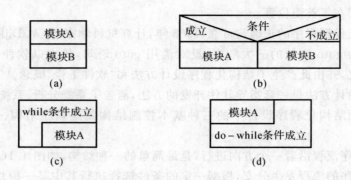

图 4.2 三种控制结构的 N-S 流程图
(a)顺序结构;(b)选择结构;(c)while 循环结构;(d)do-while 循环结构

C 语言中的语句分为简单语句和结构语句两类。简单语句是指那些不包含其他语句成分的基本语句;结构语句则指那些"句中有句"的语句,它是由简单语句或结构语句根据某种规则构成的。C 语言中的语句分类情况如图 4.3 所示。

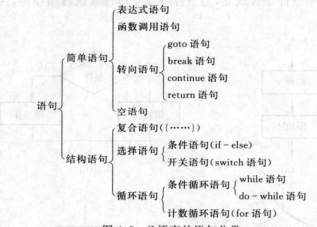

图 4.3 C 语言的语句分类

顺序结构的程序在前面章节中已经多次出现,这里不多作说明,本章将介绍程序设计中的选择结构和循环结构的程序设计。

4.2 选择结构程序设计

选择结构通过选择语句实现。选择语句是根据条件满足与否来选择所应执行的语句,从而控制程序的执行顺序。

4.2.1 选择结构

选择结构共有两个语句:一个是 if 语句,一个是 switch 语句。

1. if 语句

用 if 语句可以构成分支结构,它根据给定的条件进行判断,以决定执行某个分支程序段,C 语言的 if 语句有 3 种形式。

(1)第 1 种形式。

if(表达式) 语句;

如果表达式的值为真,则执行其后的语句,否则不执行该语句,其流程如图 4.4 所示。

(2) 第 2 种形式。

if(表达式)
  语句 1;
else
  语句 2;

如果表达式的值为真,则执行语句 1,否则执行语句 2。其流程如图 4.5 所示。

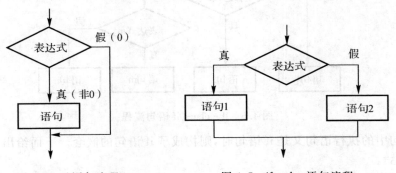

图 4.4 if 语句流程   图 4.5 if-else 语句流程

(3) 第 3 种形式。前两种形式的 if 语句一般都用于有两个分支的情况。当有多个分支选择时,可采用 if-else-if 语句,其一般形式为:

if(表达式 1)
  语句 1;
else if(表达式 2)
  语句 2;
else if(表达式 3)
  语句 3;
   ⋮
else if(表达式 m)
  语句 m;
else
  语句 n;

依次判断表达式的值,当出现某个值为真时,则执行其对应的语句,然后跳出整个 if 语句之外继续执行程序。如果所有的表达式值均为假,则执行语句 n,然后继续执行后续程序。其流程如图 4.6 所示。

在 3 种形式的 if 语句中,关键字 if 之后均为表达式,该表达式通常是逻辑表达式或关系表达式,但也可以是其他表达式,如赋值表达式等,甚至可以是一个变量,只要表达式的值为非 0,即为"真"。

在 if 语句的 3 种形式中,所有的语句应为单个语句,如果要想在满足条件时执行一组(多个)语句,则必须把这一组语句用"{ }"(大括号)括起来组成一个复合语句。例如:

```
if(a>b)
{ a++;
    b++;
}
```

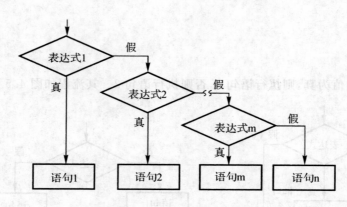

图 4.6 if-else-if 语句流程

当 if 语句中的执行语句又是 if 语句时,则构成了 if 语句的嵌套。下面给出了三种不同的 if 语句嵌套形式:

(1) if(表达式 1)
  if(表达式 2)语句 1;
  else 语句 2;
 else
  if(表达式 3)语句 3;
  else 语句 4;

(2) if(表达式 1)
  if(表达式 2)语句 1;
  else 语句 2;
 else 语句 3;

(3) if(表达式 1)语句 1;
 else
  if(表达式 2)语句 2;
  else 语句 3;

注意:else 总是与它之前最近的尚未与 else 匹配的那个 if 配对,这就是 else 的"就近匹配"原则。如果要求 else 并不遵循这个原则,可用花括号"{ }"来改变匹配关系。如:
if(表达式 1)
{ if(表达式 2)语句 1;}
else 语句 2;

此时,else 就改为与第一个 if 匹配,如果没有花括号"{ }",则这个 else 与第 2 个 if 匹配。

2. switch 语句

if 语句本质上是两个分支的选择结构,要用于多分支时,if 语句就得采用嵌套形式,这使得程序的可读性降低。对于多分支问题,C语言提供了更加简练的语句,即可直接用于多分支选择的switch语句,来实现多个分支的选择结构。

switch语句的一般形式如下:

```
switch(表达式)
{
    case 常量表达式1:语句1;break;
    case 常量表达式2:语句2;break;
        ⋮
    case 常量表达式n:语句n;break;
    default:语句n+1;
}
```

其执行过程是:首先计算表达式的值,并逐个与case后的常量表达式的值相比较,当该表达式的值与某个常量表达式的值相等时,则执行这个case后的语句,此后遇到下面其他case(包括default)后将不再判断,而直接执行其后的语句(直到遇到break语句跳出switch结构为止,或执行到switch语句的结束标志"}")。然后继续执行switch语句之后的下一条语句。如果表达式的值与所有case后常量表达式的值都不相同,则执行default后的语句。也可以没有default与其后的语句,这时若表达式的值与所有case后常量表达式的值都不相同,则不执行任何语句,跳出switch结构并执行下一条语句。

注意:

(1)switch后面括号内的表达式的值必须为整型或字符型,同时每个case后所跟的常量表达式的值也必须为整型或字符型,并且每一个case后常量表达式的值必须互不相同。多个case可以关联到同一个执行语句上,即共用一个执行语句。如:

```
switch(a/10)
{
    case 1:
    case 2:
    case 3:printf("10<=x<40");break;
    ……
}
```

当a/10的值为1,2,3时,都会执行"printf("10<=x<40");"语句。

(2)break语句并不是switch中的必需部分。在一般形式下,每个case语句后都有一个break语句,这是为了让程序执行完某个case后的语句后跳出switch结构,而不再去判断和执行其他case语句。实际上switch语句的功能是根据switch后的表达式的值找到匹配的入口处,然后由这个入口处开始执行而不再进行判断,因此为了保证只执行一条分支上的语句,就要在每一个分支语句结束处增加一个break语句来强制跳出switch结构。例如:

```
switch(a)
{
    case 1:printf("Monday\n");break;
    case 2:printf("Tuesday\n");break;
```

```
        case 3:printf("Wednesday\n");break;
        case 4:printf("Thursday\n");break;
        case 5:printf("Friday\n");break;
        case 6:printf("Saturday\n");break;
        case 7:printf("Sunday\n");break;
        default:printf("input error\n");break;
    }
```
若 a 的值为 5,则输出结果是:
Friday

如果去掉 case 语句后的 break 语句,即:
```
    switch(a)
    {
        case 1:printf("Monday\n");
        case 2:printf("Tuesday\n");
        case 3:printf("Wednesday\n");
        case 4:printf("Thursday\n");
        case 5:printf("Friday\n");
        case 6:printf("Saturday\n");
        case 7:printf("Sunday\n");
        default:printf("input error\n");
    }
```
若 a 的值为 5,则输出结果是:
Friday
Saturday
Sunday
input error

即若没有 break 语句,在找到第一个符合条件的 case 之后,除了执行这个 case 后所跟的那条语句之外,还将不加判断地继续执行该 case 后所有的执行语句。

(3)switch 结构可以嵌套,即在一个 switch 语句中可以嵌套另一个 switch 语句,但要注意 break 语句只能跳出当前层的 switch 语句,例如:
```
    int x=1,y=0;
    switch(x)
    {
        case 1:switch(y)
            {
                case 0:printf("x=1,y=0\n");break;
                case 1:printf("x=1,y=1\n");
            }
        case 2:printf("x=2\n");
```

程序运行结果如下：
x=1,y=0
x=2

本来不应该再输出"x=2"，这是因为 break 语句仅结束了内层 switch 语句，而外层的"case 1"语句后没有 break 语句，则继续执行"case 2"后的语句。故应在"case 1"语句最后加上 break 语句，跳出外层 switch 语句。

4.2.2 选择程序设计案例

前面已经学习了选择结构的一般形式，本小节综合介绍几个包含选择结构的程序。

【例 4.1】输入一个数，并求其绝对值。
程序如下：
```
#include <stdio.h>
main()
{
    int a;
    printf("Please input a number:\n");
    scanf("%d",&a);
    if(a<0)
        a=-a;
    printf("%d\n",a);
}
```
运行结果：
Please input a number:
−5↙
5

程序分析：

正数和 0 的绝对值是它本身，所以求一个数的绝对值，只需要对负数的符号取反，所以只要判断该数是否小于 0，若是，则用 a=−a 将其符号取反。

【例 4.2】输入 3 个数 a,b,c，将其按由大到小的顺序输出。
程序如下：
```
#include <stdio.h>
main()
{
    float a,b,c,t;
    printf("Please input 3 numbers:\n");
    scanf("%f,%f,%f",&a,&b,&c);   //依次输入 3 个数赋值给 a,b,c
    if(a<b)                        //若 a 的值小于 b 的值，则交换 a 和 b 的值
    {
```

```
            t=a;                    //借助变量t,实现变量a和变量b互换值
            a=b;
            b=t;
        }                           //互换后,a 大于或等于 b
        if(a<c)                     //若 a 的值小于 c 的值,则交换 a 和 c 的值
        {
            t=a;                    //借助变量t,实现变量a和变量c互换值
            a=c;
            c=t;
        }                           //互换后,a 大于或等于 c
        if(b<c)                     //若 b 的值小于 c 的值,则交换 b 和 c 的值
        {
            t=b;                    //借助变量t,实现变量b和变量c互换值
            b=c;
            c=t;
        }                           //互换后,b 大于或等于 c
        printf("%5.2f,%5.2f,%5.2f\n",a,b,c);
}
```

运行结果:
Please input 3 numbers:
5.1,16.12,9↙
16.12,9.00,5.10

程序分析:

在经过第 1 次互换值后,a≥b,第 2 次互换值后,a≥c,这样 a 已经是 3 个数中最大的(或最大者之一),但 b 和 c 的大小还未确定,于是经过第 3 次互换值后,a≥b≥c。此时,a,b,c 3 个变量已按照由大到小顺序排列,最后再顺序输出 a,b,c 的值即可实现由大到小输出 3 个数。

注意:两个变量的值互换时,不能把两个变量直接互相赋值,如需要互换变量 a 和 b 的值,不能使用下面的方法:

```
        a=b;                        //把变量b的值赋给变量a,a的值等于b的值
        b=a;                        //再把变量a的值赋给变量b,变量b的值没有改变
```

所以为了实现两个变量值的互换,必须借助第三个变量。就好比 a 和 b 两个杯子里分别装着橙汁和可乐,要将两个杯子里的饮料互换,必须借助第三个杯子 c,先把 a 杯子中的橙汁倒入 c 杯中,再把 b 杯子中的可乐倒入 a 杯中,最后再把 c 杯中的橙汁倒入 b 杯中,这就实现了两个杯子中饮料的互换。这就是在程序中实现两个变量换值算法的原理。

【例 4.3】判断键盘输入的字符类型。

程序如下:
```
#include <stdio.h>
main()
{
```

```c
    char c;
    printf("Input a character:\n");
    c=getchar();
    if(c<32)
        printf("This is a control character. \n");
    else
        if(c>='0'&&c<='9')
            printf("This is a digit. \n");
        else
            if(c>='A'&&c<='Z')
                printf("This is a capital letter. \n");
            else
                if(c>='a'&&c<='z')
                    printf("This is a small letter. \n");
                else
                    printf("This is another character. \n");
}
```

程序运行：

Input a character：

M↙

This is a capital letter.

程序分析：

可根据 ASC II 代码值来判断，即 ASC II 代码值小于 32 时为控制字符，在 '0'～'9' 之间为数字字符，在 'A'～'Z' 之间为大写字母，在 'a'～'z' 之间为小写字母，其余则为其他字符。

【例 4.4】判断某一年是否是闰年（如果某年（公元历）是 4 的倍数而不是 100 的倍数，或者是 400 的倍数，那么这一年是闰年）。

程序如下：

```c
#include <stdio.h>
main()
{
    int year,f;
    printf("Input year:\n");
    scanf("%d",&year);
    if(year%4==0)
        if(year%100==0)
            if(year%400==0)
                f=1;         //能被4整除,能被100整除,能被400整除
            else
                f=0;         //能被4整除,能被100整除,但不能被400整除
```

```
        else
            f=1;                    //能被 4 整除,但不能被 100 整除
    else
        f=0;                        //不能被 4 整除
    if(f)
        printf("%d is a leapyear. \n",year);
    else
        printf("%d is not a leapyear. \n",year);
}
```

运行结果:
Input year:
2015✓
2015 is not a leapyear.

程序分析:

由题可知,闰年首先能够被 4 整除(即用 4 取余为 0);在被 4 整除的年份中也含有能被 100 整除的年份,但这些能被 100 整除的年份不能统统排除于闰年之外,其中能被 400 整除的仍是闰年。程序中用一个变量 f 来作为是否是闰年的标志,若是闰年,则给 f 赋值为 1,否则给 f 赋值为 0。最后判断 f 的值是否为真,输出是否是闰年。

【例 4.5】输入两个运算量及一个运算符,如 8 * 4,用程序实现四则运算并输出运算结果。

程序如下:

```
#include <stdio.h>
main()
{
    float a,b,result;
    int flag=0;
    char c;
    printf("Input expression:a+(-、*、/)b:\n");
    scanf("%f%c%f",&a,&c,&b);
    switch(c)                               //根据运算符进行相关运算
    {
        case '+':result=a+b; break;
        case '-':result=a-b; break;
        case '*':result=a*b; break;
        case '/':if(!b)                     //判断除数是否为 0
                 {
                     printf("divisor is zero! \n");   //显示除数为 0
                     flag=1;                           //设置非法标志
                 }
                 else
```

```
            result=a/b; break;
    default:printf("Input error! \n");
        flag=1;                              //设置非法标志
    }
    if(! flag)                               //若合法则输出运算结果
        printf("%f%c%f=%f\n",a,c,b,result);
}
```

运行结果：
Input expression:a+(-、* 、/)b:
5 * 3✓
5.000000 * 3.000000=15.000000

程序分析：

首先输入参与运算的两个数和一个运算符，然后根据运算符来做相应的运算。但是在做除法运算时应先判断除数是否为0，若除数为0，则运算非法，给出提示并设置非法标志为1。如果输入的运算符号不是"+,-,*,/"，则运算同样非法，给出错误提示，并设置非法标志为1。对其他情况则输出运算结果。

4.3 循环结构程序设计

程序中有时需要反复执行某一段语句序列，这一语句序列我们称之为循环体。并且每次都要判断是继续执行循环体，还是退出循环，这个循环终止条件的判断是由表达式来完成的。所以循环语句至少要包含循环体和判断循环终止条件的表达式两部分。

循环语句分为两种类型，一种是条件循环语句，它包括 while 循环和 do-while 循环两种形式，另一种是计数(for)循环语句。

4.3.1 while 循环与 do-while 循环

在不能确定循环次数时，应使用 while 循环或 do-while 循环语句。

1. while 语句

while 语句用来实现循环，其一般形式为：

while(表达式)语句；

其中:表达式是循环条件，语句是循环体。在执行 while 语句时，先对表达式进行计算，若其值为真(非0)，则执行循环体中的语句，然后继续重复刚才表达式的计算并判断，是真则再次执行循环体语句，直到表达式的值为假(为0)时循环结束，转而执行该 while 循环语句后的下一条语句。while 语句的执行流程如图 4.7 所示。

使用 while 语句时应注意以下几点：

(1)循环体只能是一个语句，可以是一个简单的语句，也可以是复合语句(用花括号括起来的若干语句)。

(2)循环体(或表达式)内一定要有使循环条件表达式的值变为假(即0)的操作，否则循环将永远进行下去而形成"死循环"。

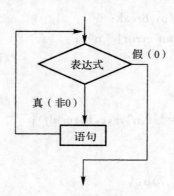

图 4.7 while 语句流程图

(3)while 语句中的表达式一般是关系表达式或逻辑表达式,但也可以是数值表达式或字符表达式,只要其值非 0 就执行循环体语句。

(4)while 语句的特点是:先判断表达式的值,后执行循环体语句,如果表达式的值一开始就为 0,则循环体语句一次也不执行。但要注意,由于要先判断,所以表达式至少要执行一次。

while 语句可以简单地记为:只要当循环条件表达式为真(即给定的条件成立),就执行循环体语句。

【例 4.6】分析下面程序的运行结果。

(1)#include <stdio.h>
main()
{
    int x=2;
    while(x――)
    printf("%d\n", x);
}

(2)#include <stdio.h>
main()
{
    int x=2;
    while(x――);
    printf("%d\n",x);
}

(3)#include <stdio.h>
main()
{
    int x=2;
    while(x)
    printf("%d\n", x);
}

(4)#include <stdio.h>
main()
{
    int x=0;
    while(x――)
    x――;
    printf("%d\n", x);
}

运行结果:

(1)1
  0
  Press any key to continue

(2)−1
  Press any key to continue

(3)2
  2

(4)−1
  Press any key to continue

2

程序分析：

程序(1)中的"x－－"是 x 先参与操作然后再减 1。因此，while 语句中的表达式"x－－"就是先判断 x 的值是否为 0，非 0 则执行循环体语句 printf，为 0 则结束 while 语句循环。但是在判断后且在执行循环体语句 printf 或者结束 while 循环语句之前，还应该执行 x 的自减 1 操作，即该 while 语句的执行步骤如下：

1) 对 x 的值进行判断；

2) x 自减 1；

3) 根据 1) 的判断结果，如果非 0 则执行循环体语句 printf，然后转 1)，否则结束 while 循环。

程序(2)中 while 语句的表达式与程序(1)相同，而循环体语句是一条空语句(即分号";")，即什么也不执行。因此 x 每判断(判断后自减 1)一次只要其值非 0 则执行一次循环体，即空语句；当 x 为 0 时，先判断再自减 1，x 为 0 循环结束，判断后自减 1 则 x 值为－1。所以结束循环后的 printf 语句(它不属于循环体语句)输出值为－1。

程序(3)中 while 语句的表达式为 x，循环体语句与程序(1)相同，即每次判断 x 不等于 0 时都要执行这个 printf 语句，由于表达式和循环体语句中都没有对 x 的值进行修改，即 x 的值始终为 2，因此每次判断 x 的值都为非 0，所以该程序的 while 循环是一个死循环，即无休止地输出 2。

程序(4)中，x 的初值为 0，即 while 语句的表达式在判断 x 值时已为 0，即不执行循环体语句，并结束循环，但表达式"x－－"是先判断后自减 1，因此循环结束后 x 的值为－1，所以最后由 printf 语句输出－1。

2. do－while 语句

do－while 语句用来实现直到型循环，其一般形式为：

do

    语句；

while(表达式)；

其中表达式是循环条件，语句是循环体。do－while 语句的执行过程是先执行 do 后面的循环体语句，然后对循环条件的表达式进行计算，若其值为真(非 0)则继续循环重复上述过程；若表达式的值为假(即 0)则循环结束，程序转到 do－while 语句之后的下一条语句执行。do－while 语句的执行流程如图 4.8 所示。

使用 do－while 语句时应注意以下几点：

(1) do 和 while 都是关键字，缺一不可，while(表达式)后面的分号";"不能缺少。循环体是一条语句。

(2) 当循环体由多条语句组成时，则必须使用花括号"{ }"括起来的复合语句表示。

(3) 循环体(或表达式)内一定要有使表达式的值变为假(即 0)的操作，否则循环将永不停止，形成死循环。

(4) do－while 语句是先执行，后判断，因此循环体至少要执行一次。

从概念上讲，while 语句可以循环 0～n 次，而 do－while 语句的循环体则只能执行 1～n

次。所以从相容原则来看,while 语句包含着 do-while 语句,即 do-while 语句可以用 while 语句取代,反之则不一定成立。

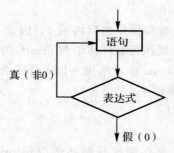

图 4.8　do-while 语句流程图

【例 4.7】从键盘输入得到一个范围为 1～10 的整数。

程序如下：

```
#include <stdio.h>
main()
{
    int a;
    do
    {
        printf("Enter a number between 1 and 10:\n");
        scanf("%d",&a);
        if(a<1||a>10)
        printf("This number is not between 1 and 10,please enter again:\n");
    }while(a<1||a>10);
    printf("You entered %d\n",a);
}
```

运行结果：

Enter a number between 1and 10:

15 ↙

This number is not between 1 and 10,please enter again:

Enter a number between 1and 10:

8 ↙

You entered 8

Press any key to continue

程序分析：

该程序读入一个 1～10 范围的整数,不满足条件时就继续要求重新输入,直到满足条件后结束循环,并输出读入的数值。

4.3.2 for 循环控制语句

C 语言中的 for 语句使用最为灵活,它不仅用于计数型循环,也可用于条件型循环,因此完全可以取代 while 和 do-while 循环语句。for 循环语句的一般形式为:

for(表达式1;表达式2;表达式3)语句;

其中语句是循环体,它可以是一条语句或是用花括号"{ }"括起来的复合语句。for 语句圆括号"()"中的 3 个表达式的主要作用是:

表达式1:设置初始条件,只执行一次。可以为零个、一个或多个变量设置初值。

表达式2:是循环条件表达式,用来判断是否继续循环。在每次执行循环体语句前先执行此表达式,决定是否继续执行循环体语句。

表达式3:作为循环的调整。例如使循环变量增值或减值,是在循环体语句执行完之后才进行的。

如此,for 语句就可以理解为:

for(循环变量赋初值;循环条件;循环变量增、减值)语句;

for 语句的执行过程如下:

(1)先求解表达式 1。
(2)求解表达式 2,若其值为真(非 0),则执行 for 语句中的循环体语句,然后执行下面第(3)步;若其值为假(即 0),则结束循环,转到第(5)步。
(3)求解表达式 3。
(4)转回上面第(2)步继续执行。
(5)循环结束,执行 for 语句后的下一个语句。

可以用图 4.9 来表示 for 语句的执行过程。

【例 4.8】用 for 循环语句求 1~100 的累加和。

程序如下:

```
#include <stdio.h>
main()
{
    int sum=0,i;
    for(i=1;i<=100;i++)
        sum=sum+i;
    printf("sum=%d\n",sum);
}
```

运行结果:

sum=5050
Press any key to continue

程序分析:

先给 i 赋初值 1,然后判断 i 是否小于等于 100,若是则执行"sum=sum+i;"语句,之后 i 的值自增 1,再重复判断,直到 i 的值大于 100 时,循环结束。最后输出 sum 的值。

for 循环语句中的三个表达式都是选择项,即可以缺省,但";"不能缺省。

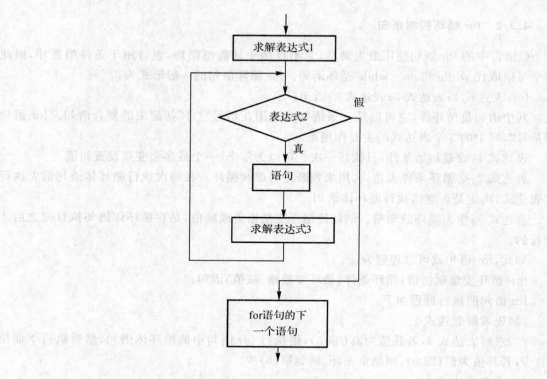

图 4.9　for 语句的流程图

(1) 省略了"表达式 1(循环变量赋初值)",表示不对循环控制变量赋初值。这时可在 for 循环语句之前对其赋初值,则不影响循环结果,例如:

　　int sum=0,i=1;
　　for(;i<=100;i++)
　　　　sum=sum+i;

(2) 省略了"表达式 2(循环条件)"时,若不做其他处理时便成为死循环。例如:

　　for(i=1;;i++)sum=sum+1;

相当于

　　i=1;
　　while(1)
　　{
　　　　sum=sum+i;
　　　　i++;
　　}

(3) 省略了"表达式 3(循环变量增、减值)"时,则不对循环控制变量进行操作,这时可在循环体中加入修改循环控制变量的语句,则循环结果不受影响,例如:

　　for(i=1;i<=100;)
　　{
　　　　sum=sum+i;

　　　　i++;
　　}

(4) 省略了"表达式 1(循环变量赋初值)"和"表达式 3(循环变量增、减值)"时,可在 for 循环语句之前给循环变量赋初值,并在循环体中加入修改循环控制变量的语句,例如:
　　i=1;
　　for(;i<=100;)
　　{
　　　　sum=sum+i;
　　　　i++;
　　}

(5) 3 个表达式都可以省略,例如:
　　for(;;)语句
相当于
　　while(1)语句

(6) 表达式 1 可以是设置循环变量的初值的赋值表达式,也可以是其他表达式,例如:
　　for(sum=0;i<=100;i++)sum=sum+i;

(7) 表达式 1 和表达式 3 可以是一个简单表达式,也可以是逗号表达式,例如:
　　for(sum=0,i=1;i<=100;i++)sum=sum+i;
或
　　for(i=0,j=100;i<=100;i++,j--)k=i+j;

(8) 表达式 2 一般是关系表达式或逻辑表达式,但也可以是数值表达式或字符表达式,只要其值非零,就执行循环体语句,例如:
　　for(i=0;(c=getchar())!='\n';i+=c);

对于 for 循环语句的一般形式,等价于下面的 while 循环语句:
　　表达式 1;
　　while(表达式 2)
　　{　语句;
　　　　表达式 3;
　　}

前面例 4.8 中的 for 循环可以用以下 while 语句代替:
　　i=1;
　　while(i<=100)
　　{
　　　　sum=sum+i;
　　　　i++;
　　}

4.3.3　goto 转移控制语句

goto 语句将控制程序从它所在的地方跳转到标识符所标识的语句处。任何语句都可以

带语句标号,带语句标号的语句一般形式为:

  标识符:语句;

  其中标识符称为语句的标号,它的命名规则与变量名相同。如果语句有标号,程序就可以用 goto 语句将程序的控制无条件地转移到指定标号的语句处去继续执行。goto 语句的一般形式为:

  goto 语句标号;

  执行 goto 语句后,控制就立即转到 goto 后语句标号所标识的那条语句去继续执行。例如用 goto 语句求从 1 加到 100 的累加和:

  i=1;
  sum=0;
  loop:
  sum+=i++;
  if(i<=100)
    goto loop;
  printf("The sum is:%d\n",sum);

  使用 goto 语句应注意以下几点:

  (1)不允许多个语句之前出现相同的标号,否则 goto 语句将无法确定应转到哪一个语句去执行。

  (2)出现在 goto 语句之后的语句,如果语句前没有标号的话就将永远得不到执行。

  (3)不允许转到结构语句的内部。这种转向实际上是转移到像 if,switch,while,do-while 和 for 语句的中间开始执行,由于没有执行一条完整的语句,因而将会造成逻辑混乱而导致出错。但允许从结构语句的内部转出来。

  (4)不得由一个函数通过 goto 语句转到另一个函数的内部,否则也会出错。

  (5)使用 goto 语句必须给要转移到的那条语句前设置标号,否则不知转到何处而出错。

  用 goto 语句实现的循环完全可以用 while 或 for 循环来表示。现代程序设计方法主张限制使用 goto 语句,因为滥用 goto 语句将使程序流程无规则、可读性差。goto 语句只在一个地方有使用价值,即要从多重循环深处直接跳到所有循环之外时,如果使用 break,将要用多次,而且可读性不好,此时 goto 语句可以发挥作用。

4.3.4 break 语句与 continue 语句

  break 语句通常用在循环语句和开关语句中,当 break 语句用于 while,do-while 和 for 循环语句中时,可使程序终止循环而执行循环后面的语句。通常 break 语句总是与 if 语句连在一起,即满足条件时便跳出循环。continue 语句的作用是跳过循环体中剩余的语句转而强行执行下一次循环。

  1. break 语句

  在前面已经介绍过用 break 语句跳出 switch 结构,继续执行 switch 语句后面的一个语句。实际上,break 语句还可以用来从循环体内跳出循环体,即提前结束循环,接着执行循环后面的语句。break 语句的一般形式为:

  break;

break 语句的作用是在 switch 语句中或在 for,while,do-while 语句的循环体中,当执行到 break 语句时则终止相应的 switch,for,while,do-while 语句的执行,并使控制转移到被终止的 switch 语句或循环语句的下一条语句去执行。即通过使用 break 语句,可以不必等到循环语句或 switch 语句的执行结束,而是提前结束这些语句的执行。

【例 4.9】break 控制键盘输入流程。

程序如下:
```
#include <stdio.h>
#include <conio.h>                //getch()函数的头文件
main()
{
    int i=0;
    char c;
    while(1)                      //设置循环
    {
        c='\0';                   //变量赋初值
        while(c!=13&&c!=27)       //键盘接收字符直到按回车键或 Esc 键
        {
            c=getch();
            printf("%c\n",c);
        }
        if(c==27)                 //判断若按 Esc 键则用 break 退出循环
            break;
        i++;
        printf("The No. is %d\n",i);
    }
    printf("The end.\n");
}
```

运行结果:
a
b
c↙

The No. is 1
a
b
←

The end.
Press any key to continue

程序分析:

程序中设置了循环 while(1),若其循环体内没有能结束循环的语句,则将成为死循环。所以在循环体内当输入的字符不是回车键或 Esc 键时(回车键的 ASC II 码值为 13,Esc 键的 ASC II 码值为 27),将字符输出,若输入回车键,则结束其中的 while(c! =13&&c! =27)循环语句,并让 i 的值自增 1,并输出。若输入的是 Esc 键,则结束其中的 while(c! =13&&c! =27)循环语句,并且 c 的值为 27,执行 break 语句,直接结束 while(1)循环语句,最后输出"The end."。

注意:break 语句只能结束当前它所在的这一层 switch 语句或循环语句,而不能同时结束多层 switch 语句或循环语句,并且 break 语句只能用于 switch 语句和循环语句之中,不能单独使用。

2. continue 语句

有时并不希望终止整个循环的操作,而只是提前结束本次循环,并接着执行下次循环,这时可以使用 continue 语句。continue 语句的一般形式为:

continue;

continue 语句只能出现在 for,while,do-while 语句的循环体中。continue 语句的作用是结束本次循环,即跳过循环体中尚未被执行的语句,转而进行下一次是否继续进行循环的判断,通常,continue 语句都出现在循环体的某一 if 语句中。

【例 4.10】输出 1～10 之中不能被 3 整除的数。

程序如下:

```
#include <stdio.h>
main()
{
    int n;
    for(n=1;n<=10;n++)
    {
        if(n%3==0)
            continue;
        printf("%3d ",n);
    }
    printf("\n");
}
```

运行结果:

1 2 4 5 7 8 10
Press any key to continue

程序分析:

对 1～10 中的每一个整数进行检查,如果不能被 3 整除,则输出该数,如果能被 3 整除,则执行 continue 语句,结束本次循环,不输出该数。无论是否输出该数,都要接着检查下一个数。

4.4 多重循环的实现

一个循环体内包含另一个完整的循环结构,称作循环的嵌套。内嵌的循环还可以嵌套循环,这就是多重循环。三种循环(for,while 和 do-while 循环语句)可以互相嵌套。

4.4.1 几种循环语句的比较

(1) 四种循环都可以用来处理同一个问题,一般情况下它们可以互相替换使用。但一般不提倡使用 goto 循环语句。

(2) while 和 do-while 循环,只在 while 后面指定循环条件,在循环体中应包含使循环趋于结束的语句(如 i++ 或 i=i+1 等)。

for 循环可以在表达式 3 中包含使循环趋于结束的操作,甚至可以将循环体中的操作全部放到表达式 3 中,因此 for 语句的功能更强,凡用 while 循环能完成的,用 for 循环都能实现。

(3) 用 while 和 do-while 循环时,循环变量初始化的操作应在 while 和 do-while 语句之前完成。而 for 语句可以在表达式 1 中实现循环控制变量的初始化。

(4) while, do-while 和 for 循环语句都可以用 break 语句跳出循环,用 continue 语句结束本次循环。而用 goto 语句和 if 语句构成的循环,不能用 break 和 continue 语句进行控制。

几种循环语句的比较见表 4.1。

表 4.1 while,do-while 和 for 循环语句的比较

循环类型	while 循环	do-while 循环	for 循环
循环控制条件	条件成立/不成立决定是否执行循环	执行循环,再判断条件成立/不成立	循环变量大于或小于终值
循环变量初值	在 while 语句之前	在 do 语句之前	在语句中
使循环结束	必须用专门语句	必须用专门语句	for 语句中无须专门语句
使用场合	循环/结束控制条件易给出	循环/结束控制条件易给出	循环次数容易确定

【例 4.11】按下面格式输出九九乘法表。

```
1*1=1
1*2=2    2*2=4
1*3=3    2*3=6    3*3=9
  ……    ……
1*9=9    2*9=18   ……    ……   9*9=81
```

用 while 循环嵌套实现:

```
#include <stdio.h>
main()
{
```

```
    int i=1,j;
    while(i<=9)
    {
        j=1;
        while(j<=i)
        {
            printf("%3d * %d=%2d",j,i,i*j);
            j++;
        }
        printf("\n");
        i++;
    }
```

也可用 for 循环嵌套实现：
```
#include <stdio.h>
main()
{
    int i,j;
    for(i=1;i<=9;i++)
    {
        for(j=1;j<=i;j++)
            printf("%3d * %d=%2d",j,i,i*j);
        printf("\n");
    }
}
```

程序分析：

可以用变量 i 来控制行的变化（由 1～9），且 i 可以作为乘数，用变量 j 来控制每行中的项的变化（由 1～i），且 j 可以作为被乘数，每行输出完成后还要换行。

4.4.2 循环程序设计案例

【例 4.12】鸡、兔同笼，已知鸡、兔总头数为 h，总脚数为 f(鸡、兔至少各有 1 只，即 2h<f<4h)，求鸡、兔各有多少只。

程序如下：
```
#include <stdio.h>
main()
{
    int i,j,f,h;
    while(1)
    {
```

```
        printf("Please input heads and feed(h,f):");
        scanf("%d,%d",&h,&f);
        if(f%2!=0||2*h>=f||4*h<=f)         //判断输入的h和f是否符合条件
        {
            printf("Input error!\n");
            continue;                       //若不符合则要求重新输入h和f
        }
        i=0;
        while(f>4)
        {
            f=f-4;
            i++;                            //总脚数减4,则让兔的个数加1
            j=f/2;
            if(i+j==h)                      //判断兔和鸡的个数和是否等于总
                                            //  个数h
                break;
        }
        if(f>0)
        {
            printf("Cock=%d,Rabbit=%d\n",i,j);
            break;
        }
    }
}
```

运行结果:

Please input heads and feed(h,f):8,14 ✓

Input error!

Please input heads and feed(h,f):8,22 ✓

Cock=5,Rabbit=3

Press any key to continue

程序分析:

用i来统计兔子的个数,用j来统计鸡的个数。如果输入的总个数h和总脚数f不满足条件 2h<f<4h 或f是奇数,则执行continue语句,结束本次循环,并要求重新输入h和f,直到h和f满足条件,即可继续执行后面的语句,并给i赋初值为0。在内层的while循环中,每次执行语句"f=f-4;",则i值自增1,将此时的f值除2即为鸡的个数,这时再比较i+j是否等于总个数h,如果等于,则用break语句跳出内层的while循环,并输出i,j(已找到),否则继续进行循环查找过程,直到找到i+j等于h时输出i,j的值为止,或者到f<=4时无解。

【例4.13】用公式"$\frac{\pi}{4} \approx 1 - \frac{1}{3} + \frac{1}{5} - \frac{1}{7} + \cdots$"求π的近似值,直到最后一项的值不大于

10^{-8}为止。

程序如下:
```c
#include <stdio.h>
#include <math.h>              //数学函数头文件
main()
{
    double s=0,x=1;            //初始值
    long k=1;
    int sign=1;
    do
    {
        s+=x;
        k+=2;
        sign*=-1;
        x=sign/(double)(k);    //强制类型转换,使 x 得到 double 类型值
    }
    while(fabs(x)>1e-8);       //每项先求绝对值,再与 10⁻⁸ 比较
    s*=4;                      //求 π 的值
    printf("The π is:%10.8f\n",s);
}
```

运行结果:
The π is:3.14159263
Press any key to continue

程序分析:

由于 float 型的有效位数为 7 位,而该题中的最小项的精度要求达到小数点后 8 位,所以 π 的表示用 double 型。根据公式,先求 $\frac{\pi}{4}$,再求 π。数列的通项中,第 n 项与第 n-1 项的关系为"符号变反,分母加 2",根据前后项的关系,使用 do-while 循环,每次循环将原项分母加 2,符号变反,求得新项。最初的分母变量 k 的值为 1,符号为正,直到求得的新项的绝对值不大于 10^{-8} 时结束循环,即求得 $\frac{\pi}{4}$,最后再求 π 的值。

【例 4.14】输出 10~40 之间的全部素数。

程序如下:
```c
#include <stdio.h>
main()
{
    int m,i,k;
    for(m=11;m<40;m=m+2)   //m 的取值范围为 10~40 之间的所有奇数
    {
```

```
        for(i=2,k=1;i<=m/2;i++)
            if(m%i==0)              //若m能被i整除则是非素数
            {
                k=0;
                break;
            }
        if(k)                        //若m不能被2~m/2中所有的数整除,则m是素数
            printf("%3d",m);         //输出找到的素数
    }
    printf("\n");
}
```

运行结果:
11 13 17 19 23 29 31 37

程序分析:
素数是只能被自身和1整除的数。用m来表示需要被判断的数(m为10~40之间所有的奇数),查找它是否具有2~m/2之中的约数,如果有就判定m不是素数,否则它就是素数。

实训4 分支结构程序设计

1. 实训目的
(1)掌握 if 和 switch 语句的使用方法。
(2)熟练掌握 for,while 和 do-while 语句实现循环的方法。
(3)理解循环嵌套及其使用方法。
(4)掌握 break 和 continue 语句的使用。

2. 实训环境
上机环境为 Visual C++6.0。

3. 实训内容
(1)给出一个百分制成绩,要求输出成绩等级 A,B,C,D,E。90 分和 90 分以上为 A,80~89 分为 B,70~79 分为 C,60~69 分为 D,60 分以下为 E。

要求:
1)分别用 if 语句和 switch 语句来实现,运行程序并检查结果是否正确。
2)再次运行程序,输入分数为负值,这显然是输入时出错,不应该给出等级,修改程序,使之能处理任何数据。当输入数据大于 100 或小于 0 时,通知用户"输入数据错误",程序结束。

(2)猴子吃桃问题。猴子第 1 天摘下若干个桃子,当即吃了一半,还不过瘾,又吃了一个。第 2 天又将剩下的桃子吃掉一半,又多吃了一个。以后每天都吃了前一天剩下的一半零一个。到第 10 天想再吃时,只剩下一个桃子了。求第 1 天共摘了多少桃子。

要求:分别用 for 和 while 语句实现。运行程序,得到正确结果后,修改题目,改为猴子每天吃了前一天剩下的一半后,再吃两个。请修改程序并运行,检查结果是否正确。

4. 实训报告要求

(1)实训题目。

(2)设计步骤。

(3)源程序。

(4)输出结果。

(5)实验总结。

习 题 4

1. 选择题

(1)在嵌套使用 if 语句时,C 语言规定 else 总是(　　)。

A. 和之前与其具有相同缩进位置的 if 配对

B. 和之前与其最近的 if 配对

C. 和之前与其最近的且不带 else 的 if 配对

D. 和之前的第一个 if 配对

(2)设变量已经正确定义,则下面能正确计算 f=n! 的程序段是(　　)。

A. f=0;
　　for(i=1;i<=n;i++)f*=i;

B. f=1;
　　for(i=1;i<n;i++)f*=i;

C. f=1;
　　for(i=n;i>1;i++)f*=i;

D. f=1;
　　for(i=n;i>=2;i--)f*=i;

(3)下面叙述中正确的是(　　)。

A. break 语句只能用在循环体内和 switch 体内

B. 在循环体内使用 break 语句和 continue 语句的作用相同

C. break 语句只能用于 switch 语句体中

D. continue 语句的作用是使程序的执行流程跳出包含它的所有循环

(4)有以下程序:

```
#include<stdio.h>
main()
{
    int a=-2,b=0;
    while(a++&&++b);
    printf("%d,%d\n",a,b);
}
```

执行后的结果是(　　)。

A. 1,3　　　　　　B. 1,2　　　　　　C. 0,3　　　　　　D. 0,2

(5)设变量已经正确定义,以下不能统计出一行中输入字符个数(不包含回车符)的程序段是(　　)。

A. n=0;while((ch=getchar())!='\n')n++;

B. n=0;while(getchar()!='\n')n++;

C. for(n=0;getchar()! ='\n';n++)
D. n=0;for(ch=getchar();ch! ='\n';n++);

2. 填空题

(1)当 a=1,b=2,c=3 时,执行下面语句后,a,b,c 的值分别为_____、_____、_____。
```
if(a>c)
    b=c;a=c;c=b;
```

(2)下面程序的功能是计算 s=1+12+123+1234+12345,试填空。
```
#include <stdio.h>
main()
{
    int t=0,s=0,i;
    for(i=1;i<=5;i++)
    {
        t=i+_____;
        s=s+t;
    }
    printf("s=%d\n",s);
}
```

(3)设有如下程序段:
```
int k=10;
while(k=0)
    k=k-1;
```
则循环体执行_____次。

(4)有以下程序:
```
#include <stdio.h>
main()
{
    int a=1,b=2;
    while(a<6)
    {
        b+=a;
        a+=2;
        b%=10;
    }
    printf("%d,%d\n",a,b);
}
```
程序运行后的输出结果是_____。

(5)有以下程序:

```
#include <stdio.h>
main()
{
    int y=10;
    while(y--);
    printf("y=%d\n",y);
}
```
程序运行后的输出结果是_____。

3. 编程题

(1)输入一行字符,分别统计出其中英文字母、数字、空格以及其他字符的个数。

(2)编写程序,计算 1－3＋5－7＋…－99＋101 的值。

(3)有一个函数:

$$y=\begin{cases} x & (x<1) \\ 2x-1 & (1\leq x<10) \\ 3x-11 & (x\geq 10) \end{cases}$$

编写程序,实现输入 x 的值,输出 y 相应的值。

(4)编写程序,输入一个不超过 5 位的正整数,计算该整数的位数及各位之和,并输出。

(5)输入两个正整数 m 和 n,求其最大公约数和最小公倍数。

(6)找出所有的"水仙花数"。所谓的"水仙花数"是指一个三位数,其各位数字的立方和等于该数本身。例如 153 是一个水仙花数,因为 $153=1^3+5^3+3^3$。

(7)用程序实现下列字母金字塔的输出。

```
            A
           A B
          A B C
          ...  ...
         A B ... ... Y Z
```

第 5 章 数 组

在实际学习和工作中,经常需要存储和处理大量的数据,这个时候,不能仅仅依靠前面各章所使用的基本数据类型(整型、浮点型、字符型),此时需要用到数组。数组是具有相同类型的数据的有序集合,用唯一的名字来标识,其元素可以通过数组名和下标来引用。本章主要讲解一维数组、二维数组和字符数组,以及字符串处理函数的使用。

5.1 一 维 数 组

一维数组是数组中最简单的,只有一个维度,可以把一维数组看作是一个数列或一个向量。

5.1.1 一维数组的定义和初始化

与变量一样,在 C 语言中使用数组也必须先定义,后使用。一维数组定义的一般形式为:
类型说明符 数组名[常量表达式];
说明:
(1)类型说明符:表示数组中所有元素的类型。
(2)数组名的命名规则和变量名相同,遵循标识符命名规则。
(3)常量表达式必须为常量或符号常量,不允许是变量。常量表达式指的是数组中存放的数组元素的个数,即数组长度。
例如:
int a[10];
它表示定义了一个整型的一维数组,数组名为 a,该数组有 10 个元素。
注意:这 10 个元素的下标从 0 开始,这称为下标的下界,最大到元素个数减 1,即 9,称为下标的上界,10 个元素分别为 a[0],a[1],a[2],a[3],a[4],a[5],a[6],a[7],a[8],a[9],数组使用过程中,一定不要出现下标越界。
为了提高编程的效率,通常定义数组的同时对各元素给定初始值,称为数组的初始化。
(1)在定义数组时对全部数组元素赋初值。例如:
int a[10]={0,1,2,3,4,5,6,7,8,9};
将数组中各元素的初值顺序放在一对花括号内,数据间用逗号隔开。"0,1,2,3,4,5,6,7,8,9"称为"初始化列表"。数组初始化后,a[0]=0,a[1]=1,a[2]=2,a[3]=3,a[4]=4,a[5]=5,a[6]=6,a[7]=7,a[8]=8,a[9]=9。

(2)对数组中全部元素赋初值时,可以不给定数组长度,它的长度为花括号内给出的初值的个数。例如:

float a[ ]={1.2,2.3,5.0,3.1,3.7};

该数组有 5 个元素,长度为 5。

(3)只给数组中的部分元素赋初值,未赋值的部分元素值为 0。例如:

int a[10]={0,1,2,3,4 };

该数组初始化后,a[0]=0,a[1]=1,a[2]=2,a[3]=3,a[4]=4,其余的没有得到值的元素的值默认为 0。

注意:①若仅给部分数组元素赋初值,则不能省略数组长度。②在进行数组初始化的时候,允许只对部分数组元素赋初值,但是绝对不能赋初值的个数多于数组的长度,例如:int a[3]={0,1,2,3,4 }是不合法的。

【例 5.1】给数组 a 赋初值并依次输出。

程序如下:

```c
#include <stdio.h>
int main()
{
    int a[10],i;
    for(i=0;i<10;i++)
        scanf("%d",&a[i]);              //依次给数组元素赋初值
    for(i=0;i<10;i++)
        printf("%d ",a[i]);             //依次输出数组元素的值
    printf("\n");
    return 0;
}
```

程序运行结果如图 5.1 所示。

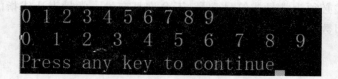

图 5.1 依次输入并输出数组元素的值

5.1.2 一维数组元素的引用

数组定义完成后就可以使用该数组,但要注意的是,只能逐个引用数组元素,不能一次整体引用整个数组的全部元素的值。

引用数组元素的一般形式如下:

数组名[下标]

例如引用一个数组 a 中的第 3 个变量。

a[2]   // a 是数组的名字,2 是数组的下标

注意：在使用数组的时候，一定要注意定义数组时用到的"数组名[常量表达式]"和引用数组元素时用到的"数组名[下标]"的不同。

例如：
int a[10];   /*定义整型数组a，长度为10*/
b=a[8];   /*引用a数组中序号为8的元素*/

在引用数组时中括号里面的数值或者常量表达式并不表示数组的长度，只是代表引用数组中元素的序号。

【例5.2】向数组中依次赋初值0~9，最后按逆序输出。
程序如下：

```
#include <stdio.h>
int main()
{
    int a[10],i;
    for(i=0;i<10;i++)
        scanf("%d",&a[i]);
    for(i=9;i>=0;i--)
        printf("%d  ",a[i]);
    printf("\n");
    return 0;
}
```

程序运行结果如图5.2所示。

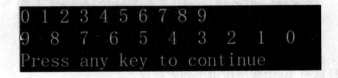

图5.2 给数组赋初值并逆序输出

5.1.3 数列的排序程序案例

数列排序的方法很多，常用的有冒泡排序、选择排序、插入排序、交换排序等，不同的方法效率不尽相同。下面介绍最常用的冒泡法和选择法。

【例5.3】用冒泡法对10个数按由大到小排序。

冒泡法的思路：若n个数排序，相邻两个数进行比较，将较大数调在前头，逐次进行，直到将最小数移到最后，再对n-1个数重复上面的操作，直到比较完毕。

可以采用双重循环实现冒泡法排序，外循环控制比较次数，内循环找出最小的数，并放在最后位置（即沉底）。

n个数降序排序，外循环第一次循环参加比较的次数为n-1，内循环第一次循环找出n个数中的最小值，移到最后位置上，以后每次循环次数和参加比较的数依次减1。

#include <stdio.h>

程序如下：
```c
int main()
{
    int a[10];
    int i,j,t;
    printf("input 10 numbers :\n");
    for(i=0;i<10;i++)    scanf("%d",&a[i]);
    for(j=0;j<9;j++)
        for(i=0;i<9-j;i++)
            if(a[i]<a[i+1])
            {t=a[i];a[i]=a[i+1];a[i+1]=t;}
    printf("the sorted numbers :\n");
    for(i=0;i<10;i++)    printf("%d ",a[i]);
    printf("\n");
    return 0;
}
```
程序运行结果如图 5.3 所示。

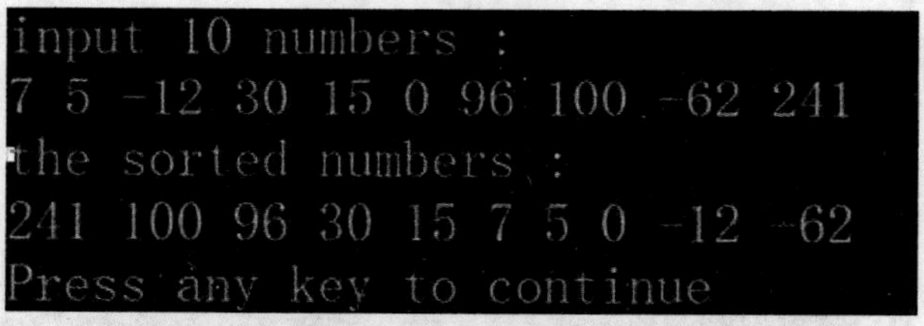

```
input 10 numbers :
7 5 -12 30 15 0 96 100 -62 241
the sorted numbers :
241 100 96 30 15 7 5 0 -12 -62
Press any key to continue
```

图 5.3 冒泡法排序

【例 5.4】用选择法对 10 个数字按由小到大排序。

选择法思路：对 n 个数进行选择排序，需要进行 n-1 趟。每趟先找出待排序数据中的最小值所在的序号（数据元素在数组中的下标），即所谓的选择，然后将此最小值与该趟的第一个数据进行交换。

#include <stdio.h>
程序如下：
```c
int main()
{
    int a[10],i,j,k,t;
    printf("enter array:\n");
    for(i=0;i<10;i++)    scanf("%d",&a[i]);
    for(i=0;i<9;i++)
    { k=i;
      for(j=i+1;j<10;j++)
          if(a[j]<a[k])      k=j;
```

```
            t=a[k];
            a[k]=a[i];
            a[i]=t;
         }
    printf("The sorted array:\n");
    for(i=0;i<10;i++)   printf("%d ",a[i]);
    printf("\n");
    return 0;
}
```
程序运行结果如图 5.4 示。

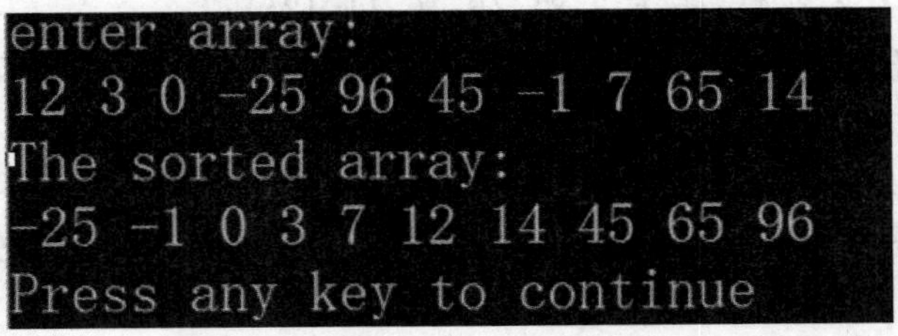

图 5.4 选择法排序

5.2 二维数组及多维数组

前面我们已经知道，一维数组是最简单的数组，只有一个下标，这就限制了一维数组解决问题的范围。有时候解决与矩阵相关的问题时，可以借助功能更强大、数据存储更多的二维数组。二维数组可以看成是一维数组的延伸和扩展，一维数组就像是一条直线，虽然可以表示所有数据，但是不能表示出数据之间的关系。二维数组就像一个平面，就是由行、列组成的表格，如矩阵，其数组元素按行、列排列。描述行的下标称为"行下标"，描述列的下标称为"列下标"。

5.2.1 二维数组的定义和初始化

二维数组的定义和一维数组大致相同，其一般形式如下：
类型说明符 数组名[常量表达式1][常量表达式2];
说明：
(1)"常量表达式1"被称为行下标，即行数，行下标从 0 开始，到行数减 1。
(2)"常量表达式2"被称为列下标，即列数，列下标从 0 开始，到列数减 1。数组元素的总数为：常量表达式1×常量表达式2。
例如：
    int a[3][4];
定义了一个整型的二维数组，数组名为 a，该数组有 3 行 4 列共 12 个元素：

    a[0] →   a[0][0]   a[0][1]   a[0][2]   a[0][3]
    a[1] →   a[1][0]   a[1][1]   a[1][2]   a[1][3]

a[2] → a[2][0]　a[2][1]　a[2][2]　a[2][3]

说明：

(1)二维数组的元素在内存中是按行的顺序优先排列的,即在内存中先顺序存放第1行的元素,接着再存放第2行的元素。

(2)如果把二维数组 a 中的每一行看成是一个元素,则数组 a 就是一个含有3个元素 a[0],a[1],a[2]的特殊的一维数组。

二维数组的初始化和一维数组的初始化类似。在给二维数组赋初值时,有以下5种情况。

(1)可以将所有的数据写在同一个花括号内,按照数组元素的排序顺序对元素赋值。如：
int a[2][3]={0,1,2,3,4,5};

(2)可以分行给二维数组赋初值。如：
int a[3][4]={{1,2,3,4},{5,6,7,8},{9,10,11,12}};

(3)如果对二维数组的全部元素赋初值,可省略第一维的定义,但不能省略第二维的定义。如：
int a[ ][4]={1,2,3,4,5,6,7,8,9,10,11,12};

(4)如果只对部分数组元素赋初值,又省略了第一维的定义,那么应分行赋值,即使某行没有初值,也要保留该行的一对大括号。如：
int a[ ][4]={{1,3},{ },{5,6,7},{8,9,10,11}};
编译时系统将自动确定数组 a 为4行4列。

(5)如果只对前几行的前几个元素赋初值,则所有未赋初值的数组元素默认为零。如：
int a[3][4]={{1,2,3},{4,5}};

5.2.2　二维数组元素的引用

在 C 语言中,对于二维数组变量同样不能进行整体引用,只能将数组元素逐个使用。引用二维数组元素的一般形式为：

数组名[行下标][列下标]

例如：ch[i][j]表示该元素在 ch 数组中的行下标为 i,列下标为 j,ch[i][j]就是数组 ch 中的第 i 行第 j 列元素。

注意：在引用数组元素时,不管是行下标还是列下标,下标值都应从0开始,并且在已定义的数组大小的范围内,一定不要下标越界。例如：

```
int ch[3][4];                /*定义 ch 为3×4的二维数组*/
……                          /*对数组元素进行赋值*/
ch[3][4]=9;                  /*错误! 不存在 ch[3][4]元素*/
```

5.2.3　二维数组程序设计案例

【例5.5】从键盘上输入任意12个整数组成3×4矩阵,并输出该矩阵。
程序如下：
```
#include <stdio.h>
int main()
{
```

```
    int a[3][4],i,j;
    printf("请输入矩阵:\n");
    for(i=0;i<3;i++)
        for(j=0;j<4;j++)
            scanf("%d",&a[i][j]);
    printf("输出的矩阵为:\n");
    for(i=0;i<3;i++)
        {for(j=0;j<4;j++)
        printf("%5d ",a[i][j]);
        printf("\n");}
    return 0;
}
```

该程序数据输入的时候可以不分行全部输入,也可以分行输入,两种情况的运行结果分别如图 5.5、图 5.6 所示。

 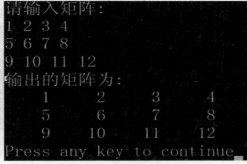

图 5.5　不分行全部输入并输出矩阵　　　　图 5.6　分行输入并输出矩阵

【例 5.6】求二维数组中最大值和最小值元素所在的行号和列号。

打擂台算法:
(1)先找出任一人站在台上,第 2 人上去与之比武,胜者留在台上。
(2)第 3 人与台上的人比武,胜者留台上,败者下台。
(3)以后每一个人都是与当时留在台上的人比武,直到所有人都上台比完为止,最后留在台上的是冠军。

程序如下:
```
#include <stdio.h>
int main()
{
    int a[3][4],i,j;
    int max,min,max_row,max_colum,min_row,min_colum;
    for(i=0;i<=2;i++)
        for(j=0;j<=3;j++)
            scanf("%d",&a[i][j]);
```

```
            max=a[0][0];
            min=a[0][0];
            for(i=0;i<=2;i++)
                for(j=0;j<=3;j++)
                {if(a[i][j]>max)
                { max=a[i][j];  max_row=i;   max_colum=j; }
                if(a[i][j]<min)
                { min=a[i][j];  min_row=i;   min_colum=j; }}
            printf("max value is a[%d][%d]=%d\n",max_row,max_colum,max);
            printf("min value is a[%d][%d]=%d\n",min_row,min_colum,min);
        return 0;
}
```

程序运行结果如图5.7示。

```
12    23    45    56
-8    74    95    61
0     31    21    99
max value is a[2][3]=99
min value is a[1][0]=-8
Press any key to continue
```

图 5.7 求二维数组中最大值及最小值

5.2.4 多维数组

多维数组的定义和元素的引用与二维数组类似,多维数组定义的一般形式为:
类型说明符 数组名[常量表达式1][常量表达式2]…[常量表达式n];
说明:
类型说明符明确了各数组元素的数据类型。常量表达式的个数决定了数组的维数。各常量表达式值的连乘积即数组元素的个数。引用数组元素时,下标表达式的取值范围是从0到常量表达式值减1。
例如:
  int a[2][3][4];   /*定义整型的三维数组 a,这个三维数组可以看成2个二维数组,每个二维数组又可以看成3个一维数组。可以在头脑里想象成两个平行平面,每个平面内有3*4个点,所以共有24个元素。*/
  char ch[3][5][10]   /*定义字符型的三维数组 ch*/
多维数组元素的引用方法与二维数组元素的引用方法类似,虽然C语言对数组维数的处理没有上限,但是处理高维数组是很头疼的事。一般尽量避免处理四维和四维以上的数组。由于多维数组不常使用,这里不再详细介绍。

5.3 字符数组与字符串

C语言中的字符串是由字符组成的有穷序列,可以包括字母、数字、专用字符、转义字符等。例如:"good bye!","abcd1234"。C语言中没有字符串变量,字符串都是存放在字符数组中的,字符数组中的每一个元素都可以存放一个字符。

5.3.1 字符数组与字符串

字符数组的定义与其他数据类型的数组定义方法类似,只不过类型说明符固定为char。
(1)定义一维字符数组,一般形式如下:
char 数组名[常量表达式];
例如:char ch[10];   /*定义一个一维字符数组 ch*/
(2)定义二维字符数组,一般形式如下:
char 数组名[常量表达式1][常量表达式2];
例如:char string[5][10];   /*定义一个二维字符数组 ch*/
字符数组元素的引用和其他类型数据一样,例如,引用上面定义的一维字符数组 ch 中的元素:
ch[0]='H';
ch[1]='a';
ch[2]='a';
ch[3]='p';
ch[4]='y';
上面的语句依次引用数组中的元素,并为其依次赋值。
字符数组的初始化和数值型数组的初始化方法类似,例如:
char c[10]={'c',' ','p','r','o','g','r','a','m'};
数组存储形式见表5.1。

表 5.1 数组存储形式

c[0]	c[1]	c[2]	c[3]	c[4]	c[5]	c[6]	c[7]	c[8]	c[9]
c		p	r	o	g	r	a	m	\0

对字符数组初始化时,若大括号中的初值多于数组的长度,则按语法错误处理。如果只给一部分字符数组元素初始化,没有赋初值的字符数组元素默认值为空字符。如果字符数组的元素个数与初值相同,可在定义时省略数组长度。
例如:char c[ ]={'a','b','c','d','e','f','g','h','I','i'};
字符数组 c 的长度自动定义为10。
C语言允许用字符串常量对字符数组初始化,即赋值。例如:
char str[ ]={"How are you?"};
或

```
char str[ ]="How are you?";
```

字符数组和字符串在用法上几乎完全相同,但在数据说明和数据存储时,却有较大的区别,具体为:

◆一维字符数组一旦被说明,就可以用来存放一个字符串。为了测定字符串的实际长度,C语言规定了字符串结束标志'\0'('\0'代表ASCII码为0的字符,表示一个"空操作",只起一个标志作用)。

◆字符数组可以作整体的输入、输出操作,而输出时,只将字符数组中第一个字符串结束符'\0'之前的内容作为字符串输出。输出字符并不包括结束符'\0'。

5.3.2 字符数组程序设计案例

【例5.7】由键盘输入字符串Hello world!,在屏幕上输出。
程序如下:

```
#include <stdio.h>
int main()
{
    int i;
    char c[12];
    printf("输入字符串:\n");
    for(i=0;i<12;i++)
        scanf("%c",&c[i]);
    printf("输出字符串:\n");
    for(i=0;i<12;i++)
        printf("%c",c[i]);
    printf("\n");
    return 0;
}
```

程序运行结果如图5.8所示。

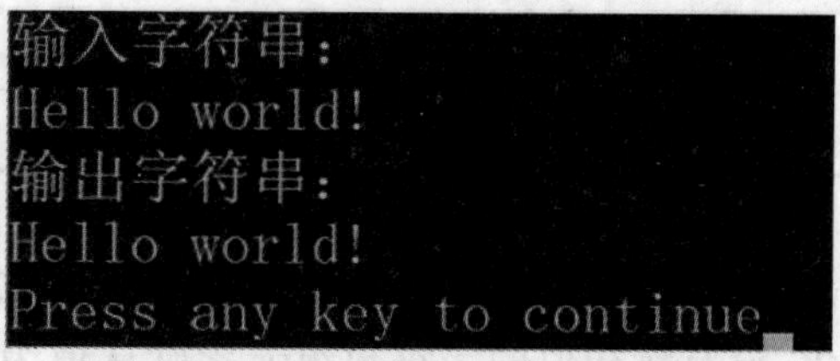

```
输入字符串:
Hello world!
输出字符串:
Hello world!
Press any key to continue
```

图5.8 程序运行结果

【例5.8】在屏幕上输出一个菱形图案。
程序如下:

```
#include <stdio.h>
int main()
{
```

```
char diamond[][5]={{' ',' ',' ','*'},{' ','*',' ',' ','*'},{'*',' ',' ',' ','*'},{' ','*',' ',' ','*'},{' ',' ',' ','*'}};
    int i,j;
    for(i=0;i<5;i++)
        {for(j=0;j<5;j++)
    printf("%c",diamond[i][j]);
    printf("\n");
        }
    return 0;
}
```

程序运行结果如图 5.9 所示。

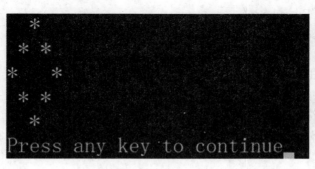

图 5.9 输出的菱形图

5.3.3 字符串处理函数

C 语言编译系统中有丰富的字符串处理函数,若要使用这些库函数,须在程序前面包含头文件:stdio.h 和 string.h。下面介绍几种常用的函数。

1. 字符串输入函数 gets

格式:gets(字符数组);

功能:从键盘输入一个字符串到字符数组,并且得到一个函数值,即返回字符数组的起始地址。

例如:

char str[50];

gets(str);

输入:Computer↙ 将输入的字符串"Computer"送给字符数组 str。

2. 字符串输出函数 puts

格式:puts(字符数组);

功能:把字符数组中的字符串(以'\0'结束)输出到显示器。在输出时将'\0'转换为'\n',且输出的字符串中可以包含转义字符,等价于 printf("%s\n",str)。

例如:

char str[]={"shanghai\nbeijing"};

puts(str);
执行结果:
shanghai
Beijing

3. 字符串连接函数 strcat

格式:strcat(字符数组1,字符数组2);

功能:strcat 是 STRing CATenate(字符串连接)的缩写,它将字符数组2连接到字符数组1的后面,末尾加一个'\0',结果存放在字符数组1中(要求字符数组1的容量要足够大,否则会出问题),并得到字符数组1的地址。

例如:
char str1[20]="Hello!";
char str2[10]="Everybody";
printf("%s",strcat(str1,str2));

输出结果:
Hello! Everybody

4. 字符串拷贝函数 strcpy

格式:strcpy(字符数组1,字符数组2);

功能:strcpy 是 STRing CoPY(字符串复制)的缩写。它将字符数组2的内容复制到字符数组1中。例如:
char str1[20],str2[]="IBM Computer!";
strcpy(str1,str2);
printf("%s",str1);

执行结果:IBM Computer!

说明:

(1)字符数组1的长度必须足够大,以便容纳被复制的字符数组2。

(2)字符数组1必须写成数组名的形式,字符数组2可以是字符数组名,也可以是字符串常量。例如:strcpy(str1,"Chemistry")。

(3)复制时连同'\0'一起复制。

(4)若希望将字符串或字符数组2前面几个字符拷贝到字符数组1中,strcpy 函数格式如下:

strcpy(字符数组1,字符数组2,字符个数);

例如:strcpy(str1,str2,6);   /*将 str2 前6个字符拷贝到 str1 中*/

5. 字符串比较函数 strcmp

格式:strcmp(字符串1,字符串2)

功能:strcmp 是 STRing CoMPare(字符串比较)的缩写,它将两个字符串按 ASCII 码比较,并返回比较结果。参与比较的两个字符串可以是数组名,也可以是字符串常量。比较时从左至右逐个进行,直到出现不同的字符或遇到'\0'为止。如全部字符相同,则认为相等;若出现不相同的字符,则以第一个不相同的字符的比较结果为其结果。

(1)字符串1=字符串2,函数值为0。

(2)字符串1>字符串2,函数值为一个正整数。
(3)字符串1<字符串2,函数值为一个负整数。
如:
if(strcmp(str1,str2)==0)printf("yes");

6.测定字符串长度函数 strlen

格式:strlen(字符数组或字符串常量);

功能:strlen 是 STRing LENgth(字符串长度)的缩写,它可以测试字符串的长度,并返回字符串长度值,不包括'\0'。

例如:
```
#include<string.h>
int  main()
{
char str[10]={"China"};
printf("%d\n",strlen(str));
return 0;
}
```
程序运行结果:5

7.大写转换为小写函数 strlwr

格式:strlwr(字符数组);

功能:strlwr 是 STRing LoWeRcase(字符串小写)的缩写,可以将字符串常量或字符数组中的大写字母转换为小写字母。

例如:
```
#include<string.h>
int main()
{
char str[10]="BEIJING";
printf("%s\n",strlwr(str));
return 0;
}
```
程序运行结果:beijing

8.小写转换为大写函数 strupr

格式:strupr(字符数组);

功能:strupr 是 STRing UPpeRcase(字符串大写)的缩写,它将字符串常量或字符数组中的小写字母转换为大写字母。

例如:
```
#include<string.h>
int main()
{
    char str[10]="china";
```

```c
        printf("%s\n",strupr(str));
        return 0;
}
```
程序运行结果:CHINA

5.4 程序设计案例

【例5.9】输入某班学生的学号和4门课的学习成绩,求4门课的平均成绩,并按平均成绩由高到低的顺序输出。

程序如下:
```c
#include<stdio.h>
int main()
{
    int no[5],i,j,k,t;                      //no 用于存放学生学号
    float score[5][5],sum,temp;             //score 用于存放学生成绩
    for(i=0;i<5;i++)
    {
        scanf("%d",&no[i]);                 //输入学生的学号
        for(j=0;j<4;j++)
            scanf("%f",&score[i][j]);       //输入学生的4门课成绩
        for(sum=0,j=0;j<4;j++)
            sum+=score[i][j];               //计算第i名学生的总分
        score[i][j]=sum/j;                  //计算第i名学生的平均分
    }                                       //第i名学生的平均分放在 score[i][4]
    for(i=0;i<4;i++)
        for(j=i+1;j<5;j++)                  //按平均分 score[i][4]排序
            if(score[i][4]<score[j][4])
            {
                t=no[i];
                no[i]=no[j];
                no[j]=t;
                for(k=0;k<5;k++)
                {
                    temp=score[i][k];
                    score[i][k]=score[j][k];
                    score[j][k]=temp;
                }
            }
    printf("\n------------------------");
```

```
        for(i=0;i<5;i++)
        {
            printf("\n%d",no[i]);
            for(j=0;j<4;j++)
                printf("%6.2f",score[i][j]);
        }
        printf("\n");
        return 0;
}
```

程序运行结果如图 5.10 所示。

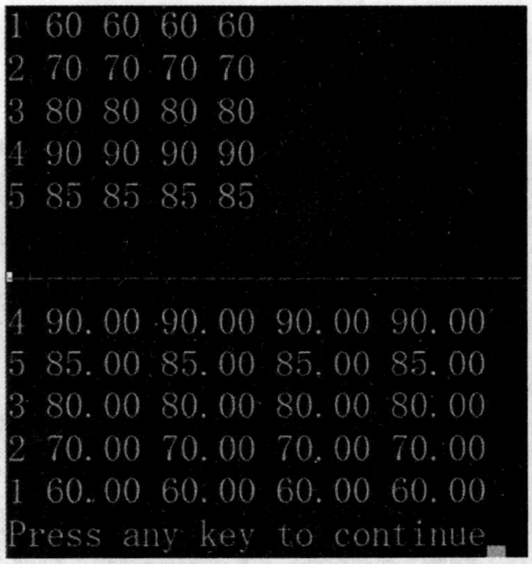

图 5.10 按平均成绩大小排序

【例 5.10】从键盘上输入一个 2×3 的矩阵,将其转置后形成 3×2 矩阵输出。
程序如下:

```
#include<stdio.h>
int main()
{
    int a[2][3],b[3][2],i,j;
    printf("enter array a:\n");
    for(i=0;i<2;i++)
    {
        for(j=0;j<3;j++)
            scanf("%d",&a[i][j]);            /*输入二维数组*/
    }
    for(i=0;i<3;i++)                         /*数组 a 转置存入数组 b*/
    {
```

```
            for(j=0;j<2;j++)
                b[i][j]=a[j][i];
        }
        printf("\n 转置矩阵 b:\n");            /* 输出转置后的矩阵 b */
        for(i=0;i<3;i++)
        {
            for(j=0;j<2;j++)
                printf("%5d",b[i][j]);
            printf("\n");
        }
        return 0;
}
```

程序运行结果如图 5.11 所示。

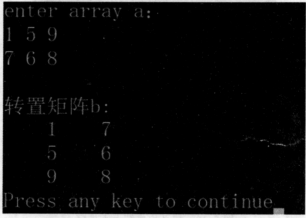

图 5.11 矩阵转置

【例 5.11】由键盘输入一行字符,统计有多少个单词。

程序如下:

```
#include <stdio.h>
int main()
{
    int    i,word=0,count=1;
    char   str[80],c;
    gets(str);
    for(i=0;(c=str[i])!='\0';i++)
        if (c==' ')count++;
    printf("there are %d words\n",count);
    return 0;
}
```

程序运行结果如图 5.12 所示。

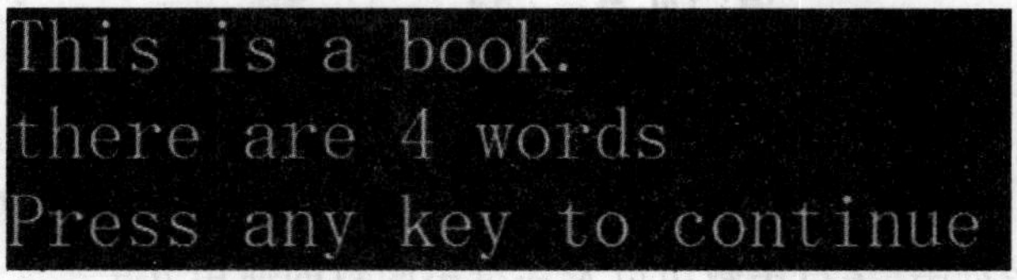

图 5.12 单词统计

【例 5.12】由键盘输入任意 3 个字符串,要求找出其中最大者。
程序如下:
```c
#include<stdio.h>
#include<string.h>
int main( )
{
    char str[3][10];
    char string[10];
    int i;
    for(i=0;i<3;i++)     gets(str[i]);
    if(strcmp(str[0],str[1])>0)
        strcpy(string,str[0]);
    else
        strcpy(string,str[1]);
    if(strcmp(str[2],string)>0)
        strcpy(string,str[2]);
    printf("\nthe largest:\n%s\n",string);
    return 0;
}
```
程序运行结果如图 5.13 所示。

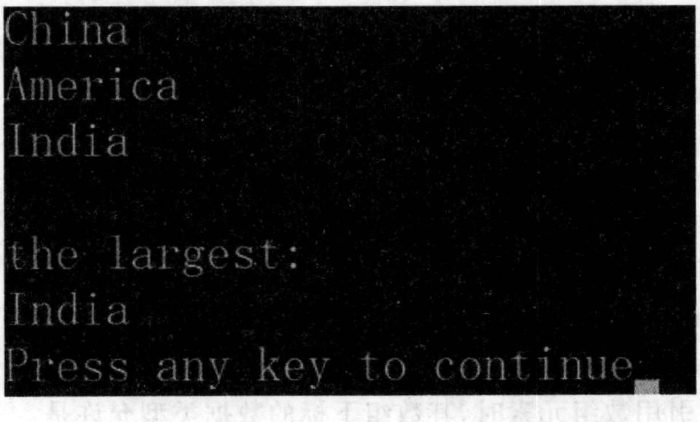

图 5.13 字符串比较

实训 5 数 组

1. 实训目的

(1) 了解并掌握一维数组、二维数组的定义、初始化以及元素引用的方法。

(2) 了解并掌握字符串、字符串数组以及字符串函数的使用方法。

(3) 了解并掌握与数组相关的算法(比如排序、打擂台)。

2. 实训环境

上机环境为 Visual C++6.0。

3. 实训内容

(1) 求一个 4×4 的整型矩阵主对角线元素之和。

设计思路:一个 4×4 矩阵的主对角线为所有第 k 行第 k 列元素的全体,k=1,2,3,4,即从左上到右下的一条斜线。

与之相对应的称为副对角线或次对角线,为所有第 k 行第(4-k+1)列元素的全体,即从右上到左下的一条斜线。

(2) 从键盘上输入一个字符串,将其中的所有大写字母转换为小写字母。例如,输入 ABCde,输出 abcde。

设计思路:将大写字母转换为小写字母只需将其 ASC II 码值加 32 即可。

(3) 从键盘上任意输入 10 个整数,先将整数按照从大到小的顺序进行排序,然后输入一个整数插入到数列中,使数列保持从大到小的顺序。

设计思路:先将原有的 10 个整数排序,插入新的整数后,一一比对原有整数中的数字找到其位置,最后按照新的顺序输出。

4. 实训报告要求

(1) 实训题目。

(2) 设计步骤。

(3) 源程序。

(4) 输出结果。

(5) 实验总结。

习 题 5

1. 填空题

(1) 设有定义 int a[3][4]={{1},{2},{3}},则 a[1][1]的值为_____,a[2][2]的值为_____。

(2) 若有定义 double x[3][5],则 x 数组中行下标的下限为_____,列下标的上限为_____。

(3) 在 C 语言中,引用数组元素时,其数组下标的数据类型允许是_____。

(4) C 程序在执行过程中,不检查数组下标是否_____。

(5) 若有初始化"char ch[][3]={'a','b','c','d','e','f','g'};",则 ch 数组中包含的元素个数为

_____。

(6)若有以下数组 a,数组元素:a[0]~a[9],其值为 9,4,12,8,2,10,7,5,1,3,该数组的元素中,数值最大的元素的下标值是_____。

(7)若有以下数组 a,数组元素:a[0]~a[9],其值为 9,4,12,8,2,10,7,5,1,3,该数组可用的最大下标值是_____。

(8)C 语言中,二维数组在内存中的存放方式为按_____优先存放。

(9)合并字符串的库函数是_____,只写函数名即可。

(10)在字符串比较函数 strcmp 中,比较两个字符串是对它们的_____进行比较。

2.选择题

(1)若有定义 int a[10],则数组 a 的最大下标为_____。
A. 8   B. 9   C. 10   D. 11

(2)下列一维数组初始化,正确的是_____。
A. int a[3]={};   B. int a[10]={0};
C. int a[5]="1,2,3,4,5";   D. int a[10]=(0,0,0,0,0);

(3)若有说明"int a[10];",则对 a 数组元素的正确引用是_____。
A. a[10]   B. a[3.5]   C. a(5)   D. a[10−10]

(4)以下对二维数组 a 的正确说明是_____。
A. int a[3][];   B. float a(3,4);
C. double a[1][4];   D. float a(3)(4);

(5)若有说明:int a[3][4];则对 a 数组元素的非法引用是_____。
A. a[0][2*1]   B. a[1][3]   C. a[4−2][0]   D. a[0][4]

(6)以下能对二维数组 a 进行正确初始化的语句是_____。
A. int a[][3]={{1,2,3},{4,5,6}};
B. int a[2][]={{1,0,1},{5,2,3}};
C. int a[2][4]={{1,2,3},{4,5},{6}};
D. int a[][3]={{1,0,1},{},{1,1}};

(7)下面是对 s 的初始化,其中不正确的是_____。
A. char s[5]={"abc"};   B. char s[5]={'a','b','c'};
C. char s[5]="";   D. char s[5]="abcdef";

(8)下面程序段的运行结果是_____。
char c[5]={'a','b','\0','c','\0'};
printf("%s",c);
A. ab   B. 'a'b'
C. ab_c   D. a_b(其中_表示空格)

(9)对两个数组 a 和 b 进行如下初始化
char a[]="ABCDEF";
char b[]={'A','B','C','D','E'};
则以下叙述正确的是_____。
A. a 与 b 数组完全相同   B. a 与 b 长度相同

C. a 和 b 中都存放字符串　　　　　　D. a 数组比 b 数组长度长
(10)下面程序段的运行结果是_____。
char a[7]="abcdef"; char b[4]="ABC"; strcpy(a,b); printf("%c",a[5]);
A. f　　　　　　　　　　　　　　　B. \0
C. e　　　　　　　　　　　　　　　D. _（其中_表示空格）

3. 阅读程序
(1)以下程序的输出结果是_____。
```
#include <stdio.h>
int main()
{
    int a[5]={1},i;
    for(i=1;i<5;i=i+2)
        a[i]=2*i;
    for(i=0;i<5;i++)
        printf("%3d",a[i]);
    return 0;
}
```

(2)以下程序的输出结果是_____。
```
#include <stdio.h>
int main()
{
    int a[3][3]={0,1,2,3,4,5,6,7,8},i;
    for(i=0;i<3;i++)
        printf("%d\n",a[2-i][i]);
    return 0;
}
```

(3)以下程序的输出结果是_____。
```
#include <stdio.h>
int main()
{
    int b[3][3]={0,1,2,0,1,2,0,1,2},i,j,t=0;
    for(i=0;i<3;i++)
        for(j=i;j<=i;j++)
            t=t+b[i][b[j][j]];
    printf("%d\n",t);
    return 0;
}
```

(4)以下程序的输出结果是_____。
#include <stdio.h>

```
#include <string.h>
int main()
{
    char str[12]={'h','e','l','l','o','!'};
    printf("%d\n",strlen(str));
    return 0;
}
```

(5)以下程序的输出结果是_____。
```
#include <stdio.h>
#include <string.h>
int main()
{
    char a[10]="123",b[10]="abcde";
    printf("%d\n",strlen(strcat(a,b)));
    return 0;
}
```

(6)执行以下程序段后,a[0]的值是_____。
```
int a[2]={1},i,j;
for(i=0;i<2;i++)
    for(j=0;j<2;j++)
        a[i]=a[j]*3;
```

(7)执行以下程序段后,k的值是_____。
```
int a[8],b[4],i,k=0;
for(i=0;i<8;i++)
    a[i]=i*i;
for(i=0;i<4;i++)
{
    b[i]=a[i*(i-1)];
    k=k+b[i];
}
```

(8)以下程序的输出结果是_____。
```
#include <stdio.h>
#include <string.h>
int main()
{
    char a[20];
    strcpy(a,"china");
    puts(a);
    return 0;
```

(9) 以下程序的输出结果是_____。
```
#include<stdio.h>
int main()
{
    char ch[ ]="12a3";
    int i,n=0;
    for(i=0;ch[i]>='0'&&ch[i]<='9';i++)
        n=10*n+ch[i]-'0';
    printf("%d\n",n);
    return 0;
}
```
(10) 以下程序的输出结果是_____。
```
#include <stdio.h>
int main()
{
    char ch[10]="abcdefghi";
    int i;
    for(i=3;i<6;i++)    ch[i+1]=ch[i];
    puts(ch);
    return 0;
}
```

4. 程序设计

(1) 从键盘上任意输入 5 个数据，然后求它们的和并输出结果。

(2) 编写程序：输入 10 个整数，按每行 3 个数输出这些整数，最后输出 10 个整数的平均值。

(3) 数组中已有互不相同的 10 个整数，从键盘输入一个整数，输出与该值相同的数组元素下标。

(4) 编写程序，打印如下杨辉三角形：

1
1 1
1 2 1
1 3 3 1
1 4 6 4 1
1 5 10 10 5 1

提示：杨辉三角形的特点是两个腰上的数都为 1，其他位置上的每一个数是它上一行相邻两个整数之和。

(5) 编写程序，把 N×N 矩阵 A 加上矩阵 A 的转置，存放在矩阵 B 中。

(6) 编写程序，将一维数组 x 中大于平均值的数据移至数组的前部，小于或等于平均值的数据移至数组的后部。

(7)编写程序,对从键盘上输入的两个字符串进行比较,然后输出两个字符串中第一个不相同字符的 ASCII 码之差。

(8)编写程序,输入两个字符串,求出每个字符串的长度,并输出最长一个字符串的内容。

(9)编写程序,输入一行字符,统计其中大写字母、小写字母、数字、其他字符共有多少。

(10)编写程序(不使用 C 语言标准函数库中的函数),实现字符串的复制,即实现 strcpy 函数的功能。

第6章 函 数

前面几章学习的都是简单的程序,实际应用 C 语言编写较大的程序时,将想要实现的内容全部都放到主函数中是不可能的,那样不仅会使程序复杂,格式不清晰,而且实现功能也不明显,不便于阅读和修改。

因此,可以采用"组装"的办法,把一个较大的程序分为若干个程序模块,每一个模块包括一个或多个函数,每个函数实现一个或几个特定的功能。另外,可以事先编好一批常用的函数来实现各种不同的功能,需要用时,直接调用即可,这样可以大大减少重复编程的工作量,也便于实现模块化的程序设计。

本章主要讲解函数的概念和定义方式,函数返回值和参数的作用,函数的调用方式,以及使用函数解决实际问题的方法。

6.1 函数的概念

函数是 C 语言源程序的基本模块,是构成 C 程序的基本单元,函数中包含程序的可执行代码。通过对函数模块的调用,可以实现相应的功能。

6.1.1 C 程序的结构

一个完整的 C 语言程序可以由一个或多个源程序文件组成,每个源程序文件具体包括三个部分:预处理指令、数据声明、函数定义,其结构如图 6.1 所示。

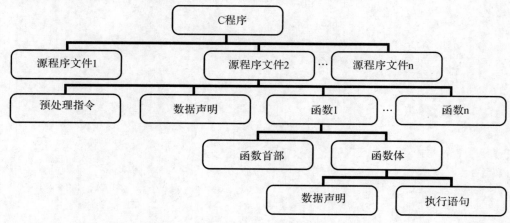

图 6.1 C 程序结构图

其中函数定义包括对 main 函数（又称主函数）以及其他函数的定义。每个 C 程序的入口和出口都位于 main 函数中，main 函数可以调用其他函数，其他函数也可以互相调用，但不能调用 main 函数（main 函数是被操作系统调用的）。同一个函数可以被一个或多个函数调用任意多次。C 程序的执行从 main 函数开始，调用其他函数后，流程返回到 main 函数，在 main 函数结束整个程序的运行。

6.1.2 函数调用程序的例子

之前编写的程序都只有一个 main 函数，现在先看两个较简单的 main 函数调用其他函数的例子。

【例 6.1】用函数调用实现在屏幕上输出"hello world!"。

程序如下：

```
#include <stdio.h>
int main()
{
    void print_message();
    print_message();
    return 0;
}
void print_message()
{
    printf("hello world! \n");
}
```

本例中，除了 main 函数外还有一个用户自定义的函数 print_message，程序通过 main 函数调用 print_message 函数，在屏幕上输出信息"hello world!"。在定义 print_message 函数时指定函数的类型为 void，意思为函数无类型，即无函数值，也就是说，执行这个函数后不会把任何值带回 main 函数。

程序运行结果如图 6.2 所示。

图 6.2 屏幕输出信息

【例 6.2】输入两个整数，要求用函数找到其中值较大者。

程序如下：

```
#include <stdio.h>
int main()
{
    int max(int x,int y);
    int a,b,c;
```

```
    printf("two integer numbers: ");
    scanf("%d,%d",&a,&b);
    c=max(a,b);
    printf("max is %d\n",c);
    return 0;
}
int max(int x,int y)
{
    int z;
    z=x>y? x:y;
    return z;
}
```

本例中,除了 main 函数外还有一个用户自定义的 max 函数,程序通过 main 函数调用 max 函数,找到两个数中较大者。

程序运行结果如图 6.3 所示。

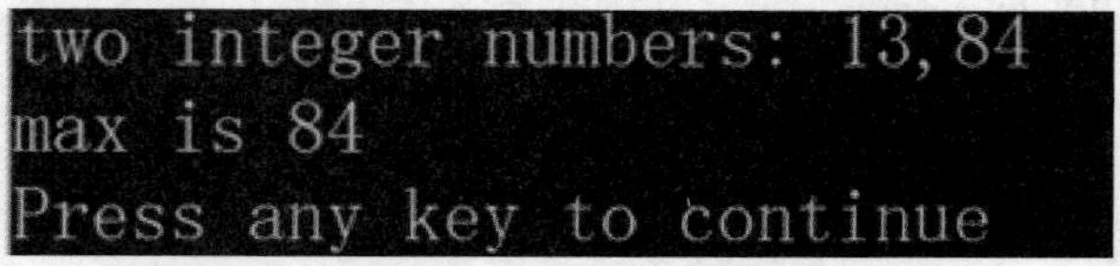

```
two integer numbers: 13,84
max is 84
Press any key to continue
```

图 6.3　用函数找到两个大数中较大者

6.1.3　函数的说明与分类

函数定义时,一般会说明函数的类型,例如:

```
int max(int i,int j)                /*指明返回值为整型*/
double add(double x,double y)       /*指明返回值为双精度型*/
```

函数类型可以是任意有效类型,也可以缺省。如果缺省类型说明,则函数返回一个整型值。

从不同的角度,可以将函数分为不同的类型。

(1)从用户使用的角度看,函数有两种。

1)库函数,它是由系统提供的,用户不必自己定义而直接使用它们,需要用的时候把它所在的文件名用 #include ＜ ＞加到里面就可以了(尖括号内填写文件名),例如 #include ＜math.h＞。

2)用户自己定义的函数。它是用以解决用户专门需要的函数。

(2)从函数的形式看,函数分两类。

1)无参函数。无参函数一般用来执行指定的一组操作。无参函数可以带回或不带回函数值,但一般以不带回函数值的居多。

2)有参函数。在调用函数时,主调函数在调用被调用函数时,通过参数向被调用函数传递数据。一般情况下,执行被调用函数时会得到一个函数值,供主调函数使用。

(3) 从函数功能的角度看,函数有两种。

1) 有返回值函数。函数被调用执行完后将向调用者返回一个执行结果,称为函数返回值。

2) 无返回值函数。函数用于完成某项特定的处理任务,执行完成后不向调用者返回函数值。

6.1.4 函数定义

C 语言要求,用户自定义的函数必须先定义,然后才能使用。函数定义主要是让编译器知道函数的功能,具体就是指定函数名字、函数返回值类型、函数实现的功能以及参数的个数与类型,将这些信息通知编译系统。在 C 语言中,函数主要由函数头部和函数体构成,是对完成特定功能的程序段的描述。函数头部通常由函数类型、函数名、形式参数名三部分组成;函数体通常由函数说明部分和可执行语句部分组成。

用户自定义函数的定义方式有以下 3 种。

1. 有参函数定义的一般形式

函数类型　函数名(形式参数表列)──→函数头部
{
　　　　函数体
}

2. 无参函数定义的一般形式

函数类型　函数名(void)──→函数头部
{
　　　　函数体
}

函数名后面括号内的 void 表示"空",即函数没有参数。

或

函数类型　函数名( )──→函数头部
{
　　　　函数体
}

3. 空函数定义的一般形式

函数类型　函数名( )──→函数头部
{ }

空函数的函数体是空的,调用此函数时,什么工作也不做,没有任何实际作用。空函数定义的主要功能是为今后对程序功能的补充占位置,这样,程序的结构更清楚,可读性好,以后扩充新功能方便,对程序结构影响不大。

注意:在一个函数的函数体内,可以调用已定义的函数,但是却不能在函数体内再定义另外一个函数。也就是说,函数是不能嵌套定义的,包括在 main 函数的函数体内,也是不允许的。

以上 3 种函数定义方式中,"函数类型"表示函数返回值的数据类型,这个值通常是由 return 语句返回。"函数名"可以是任意合法的标识符,最好做到"见名知意",比如 max 函数就是求大数，add 函数就是求和。"形式参数表列"是一个用逗号分隔的变量表，当函数被调用时这些变量接收调用函数实参的参数值。

6.2 函 数 调 用

前面已经介绍过了，每一个函数都能实现一个或几个特定的功能，而使用函数的过程就是对函数的调用。

6.2.1 函数的调用

程序中一般通过"函数名"完成函数的调用。函数调用的一般形式为：
函数名(实参表列)；
如果实参表列包含多个实参，则各参数间用逗号隔开，如 max(a,b)。对于无参函数，调用时没有实参表列，但不可忽略函数名后面的括号，如在例 6.1 中对于 print_message 函数的调用语句为：
print_message()；
调用函数时，函数名必须与定义的函数名相同，否则程序编译时会提示出错。

当程序中出现函数调用时，程序从 main 函数转去执行被调用函数，把被调用函数执行完毕之后再返回到 main 函数。如在例 6.2 中，程序执行过程大致如图 6.4 所示。

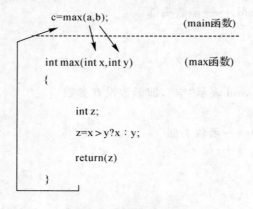

图 6.4 函数调用过程

6.2.2 函数调用的 3 种方式

函数调用时按照其在程序中出现的形式和位置可分为以下 3 种：
1. 函数调用语句
将函数当做一个功能语句，不要求返回任何值，只完成一定的操作。函数调用语句是最常使用的调用函数的方式。例如：
print_message()；
2. 函数参数
将函数的返回值作为另一个函数的实参。例如：
c=func2(3,func1(5,5))；

其中 func1(5,5)作为一个实参被另一个函数 func2 调用。

3.函数表达式

函数调用出现在另一个表达式中。例如：

c=func2(3,4)+func1(5,5);

这时,要求函数有返回值,并参与表达式的运算。

6.2.3 对被调函数的声明

主调函数在调用被调用函数之前要先声明后调用。函数的声明在程序的数据说明部分,它可以在函数内部声明,也可以在函数外部声明。在例 6.1、例 6.2 中,print_message 函数、max 函数都是在 main 函数后面定义的,所以在这种情况下,应当在 main 函数之前或 main 函数中的开头部分,各自对以上两个函数进行声明。当然这个并不是绝对的,有时可以不需要声明,对函数直接进行定义。要注意的是,在声明语句的最后要有分号";"作为语句的结尾。

函数声明的一般形式为：

函数类型　函数名(形参表列);

或

函数类型　函数名(void);

或

函数类型　函数名();

函数声明的作用是把有关函数的信息(被调用函数的类型、函数名、函数参数的个数与类型)通知编译系统,以便在编译系统对程序进行编译,进行到 main 函数调用被调用函数时知道它们是函数而不是变量或其他对象。

注意:函数的声明是函数调用中一个非常重要的环节,忽略它将导致程序编译时出错。

其实,仔细观察可以发现,函数的声明和函数定义中的第 1 行(函数头部)基本是相同的,只差一个分号而已(函数声明语句比函数定义中的第 1 行多了一个分号)。因此,写函数声明时,可以简单地照写已定义的函数的第 1 行,再加一个分号,就成了函数的"声明"。实际上,编译系统只关心和检查参数个数和参数类型,而不检查参数名,因此在函数声明中,形参名可以不写。

注意:函数的"定义"和"声明"不是一回事。函数的定义是指对函数功能的构造,包括指定函数名、函数类型、形参及其类型、函数体等。它是一个完整的、独立的单位。函数声明是对函数名、函数返回值类型、形参类型的说明,不包括形参和函数体。函数声明只起到一个说明作用。

6.2.4 实参与形参的数值传递

在调用有参函数时,主调函数和被调用函数之间有数据传递关系。

定义函数时使用的参数(变量)称为形式参数,简称形参。形参标识了该函数使用时传递数据的个数和类型,没有具体的值。

函数调用时使用的参数称为实际参数,简称实参。实参将具体的数据传递给相应的形参,供函数使用。实际参数可以是常量、变量或表达式。

注意:形参和实参的区别。

(1)在函数调用前,形参不占内存单元,调用时被临时分配,调用结束时立即释放,形参只有在函数内部有效。

(2)函数在程序中使用时,必须确认所定义的形参和函数调用时的实参类型、个数和次序一致,如果不一致,将产生意料不到的后果。

(3)实参对形参的数据传递是单向值传递,只由实参传递给形参,调用结束后,只有形参单元被释放,实参单元中的值不变。

(4)在内存中,形参变量和实参变量占用不同的内存单元,即使是同名也互不影响。

【例6.3】调用函数求n!。

程序如下:

```
#include <stdio.h>
int main()
{
    long f(int n);              /*函数类型说明*/
    int num;
    long t;
    scanf("%d",&num);
    t=f(num);                   /*函数调用*/
    printf("%d! =%ld\n",num,t);
    return 0;
}
long f(int n)                   /*定义f函数,其功能是求n!*/
{
    int i;
    long a=1;                   /*变量a存放阶乘*/
    for(i=1;i<=n;i++)           /*求阶乘*/
        a*=i;
    return a ;                  /*返回a的值*/
}
```

程序运行结果如图6.5所示。

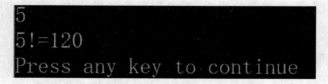

图6.5 调用函数求n!

在上面这个例题中,f函数给main函数返回了一个值。函数的返回值也称为函数值,一般是通过return(返回语句)得到的。

一个函数体中可以包含多个return语句,程序执行到哪一个,就返回哪一个的结果。return语句的一般形式为:

return 表达式;或 return(表达式);

注意:函数返回值的类型和函数定义中函数的类型应保持一致。如果两者不一致以函数类型为准。

6.2.5 数组名作为函数参数

调用有参函数时,需要提供实参。数组元素的作用与简单类型的变量一样,一般来说,凡是变量可以出现的地方,都可以用数组元素代替。需要注意的是,数组元素只可以用作函数的实参,不能用作形参。因为形参是在函数被调用时临时分配内存单元的,不可能为一个数组元素单独分配存储单元(数组是一个整体,在内存中占连续的一段存储单元)。

【例6.4】调用函数,找出数组 a 中的最大元素。

程序如下:

```
#include <stdio.h>
int main()
{
    int t,i,a[]={17,58,-6,0,95,842,-25,9};
    int large(int x,int y);
    t=a[0];
    for(i=1;i<8;i++)
        t=large(t,a[i]);         /*数组元素作为函数的实参*/
    printf("max=%d\n",t);
    return 0;
}
int large(int x,int y)
{
    if(x<y)x=y;
    return x;
}
```

程序运行结果如图 6.6 所示。

```
max=842
Press any key to continue
```

图 6.6 数组元素做函数参数

除了可以用数组元素作为函数参数外,还可以用数组名作函数参数(包括实参和形参)。应当注意的是,用数组名作函数实参时,向形参传递的是数组的首地址(即数组第一个元素的地址)。

用数组名作函数参数,此时实参与形参都应用数组名(或指针变量,后面章节具体介绍指针变量)。

【例6.5】有一个一维数组 score,内放 10 个学生成绩,求平均成绩。

程序如下：
```c
#include <stdio.h>
int main()
{
    float average(float array[10]);
    float score[10],aver;
    int i;
    printf("input 10 scores:\n");
    for(i=0;i<10;i++)
        scanf("%f",&score[i]);
    printf("\n");
    aver=average(score);
    printf("%5.2f\n",aver);
    return 0;
}
float average(float array[10])
{
    int i;
    float aver,sum=array[0];
    for(i=1;i<10;i++)
        sum=sum+array[i];
    aver=sum/10;
    return aver ;
}
```
程序运行结果如图 6.7 所示。

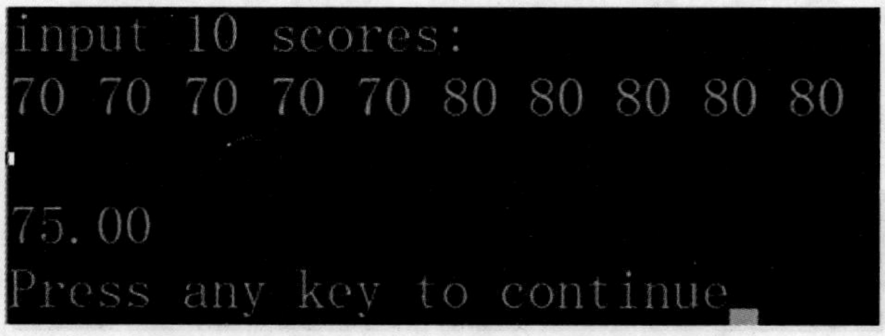

```
input 10 scores:
70 70 70 70 70 80 80 80 80 80

75.00
Press any key to continue
```

图 6.7　数组名作为函数参数的结果

【例 6.6】有一个 4×4 的矩阵，求所有元素中的最大值。
程序如下：
```c
#include <stdio.h>
int main()
{
    int max_value(int array[][4]);
```

```
    int a[4][4]={{1,3,5,7},{-56,41,100,8},{0,4,6,78},{15,17,34,12}};
    printf("Max value is %d\n",max_value(a));
    return 0;
}
int max_value(int array[][4])
{
    int i,j,max;
    max=array[0][0];
    for(i=0;i<4;i++)
        for(j=0;j<4;j++)
            if(array[i][j]>max)
                max=array[i][j];
    return   max ;
}
```

程序运行结果如图所 6.8 示。

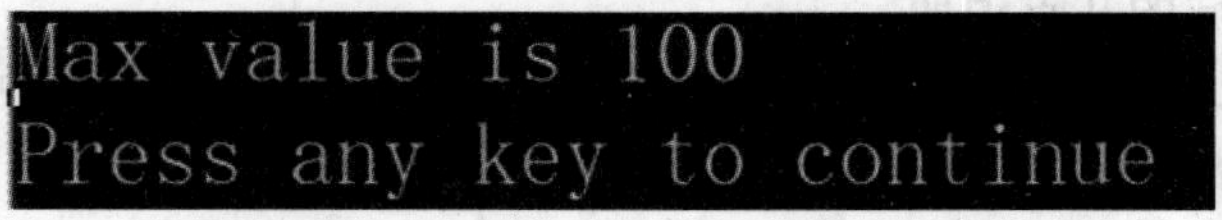

```
Max value is 100
Press any key to continue
```

图 6.8　二维数组名作函数参数的结果

6.3　变量的作用域和存储类型

前面章节介绍过,变量必须先定义后使用。但定义语句应该放在什么位置,在程序中,一个定义了的变量是否随处可用,这些问题涉及变量的作用域。经过赋值的变量是否在程序运行期间总能保持其值,这又涉及变量的生存期。

6.3.1　变量的作用域

变量的作用域即变量在程序中的有效范围,即在程序的什么范围内变量可以被识别和使用。根据作用域的大小,变量可以分为局部变量和全局变量。

1. 局部变量

局部变量是在函数内部或复合语句内定义的变量,其作用域只限于本函数内部或本复合语句内。

例如下面的程序：
```
#include <stdio.h>
int main()
{
    int   x=10;
    if(x==10)
```

```
    { char  s ='a';
      printf(" %c\n",s);
    }
    printf(" %d\n",x);
    return 0;
}
```

s 为复合语句内部定义的变量,属于局部变量,只在 if 语句块中有效。

再看下面这个程序段:

```
int   f1( int a, int b )
{
    int  m;
    m=a*b;
    return m ;
}
```

在 f1 函数内,m 为局部变量,形参 a,b 也是局部变量,只在函数 f1 中有效。

对局部变量作用域的几点说明:

(1)主函数中定义的变量也只能在主函数中使用,不能在其他函数中使用。同样,主函数中也不能使用其他函数中定义的变量。

(2)形参变量是属于被调函数的局部变量,实参变量是属于主调函数的局部变量。

(3)允许在不同的函数中使用相同的变量名,它们代表不同的对象,分配不同的单元,互不干扰,也不会发生混淆。

如:

```
#include <stdio.h>
int main( )
{
    int a=10;
    f( );
    printf("main( ):a=%d\n",a);
    return 0;
}
f( )
{
    int  a=20;
    printf("f( ):a=%d\n",a);
}
```

运行结果:f( ):a=20
        main( ):a=10

2.全局变量

全局变量是在函数外部定义的变量,又称外部变量。全局变量可以为本文件中其他函数所共用,它的作用域从定义变量的位置开始到本源文件结束。全局变量的说明符为 extern。在一个函数之前定义的全局变量,在该函数内使用可不再加以说明。

例如:

```
int a,b;              /* 定义全局变量 a,b,其作用域从此处开始一直到程序结束 */
int main()
{
………
}
int x,y;              /* 定义全局变量 x,y,其作用域从此处开始一直到程序结束 */
f()
{
………
}
```

在上面的程序段中,可以很明显地看出来虽然 a,b 与 x,y 都是全局变量,但是它们的作用域并不相同。

对全局变量使用的几点说明:

(1) 全局变量可以与局部变量同名,但是在局部变量的作用范围内,全局变量会被屏蔽,不起作用。

【例 6.7】全局变量与局部变量同名。

程序如下:

```
#include <stdio.h>
int a=3,b=5;
int main()
{
    int max(int a,int b);
    int a=8;
    printf("max=%d\n",max(a,b));
    return 0;
}
int max(int a,int b)
{
    int c;
    c=a>b? a:b;
    return c;
}
```

程序运行结果如图 6.9 所示。

(2) 全局变量可加强函数模块之间的数据联系,但是又使函数要依赖这些变量,使得函数的独立性降低。同时,全局变量在程序的全部执行过程中都占用内存。所以,不必要时尽量不要使用全局变量。

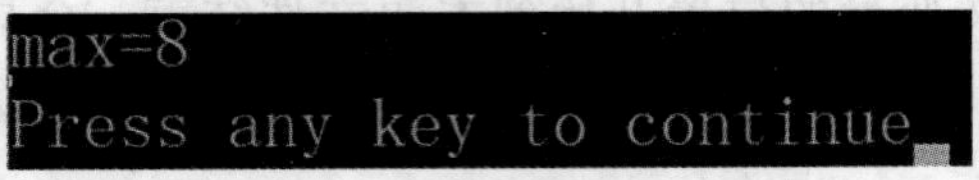

```
max=8
Press any key to continue
```

图 6.9 全局变量与局部变量同名时程序的结果

6.3.2 变量的存储类型

按照变量的生存期(即变量值存在的时间)不同,变量的存储有两种不同的方式:静态存储方式和动态存储方式。静态存储方式是指在程序运行期间由系统分配固定的存储空间的方式,动态存储方式是在程序运行期间根据需要进行动态的分配存储空间的方式。

这样看来,C语言中每个变量和函数都有两个属性,即数据类型和数据存储类别。存储类型具体可以分为自动的(auto)、寄存器的(register)、外部的(extern)、静态的(static)。变量的完整声明形式应为:

[存储类型]　数据类型　变量名1[,变量名2,…]

1. 自动变量

auto 关键字就是修饰一个局部变量为自动的,这意味着每次执行到定义该变量时,都会产生一个新的变量,并且对其进行重新的初始化。

【例 6.8】使用 auto 变量。

程序如下:

```
#include <stdio.h>
addone()
{
    auto int i=1;
    i=i+1;
    printf("%d\n",i);
}
int main()
{
    printf("第一次调用:");
    addone();
    printf("第二次调用:");
    addone();
    return 0;
}
```

程序运行结果如图 6.10 所示。

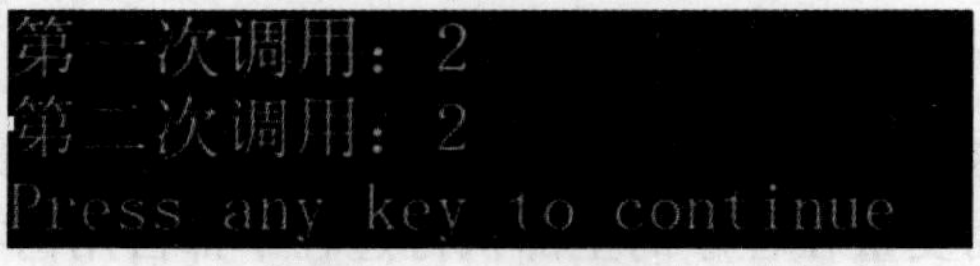

```
第一次调用:2
第二次调用:2
Press any key to continue
```

图 6.10　使用 auto 变量

事实上,关键字 auto 是可以省略的,如果不特别指定,局部变量的存储方式默认为自动,auto int i=1 与 int i=1 是等价的。

2. 外部变量

外部变量定义时位于函数之外,即全局变量。全局变量是就它的作用域提出的,外部变量是就存储方式提出的,表示了其生存期。

当一个源程序由若干个源文件组成时,在一个源文件中定义的外部变量在其他的源文件中也有效,但需要在访问它的文件中,用关键字 extern 说明。例如下面的程序:

File1.c 中
```
int iA;              /* 外部变量定义 */
char cB;             /* 外部变量定义 */
int main()
{ …… }
```
File2.c 中
```
extern int iA;       /* 外部变量说明 */
extern char iC;      /* 外部变量说明 */
function(int iX)
{ …… }
```

若希望某些外部变量只限于被本文件引用而不能被其他文件引用,可以在定义外部变量时前面加一个 static 说明。这样定义的外部变量称为"静态外部变量"。

File1.c 中
```
static int a;        /* 定义静态外部变量 a,不允许其他文件访问 */
int main( )
{ …….. }
```
File2.c 中
```
extern int a;        /* 此时无法使用静态外部变量 a */
fun(int n)
{ …..
   a=a*n;            /* 程序不识别 a,编译出错 */
……}
```

在 file1.c 中定义了一个全局变量 a,但它有 static 说明,因此只能用于本文件。虽然在文件 file2.c 中用了"extern int a",但文件 file2.c 无法使用 file1.c 中的全局变量 a。

3. 寄存器变量

对频繁使用的变量,为减少存取变量花费的时间,C 语言允许将局部变量的值存放在 CPU 运算器的寄存器中,称为"寄存器变量",用关键字"register"说明。

寄存器变量定义的形式是在变量的前面加关键字 register,例如:
```
void func(void)
{
    register int x,y,z;/* 定义三个寄存器变量 x,y,z */
    …
```

}

注意：

(1)寄存器变量的类型一般只限于整型、字符型或指向整型、字符型的指针，且只用于局部变量和形参。因此，全局寄存器变量是非法的。

(2)现代编译器有能力自动把普通变量优化为寄存器变量，并且可以忽略用户的指定，所以一般无须特别声明变量为 register。

(3)不能定义任意多个寄存器变量，因为一个计算机系统中寄存器的数目是有限的。

4．静态变量

静态变量的定义形式是在变量定义的前面加上关键字 static，例如：

static int a=5;

静态变量的初始化在编译时进行，只赋一次初值。静态变量分为局部静态变量和外部静态变量。

有时希望函数中局部变量的值在函数调用结束后不消失（以后一直存在，并总是保持它的最新值，即具有记忆性），即不释放存储单元。此时可指定该变量为"局部静态变量"，用关键字"static"说明。

【例 6.9】局部静态变量。

程序如下：

```
#include <stdio.h>
f(int a )
{
    auto int b=0;
    static int c=3;    /*定义静态局部变量 c*/
    b=b+1;
    c=c+1;
    return a+b+c ;}
int main()
{
    int a=2,i;
    for( i=0;i<3;i++)
        printf("%d\n",f(a));
    return 0;
}
```

程序运行结果如图 6.11 所示。

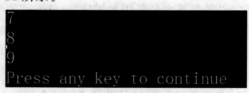

图 6.11 静态局部变量

例 6.9 中，main 函数 3 次调用了 f 函数，f 函数中的 c 变量为局部静态变量，在函数调用结束后，它的值并不被释放，仍保留其当前值。

在函数之外定义的静态变量称为外部静态变量。例如：

File1.c 中
static int A;   /* 定义外部静态变量 A，它只能用于本文件 */
int main( )
{
　　……
}

File2.c 中
extern   A;   /* 即便外部静态变量 A 加上关键字 extern 本文件仍然不能用 */
void fun(int n)
{　……
　　A=A*n;
　　……
}

注意：不要误认为对外部变量加 static 声明后才采取静态存储方式，而不加 static 的是采取动态存储。

用 static 声明一个变量的作用：

(1)对局部变量用 static 声明，把它分配在静态存储区，该变量在整个程序执行期间不释放，其所分配的空间始终存在。

(2)对全局变量用 static 声明，则该变量的作用域只限于本文件模块（即被声明的文件中）。

6.4　嵌套调用与递归函数

前面我们在函数定义时说过，函数不能嵌套定义，但是可以嵌套调用函数，也就是说，在一个函数体内可以调用另外一个函数。

6.4.1　函数的嵌套调用

函数的嵌套调用关系如图 6.12 所示。

图 6.12 表示了两层嵌套的情形。其执行过程：

(1)执行 main 函数的开头部分；
(2)遇到调用函数 a 的语句，调用函数 a，即转去执行 a 函数；
(3)执行 a 函数的开头部分；
(4)遇到调用函数 b 的语句，调用函数 b，即转去执行 b 函数；
(5)执行 b 函数，如果再无其他嵌套的函数，则完成 b 函数的全部操作；
(6)返回到 a 函数中调用 b 函数的位置；

(7)继续执行 a 函数中尚未执行的部分,直到 a 函数结束;
(8)返回 main 函数中调用 a 函数的位置;
(9)继续执行 main 函数的剩余部分,直到结束。

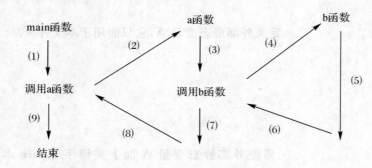

图 6.12 函数嵌套调用关系图

例如,下面的程序即函数的嵌套调用。
```
#include <stdio.h>
int main()
{  ……
    sum=add4(a,b,c,d);
    ……
}
intadd4(int a,int b,int c,int d)        /*定义 add4 函数*/
{
    intadd2(int a,int b);
    return add2(add2(add2(a,b),c),d);
/*在调用 add4 函数过程中出现了对 add2 函数的嵌套调用*/
}
intadd2(int a,int b)                    /*定义 add2 函数*/
{   return(a>b? a:b);  }
```

6.4.2 递归函数

一个函数在它的函数体内直接或间接调用它自身,称为函数的递归调用,如图 6.13 所示。采用递归方法来解决问题,必须符合以下两个条件:
(1)可以把要解决的问题转化为一个新问题,而这个新的问题的解决方法仍与原来的解决方法相同,只是所处理的对象有规律地递增或递减。
(2)必定要有一个明确的结束递归的条件。
说明:一定要能够在适当的地方结束递归调用,不然可能导致系统崩溃。
【例 6.10】用辗转相除法求整数 m 与 n 的最大公约数。
思路:求 m 与 n 的最大公约数等价于求 n 与(m%n)的最大公约数,这时可以把 n 当作新的 m,(m%n)当作新的 n,问题变成了求新的 m 与新的 n 的最大公约数,它又等价于求新的 n

与(m %n)的最大公约数……如此继续,直到新的 n=0 时,所求最大公约数就是新的 m,这就是用辗转相除法求 m 与 n 的最大公约数的过程。

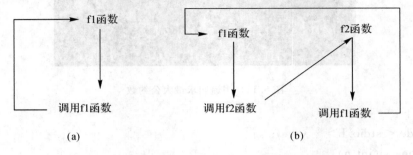

图 6.13 函数的递归调用
(a)直接递归调用;(b)间接递归调用

程序如下:
```
#include <stdio.h>
int main()
{
    int gcd(int m,int n);
    int m,n,g;
    printf("请输入整数 m,n:");
    scanf("%d%d",&m,&n);
    printf("\n");
    g=gcd(m,n);
    printf("%d 和 %d 的最大公约数是:%d\n",m,n,g);
    return 0;
}
int gcd(int m,int n)
{
    int g;
    if(n==0)
        g=m;
    else
        g=gcd(n,m%n);
    return g;
}
```
程序运行结果如图 6.14 所示。

【例 6.11】用递归法计算斐波那契数列的第 n 项。

思路:斐波那契数列可以表述为当 n=1 或 n=2 时,f(n)=1,当 n 大于 2 时,f(n)=f(n-1)+f(n-2)。

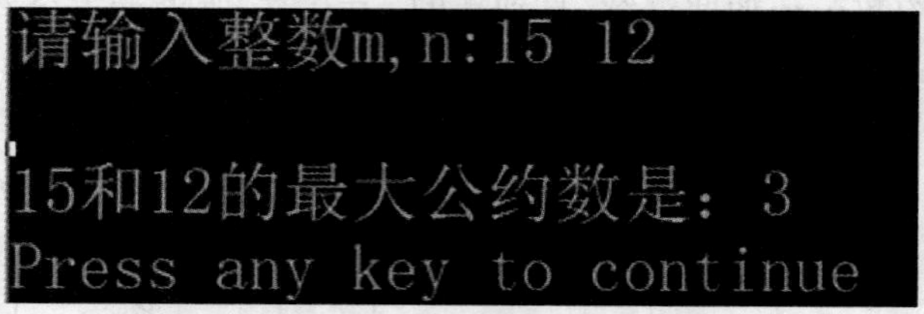

```
请输入整数m,n:15 12

15和12的最大公约数是：3
Press any key to continue
```

图 6.14 用递归求最大公约数

程序如下：
```c
#include <stdio.h>
int Fibonacci(int n);
int main()
{
    int m,result;
    printf("请输入一个整数:\n");
    scanf("%d",&m);
    result=Fibonacci(m);
    printf("斐波那契数列的第%d项为:%d\n",m,result);
    return 0;
}
int Fibonacci(int n)
{
    if(n==1||n==2)
        return 1;
    else
        return Fibonacci(n-1)+Fibonacci(n-2);
}
```
程序运行结果如图 6.15 所示。

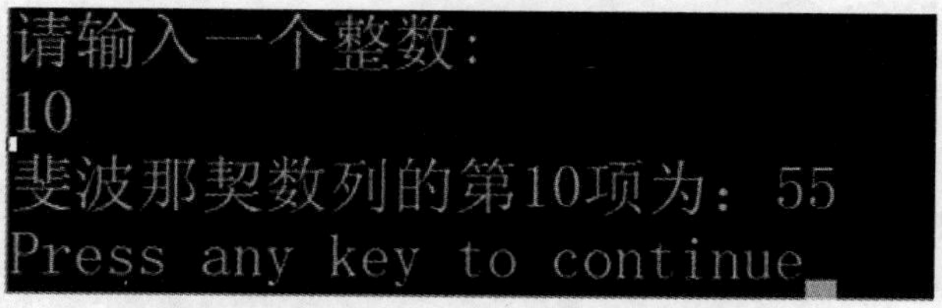

```
请输入一个整数:
10
斐波那契数列的第10项为：55
Press any key to continue
```

图 6.15 递归计算斐波那契数列的第 n 项

6.5 内部函数和外部函数

前面讲过，一个完整的 C 程序是由一个或多个源程序文件组成的，而一个源程序文件又可以包含一个或多个函数，一个函数可以被其他函数调用，但也可以指定函数不能被其他源程序文件调用,这样 C 语言又把函数分为两类,一类是内部函数,一类是外部函数。

6.5.1 内部函数和外部函数的概念

1. 内部函数

定义一个函数,如果希望这个函数只能被所在的源文件所使用,则称这样的函数为内部函数,也称为静态函数。使用内部函数,可以使函数只局限于函数所在的源文件中,如果在不同的源文件中有同名的内部函数,这些同名的函数是互不干扰的。

内部函数定义的一般形式为:
static 函数类型 函数名(参数表列)
{
    函数体
}
例如:
static int func(int x,int y)
{
return x+y;
}
func 函数前面有关键字 static,表示它是内部函数,仅限于在定义它的文件中使用。

2. 外部函数

与内部函数相反即为外部函数,外部函数是可以被其他源文件调用的函数。定义外部函数使用关键字 extern 进行修饰。

外部函数定义的一般形式为:
extern 函数类型 函数名(参数表列)
{
    函数体
}
例如:
extern int func(int x,int y)
{
return x+y;
}
func 函数前面有关键字 extern,表示它是外部函数。在函数定义时如果省略 extern,则系统默认其为外部函数。其他文件需要使用外部函数时要对函数进行声明,并要在函数类型名前加上 extern,表明是在调用一个外部函数。

【例 6.12】外部函数的使用举例。

程序如下:
/* File1.c */
extern int min(int x,int y)   /* 用 extern 标识为外部函数 */
{

```
    return(x<y? x:y);
}
int max(int x,int y)
{
    return(x>y? x:y);          /*默认为外部函数*/
}
/*File2.c*/
#include <stdio.h>
int main()
{
    int i=4,j=7;
    extern int min(int x,int y);
    extern int max(int x,int y);
    printf("The min is %d\n",min(i,j));
    printf("The max is %d\n",max(i,j));
    return 0;
}
```
程序运行结果如图 6.16 所示。

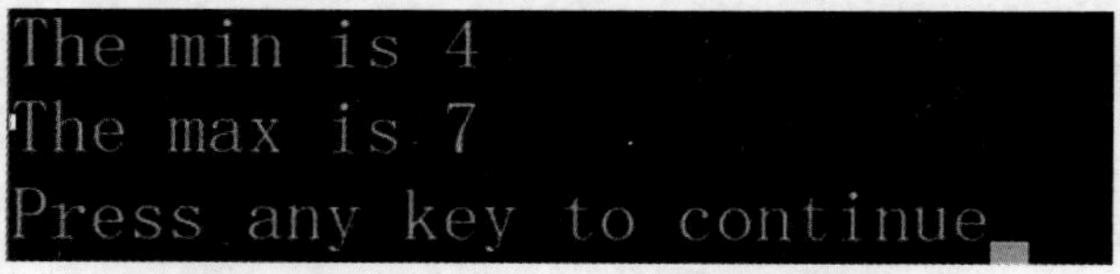

```
The min is 4
The max is 7
Press any key to continue
```

图 6.16　外部函数的使用举例

在这个程序中，文件 File1.c 中定义了 min 和 max 函数，并声明为外部函数，可以供文件 File2.c 调用，而在 File2.c 中，通过 extern 关键字，说明 min 和 max 函数为外部函数，并在程序中调用了它们。

6.5.2　多文件程序的运行

如果一个程序包含多个源程序文件，在编译时，系统会分别对项目文件中的每个文件进行编译，然后将所得到的目标文件链接成为一个整体，再与系统的有关资源连接，生成一个可执行文件，最后执行这个文件。

【例 6.13】有一个字符串，内有若干个字符，今输入一个字符，要求程序将字符串中该字符删去。要求：输入字符串、删除字符、输出字符串操作分放在一个文件中完成。

程序如下：
```
#include <stdio.h>
/*File1.c*/
#include <string.h>
int main()
```

```c
{
    extern void enter_string(char str[]);           /*对函数的声明*/
    extern void delete_string(char str[],char ch);  /*对函数的声明*/
    extern void print_string(char str[]);           /*对函数的声明*/
    char c,str[80];
    enter_string(str);           /*调用在其他文件中定义的 enter_string 函数*/
    scanf("%c",&c);              /*输入要求删去的字符*/
    delete_string(str,c);        /*调用在其他文件中定义的 delete_string 函数*/
    print_string(str);           /*调用在其他文件中定义的 print_string 函数*/
    return 0;
}
/*File2.c*/
void enter_string(char str[80])                     /*定义外部函数 enter_string*/
{
    gets(str);
}
/*File3.c*/
void delete_string(char str[],char ch)              /*定义外部函数 delete_string*/
{
    int i,j;
    for(i=j=0;str[i]!='\0';i++)
        if(str[i]!=ch)
            str[j++]=str[i];
    str[j]='\0';
}
/*File4.c*/
void print_string(char str[])                       /*定义外部函数 print_string*/
{
    printf("%s\n",str);
}
```

程序运行结果如图 6.17 所示。

```
This is a book!
i
Ths s a book!
Press any key to continue
```

图 6.17 多文件程序的运行图

6.6 程序设计案例

【例6.14】写一个判断素数的函数,从主函数输入一个整数,输出是否是素数的信息。
程序如下:

```
#include <stdio.h>
#include <math.h>
int main()
{
    int a;
    void f(int x);
    printf("请输入一个整数:\n");
    scanf("%d",&a);
    f(a);
    return 0;
}
void f(int x)                          /*判断x是否素数*/
{
    int i,sign=0;;
    for(i=2;i<=(int)sqrt(x);i++)
    {
        if(x%i==0)
        { ++sign;    break;  }
    }
    if(sign!=0)
        printf("\n 该数不是素数\n");
    else
        printf("\n 该数是素数\n");
}
```

程序运行结果如图6.18所示。

图6.18 调用函数判断整数是否是素数

【例6.15】用递归法将一个整数转换成字符串。

```c
#include <stdio.h>
int main()
{
    void exchange(int m);      //声明转换函数 exchange
    int n;
    printf("input a  integer number:\n ");
    scanf("%d",&n);
    printf("its string is:\n ");
    if(n<0)    //如果输入的是负数
    {
        putchar('—');          //输出负号"—"
        n=—n;                  //将此负数转化为正数处理
    }
    exchange(n);  //调用转换函数,该函数包括了整数的转换和转换成的字符串的输出
    printf("\n");
}
void exchange(int m)    //定义转换函数,其中 m 为形参
{
    int i;
    if((i=m/10)!=0)
    {exchange(i);}
    
    printf("%c ",m%10+'0');
}
```

程序运行结果如图 6.19 所示。

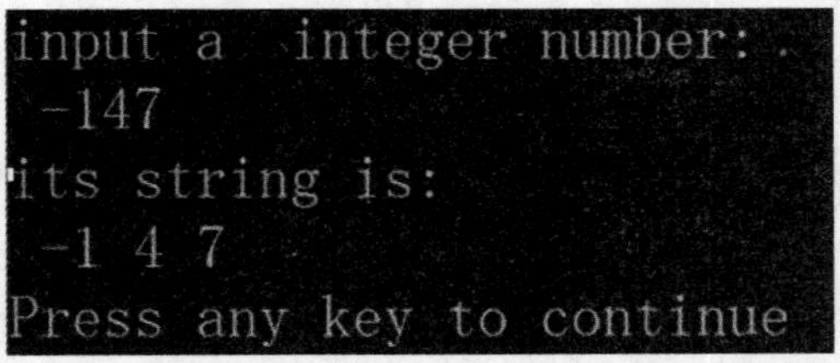

```
input a  integer number:
-147
its string is:
-1 4 7
Press any key to continue
```

图 6.19 递归法将一个整数转换成字符串

【例6.16】输入 3 个学生 5 门课的成绩,分别用函数实现以下功能:计算每个学生的平均分;计算每门课的平均分。

程序如下:
```c
#include <stdio.h>
#define N 3
```

```c
#define M 5
float score[N][M];
float aver[N],cour[M];
void input()
{
    int i,j;
    printf("请依次输入每位学生的成绩:\n");
    for(i=0;i<N;i++)
        for(j=0;j<M;j++)
            scanf("%f",&score[i][j]);
}
void average(float score[N][M])
{
    int i,j;
    for(i=0;i<N;i++)
    {
        float s=0.0;
        for(j=0;j<M;j++)
            s=s+score[i][j];
        aver[i]=s/M;      }
}
void course(float score[N][M])
{
    int i,j;
    for(j=0;j<M;j++)
    {
        float s=0.0;
        for(i=0;i<N;i++)
            s=s+score[i][j];
        cour[j]=s/N;}
}
main()
{
    int i,j;
    input();
    printf("学生成绩为:\n");
    for(i=0;i<N;i++)
    {
        for(j=0;j<M;j++)
```

```
            printf("%.2f ",score[i][j]);
        printf("\n");
    }
    printf("每个学生的平均成绩为:\n");
    average(score);
    for(i=0;i<N;i++)
        printf("%5.2f ",aver[i]);
    printf("\n");
    printf("每门课的平均分为:\n");
    course(score);
    for(j=0;j<M;j++)
        printf("%5.2f ",cour[j]);
    printf("\n");
    return 0;
}
```
程序运行结果如图 6.20 所示。

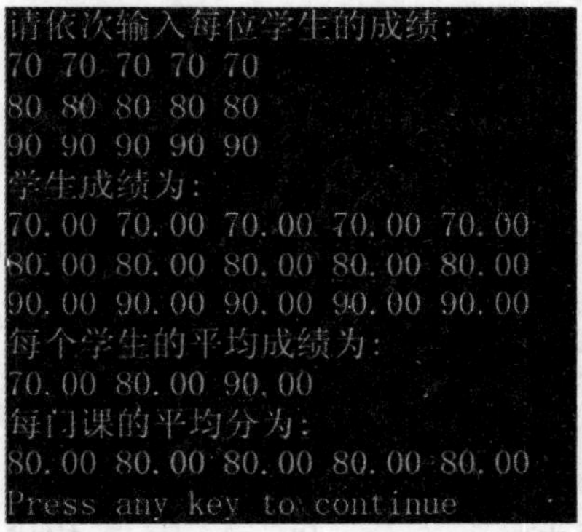

```
请依次输入每位学生的成绩:
70 70 70 70 70
80 80 80 80 80
90 90 90 90 90
学生成绩为:
70.00 70.00 70.00 70.00 70.00
80.00 80.00 80.00 80.00 80.00
90.00 90.00 90.00 90.00 90.00
每个学生的平均成绩为:
70.00 80.00 90.00
每门课的平均分为:
80.00 80.00 80.00 80.00 80.00
Press any key to continue
```

图 6.20　用函数求每个学生及每门课的平均分

实训 6　函　　数

1. 实训目的
(1)熟悉定义函数和声明函数的方法。
(2)熟悉调用函数时实参与形参的对应关系。
(3)熟悉函数的嵌套调用和递归调用方法。
(4)熟悉全局变量和局部变量的概念和用法。

2. 实训环境
上机环境为 Visual C++6.0。

3. 实训内容
(1)输入 4 个整数,找出其中最大的数。用函数的嵌套调用来处理。

设计思路：可以在 main 中调用 max4 函数，找 4 个数中最大者，然后在 max4 函数中多次调用 max2 函数，即可找 4 个数中的大者，然后把它作为函数值返回 main 函数。

(2)定义一个函数，判断三个整数边长能否构成三角形，如果是三角形，则判断它是否是直角三角形。

设计思路：实现函数 judge，根据输入的三个边长判断是否可以构成一个三角形；在 main 中调用 judge，并根据 judge 的返回值判断是否是三角形，如果构成三角形则判断是否为直角三角形，并给出结论。

(3)用函数调用，分别计算球体的体积、表面积。

设计思路：在 main 函数中输入半径，分别调用求表面积和体积函数并将结果返回到 main 函数。

4. 实训报告要求

(1)实训题目。
(2)设计步骤。
(3)源程序。
(4)输出结果。
(5)实验总结。

习 题 6

1. 填空题

(1)C 语言中的函数，从函数的形式可分为_____函数和_____函数。
(2)_____是 C 语言源程序的基本模块，是构成 C 程序的基本单元。
(3)在调用函数时，如果实参是简单变量，它与对应形参之间的数据传递方式是_____。
(4)当调用函数时，实参是一个数组名，则向函数传送的是_____。
(5)在 C 语言中，函数主要由_____和_____构成。
(6)定义函数时使用的参数(变量)称为_____。
(7)函数的返回值也称为函数值，一般是通过_____语句得到的。
(8)一个函数在它的函数体内直接或间接调用它自身，称为_____。
(9)根据作用域的大小，变量可以分为_____和_____。
(10)定义一个函数，如果希望这个函数只能被所在的源文件所使用，则称这样的函数为_____，也称为静态函数。

2. 选择题

(1)一个完整的 C 源程序_____。
A. 要由一个主函数或一个以上的非主函数构成
B. 由一个且仅由一个主函数和零个以上的非主函数构成
C. 要由一个主函数和一个以上的非主函数构成
D. 由一个且只有一个主函数或多个非主函数构成

(2)以下说法中正确的是_____。

A. C 语言程序总是从第一个函数开始执行
B. 在 C 语言程序中,要调用的函数必须在 main 函数中定义
C. C 语言程序总是从 main 函数开始执行
D. C 语言程序中的 main 函数必须放在程序的开始部分

(3)以下对 C 语言函数的有关描述中,正确的是_____。
A. 调用函数时,只能把实参的值传送给形参,形参的值不能传送给实参
B. C 函数既可以嵌套定义又可以递归调用
C. 函数必须有返回值,否则不能使用函数
D. C 程序中有调用关系的所有函数必须放在同一个源程序文件中

(4)C 语言程序中,当函数调用时_____。
A. 实参和形参各占一个独立的存储单元
B. 实参和形参共用一个存储单元
C. 可以由用户指定是否共用存储单元
D. 计算机系统自动确定是否共用存储单元

(5)一个函数返回值的类型是由_____决定的。
A. return 语句中表达式的类型
B. 在调用函数时临时指定
C. 定义函数时指定的函数类型
D. 调用该函数的主调函数的类型

(6)如果在一个函数的复合语句中定义了一个变量,则该变量_____。
A. 只在该复合语句中有效,在该复合语句外无效
B. 在该函数中任何位置都有效
C. 在本程序的源文件范围内均有效
D. 此定义方法错误,其变量为非法变量

(7)在一个源程序文件中定义的全局变量的有效范围是_____。
A. 本源程序文件的全部范围
B. 一个 C 程序的所有源程序文件
C. 函数内全部范围
D. 从定义变量的位置开始到源程序文件结束

(8)有如下函数调用语句:
func(rec1,rec2+rec3,(rec4,rec5));
该函数调用语句中,含有的实参个数是_____。
A. 3　　　　　　　B. 4　　　　　　　C. 5　　　　　　　D. 有语法错

(9)如果要限制一个变量只能为本文件所使用,必须通过_____来实现。
A. 外部变量说明　　　　　　　　B. 静态局部变量
C. 静态外部变量　　　　　　　　D. 局部变量说明

(10)在 C 语言中,函数的隐含存储类别是_____。
A. auto　　　　　　B. static
C. extern　　　　　D. 无存储类别

141

3. 阅读程序
(1)以下程序的输出结果是_____。
```c
#include <stdio.h>
fun(int x, int y, int z)
{
    z=x*x+y*y;
}
int main()
{
    int a=31;
    fun(5,2,a);
    printf("%d",a);
    return 0;
}
```

(2)以下程序的输出结果是_____。
```c
#include <stdio.h>
func1(int i);
func2(int i);
char st[]="hello,friend!";
func1(int i)
{
    printf("%c",st[i]);
    if(i<3){i+=2;func2(i);}
}
func2(int i)
{
    printf("%c",st[i]);
    if(i<3){i+=2;func1(i);}
}
int main()
{
    int i=0;
    func1(i);
    printf("\n");
    return 0;
}
```

(3)以下程序的输出结果是_____。
```c
#include <stdio.h>
int func(int a,int b)
```

```
{
    return a+b ;
}
int main()
{
    int  x=2,y=5,z=8,r;
    r=func(func(x,y),z);
    printf("%d\n",r);
    return 0;
}
```

(4)以下程序的输出结果是_____。
```
#include <stdio.h>
float fun(int x,int y)
{
    return x+y ;
}
int main()
{
    int a=2,b=5,c=8;
    printf("%3.0f\n",fun((int)fun(a+c,b),a-c));
    return 0;
}
```

(5)以下程序的输出结果是_____。
```
#include <stdio.h>
int  abc(int u,int v);
int main()
{
    int a=24,b=16,c;
    c=abc(a,b);
    printf("%d\n",c);
    return 0;
}
int abc(int u,int v)
{
    int  w;
    while(v)
    { w=u%v;  u=v;  v=w;}
    return u;
}
```

(6) 以下程序的输出结果是_____。
```c
#include <stdio.h>
int main()
{
    int i;
    for(i=0;i<2;i++)   add();
    return 0;
}
add()
{
    int x=0;static int y=0;
    printf("%d,%d\n",x,y);
    x++;
    y=y+2;
}
```

(7) 以下程序的输出结果是_____。
```c
#include<stdio.h>
int x=3;
int main()
{
    int i;
    for(i=1;i<x;i++)   incre();
    return 0;
}
incre()
{
    static int x=1;
    x*=x+1;
    printf("%3d",x);
}
```

(8) 以下程序的输出结果是_____。
```c
#include <stdio.h>
long fun5(int n)
{
    long s;
    if((n==1)||(n==2))
        s=2;
    else
        s=n+fun5(n-1);
```

```
    return s ;
}
int main()
{
    long x;
    x=fun5(4);
    printf("%ld\n",x);
    return 0;
}
```

(9)下面程序从键盘输入:5647,输出结果是_____。
```
#include <stdio.h>
void convert(int n)
{
    int i;
    if((i=n/10)!=0)
        convert(i);
    putchar(n%10+'0');
}
int main()
{
    int number;
    scanf("%d",&number);
    if(number<0)
    { putchar('-');
    number=-number;}
    convert(number);
    return 0;
}
```

(10)以下程序的输出结果是_____。
```
#include <stdio.h>
long sum(register int x,int n)
{
    long s;
    int i;
    register int t;
    t=s=x;
    for(i=2;i<=n;i++)
    {t*=x;
    s+=t;}
```

```
        return s;
}
int main()
{
    int x=2,n=3;
    printf("s=%ld\n",sum(x,n));
    return 0;
}
```

4. 程序设计

(1)编写一个函数,判断某年是否为闰年。

(2)编写一个函数求长方形的面积。要求:在主函数中输入长方形的长和宽,并输出运算结果。

(3)编写一个函数,转置一个3×3二维数组,即行列互换。

(4)编写一个函数,将两个字符串连接(不使用库函数 strcat)。

(5)求方程 $ax^2+bx+c=0$ 的根,用3个函数分别求当 b^2-4ac 大于0、等于0和小于0时的根并输出结果。从主函数输入 a,b,c 的值。

(6)编写一个对 n 个数进行排序(由小到大)的函数,要求在主函数中输入 n 个数,然后调用该函数对这 n 个数进行排序。

(7)编写函数实现将一个整型一维数组反序存放。要求数组的输入和结果输出在主函数中完成。

(8)利用递归函数调用方式,将所输入的5个字符以相反顺序打印出来。

(9)有5个人坐在一起,问第5个人多少岁,他说比第4个人大2岁。问第4个人岁数,他说比第3个人大2岁。问第三个人,又说比第2个人大2岁。问第2个人,说比第1个人大2岁。最后问第一个人,他说是10岁。请问第5个人多大?

(10)编写一个函数,将一个字符串中的元音字母(a,e,i,o,u)复制到另一个字符串中。

第7章 指 针

指针是C语言中最有用的特性之一,运用指针编程是C语言最主要的风格之一。利用指针变量可以表示各种数据结构,能很方便地使用数组和字符串。指针极大地丰富了C语言的功能。指针使用得当,往往使程序短小、紧凑、高效。如果指针使用不当,不仅错误难查,甚至导致程序运行结果错乱。

学习指针是学习C语言中最重要的一环,能否正确理解和使用指针是我们是否掌握C语言的一个标志。同时,指针也是C语言中最难的一部分。

本章主要讲解指针变量的定义、初始化及引用,指针在数组、函数及字符串中的应用,指针作为函数参数的应用。

7.1 内存数据的指针与指针变量

为了便于理解什么是指针和指针变量,首先了解一下数据在内存中是如何存储和读取的。

1. 内存中存储单元的编号

在计算机硬件系统的内存储器中,通常把存储器中的一个字节称为一个内存单元,不同的数据类型的变量所占用的内存单元数不等。每个内存单元都有一个唯一编号,这个编号就是存储单元的"地址",相当于宾馆中的房间号。在地址所标识的存储单元之中存储数据,这相当于宾馆中各房间的房客。

注意,内存单元的地址与内存单元中的数据这两个概念的区别。如同上述房间号(地址)和房客(数据)是两个不同的概念。

2. 内存中存储单元的起始地址

【例7.1】输入一个整数并输出其起始地址。
程序如下:
```
#include <stdio.h>
main()
{
    int i;
    scanf("%d",&i);
    printf("i=%d,Add=%x\n",i,&i);
}
```

运行输入：10
运行结果如下：
i=10,Add=12ff44

程序中定义了一个整型变量 i。程序编译时，系统随机分配一个地址给变量 i，则输出变量 i 和它在内存中的起始地址。

3. 变量值的存取

程序在编译时将每一个变量名对应分配一个内存地址，在内存中不再出现这个变量名，而只有内存地址。对变量值的存取都是通过内存地址进行的。具体访问方式有如下两种：

(1)直接利用变量的地址进行存取。当系统执行输入语句 scanf("d%",&i)时，根据变量 i 与内存地址的对应关系，假设变量 i 的起始地址为 2000，将从键盘输入一个整数的值送到 &i (即地址 2000 和 2001)所标示的存储单元中。此时，变量 i 在内存中的地址和值如图 7.1 所示。

当系统执行输出语句 printf("i=%d",i)时，根据变量 i 与内存地址的对应关系，找到变量 i 的起始地址 2000，然后从 2000 和 2001 这两个字节中取出其中的数据(即变量的值 10)，把它输出到屏幕。

这种通过变量名或地址访问一个变量的方式称为"直接访问"。

(2)变量值的存取都是通过指针变量进行的。C 语言规定，可以把一个变量的地址放在另一个特殊变量(即指针变量)中，利用这个"指针变量"i_pointer 的地址 3000，取出其值 2000(恰好是变量 i 的起始地址)，然后从地址 2000 和 2001 中取出变量 i 的值 10，如图 7.1 所示。

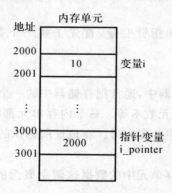

图 7.1　变量在内存单元中的地址

注意，这里指针变量只能用来存放地址，而不能用来存放其他数据类型。

这种通过指针变量来访问变量的方法称为"间接访问"。

(3)两种访问方式的比较。假如直接访问是由 A 直接找到 B，由 C 直接找到 D，由 D 直接找到 E，则间接访问是由 C 先找到 D，再由 D 找到 E，即由 C 间接找到 E。

4. 指针与指针变量

(1)指针。一个变量的首地址(内存地址)称为该变量的指针。显然，通过变量的指针可以找到该变量。

例如，变量 i 的首地址是 2000，称地址 2000 为变量 i 的指针。

(2)指针变量。专门存放另一变量的地址的变量称为指针变量。

例如,变量 i_pointer 的值就是变量 i 的首地址。

指针与指针变量的区别就是变量值与变量之间的区别。

可见,指针就是地址,指针的值可以发生变化,变量的指针就是变量的地址,指针变量是存放地址的变量。

7.2 指针变量的定义及指针运算

对指针有了大致了解之后,就知道指针变量和普通变量一样需占用一定的存储单元,但指针变量存储单元之中存放的不是普通的数据,而是一个地址。指针变量是一个地址变量。

7.2.1 指针变量的定义和赋值

1. 指针变量的定义

C 语言规定所有变量在使用前必须定义,指定其类型,系统按数据类型分配内存单元。指针变量不同于整型变量和其他类型的变量,它是专门存放地址的,必须将它定义为"指针类型"。

格式:数据类型 *指针变量名1,[*指针变量名2,……];

功能:定义指向相同"数据类型"的变量或数组的若干个指针变量。

说明:"数据类型"是该指针变量所指向的变量的类型,也就是指针变量所存储变量地址的那个变量的类型。

定义变量时,指针变量前的"*"是一个标志,表示该变量的类型为指针型变量。

例如,下列分别定义了数据类型为整型、实型和字符型的指针变量 p_int,p_float,p_char。

int * p_int;   /* 定义指向整型变量的指针变量 p_int */
float * p_float;   /* 定义指向浮点变量的指针变量 p_float */
char * p_char;   /* 定义指向字符型变量的指针变量 p_char */

2. 指针变量的赋值

指针变量与普通变量一样,使用之前不仅要对它进行声明,而且必须给它赋予具体的值,这样才能提供一种间接访问变量的方式。否则将造成系统混乱,甚至死机。指针可被初始化为 0,NULL 或某个地址。具有值 NULL 的空指针不指向任何值。

赋给指针变量某变量或数组元素的地址时,这个变量或数组必须在指针变量定义之前已经定义过。

如何将一个指针变量指向一个普通类型的变量,只要将需要指向的变量的地址赋给相应的指针变量即可。

例如,用赋值语句来实现指针变量 p 指向整型变量 i:

int * p;
int i=10;
p=&i;

另外,指针变量也可以将定义说明与初始化赋值合二为一,上面的例子可以用下面的方法来实现。

int i=10;

int * p=&i;

可见,变量的指针就是变量在内存中所占的存储单元的起始地址,而指针变量是指专门存放某类对象的地址(指针)的变量。

7.2.2 指针变量的运算

指针变量指向变量之后,原来对变量的操作就可以用指针变量进行操作。在 C 语言中,变量的地址是由编译系统分配的,用户不知道变量的具体地址。

1. 指针运算符

(1) 取地址运算符 &。取地址运算符 & 是单目运算符,其结合性为自右向左,其功能是取变量的地址。

格式:& 变量

功能:运算结果是该变量的首地址。

(2) 取内容运算符 *。取内容运算符 *,又称间接引用运算符,其结合性为自右向左,用来表示指针变量所指的变量的值。在 * 运算符后跟的变量必须是指针变量。

格式:* 指针变量

功能:运算结果是指针变量所指向的变量的值。

注意:取内容运算符"*"与前面定义指针变量时出现的"*"意义不同。指针变量定义时,"*"仅表示其后的变量是指针类型变量,是一个标志。而取内容运算符 * 是个运算符,其运算后的值是指针所指的变量的值。

(3) 取地址运算符 & 与取内容运算符 * 的优先级和结合性。

取地址运算符 & 的结合性为自右向左,& * p 的运算顺序是 &(*p),首先执行优先级 * p,可得到指向地址中存放的值,然后执行结合性 &(*p)。

取内容运算符 * 的结合性为自右向左,* &p 的运算顺序是 *(&p),首先执行优先级 &p,可得 p 的地址,然后执行结合性 *(&p)。

例如,int i=10;

int * p=&i;

* p=10;

语句 * p =10 有两个含义:

1)先从指针变量 p 中取值,即取出变量 i 的地址;

2)然后在该地址标识的内存单元中存入数据 10,如图 7.2 所示。

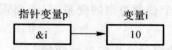

图 7.2 取指针变量 p 所指的变量中存放的值

【例 7.2】通过指针变量访问整型变量。

程序如下:

```
#include <stdio.h>
main()
{
```

```
    int i, *p;
    p=&i;
    scanf("%d",p);
    printf("i=%d\n",i);
    printf(" *p=%d\n",*p);
}
```

运行输入：123
运行结果如下：
i=123
 *p=123

【例7.3】指针与其所指向的变量之间的关系示例。
程序如下：
```
#include <stdio.h>
main()
{
int i;
    int *p;
    i=10;
    p=&i;
    printf("The address of i is %p\n",&i);
    printf("The value of p is %p\n",p);
    printf("The value of i is %d\n",i);
    printf("The value of *p is %d\n",*p);
    printf("& *p=%x\n",& *p);
    printf(" *&p=%x\n",*&p);
}
```

运行结果如下：
The address of i is 0012FF7C
The value of p is 0012FF7C
The value of i is 10
The value of *p is 10
& *p=0012FF7C
 *&p=0012FF7C

程序分析：

(1) &i 是变量 i 的地址，由于指针 p 指向了变量 i，因此 p 中存放了 i 的地址，所以在程序中第 1 个和第 2 个 printf 语句输出的都是 i 的地址。

(2) 由于指针 p 指向了变量 i，故 *p 就是 p 指向地址中存放的值，即 i 的值。

(3) 取地址运算符 & 的结合性为自右向左，& *p 的运算顺序是 &(*p)，首先执行优先级*p,可得到指向地址中存放的值,即 i 的值。然后执行结合性 &(*p),即 &i。所以 &*p 的运算结果就是变量 i 的地址。

(4)取内容运算符*的结合性为自右向左,*&p 的运算顺序是*(&p),首先执行优先级 &p,可得 p 的地址,然后执行结合性*(&p),得到 p 的内容,即变量 i 的地址。所以*&p 的运算结果也就是变量 i 的地址。

2. 指针变量的算术操作

在 C 语言中,允许使用指针的算术操作只有加法和减法。

例如,int n,*p;

表达式 p+n 指向的是"指针 p 所指的数据存储单元之后的第 n 个数据存储单元",而不是简单地在指针变量 p 的值上直接加个数值 n,其中数据存储单元的大小与数据类型有关,如图 7.3 所示。

又如,

int *p;

int i=10;

p=&i;

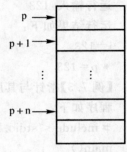

图 7.3 指针的算术操作

分析:p 是整型的指针变量,其初始值为 2000,整型的长度是 2 个字节,则表达式 p++的运算结果为 2002,而不是 2001,这是因为每次 p 增量之后,p 都是指向下一个存储单元。

3. 指针变量的简单应用

【例 7.4】使用指针变量求解,输入 a 和 b 两个整数,按升序输出。

程序如下:

```
#include <stdio.h>
main()
{
    int a,b;
        int *p1,*p2,*p;          /* 定义指针变量 p1,p2 和 p */
        p1=&a; p2=&b;            /* 把变量 a 和 b 的首地址赋予指针变量 p1 和 p2 */
        scanf("%d,%d",&a,&b);
        if(a>b)                  /* 如果 a>b,则交换 p1 和 p2 的值 */
        {
            p=p1;
            p1=p2;
            p2=p;
        }
        printf("a=%d,b=%d\n",a,b);                /* 输出 a 和 b 的值 */
        printf("min=%d,max=%d\n",*p1,*p2);        /* 输出指针变量的值 */
}
```

运行输入:17,11

运行结果如下:

a=17, b=11
min=11, max=17

程序分析：

(1)该程序定义了三个指针变量 p1,p2 和 p。在实施比较和交换的过程中，不是直接交换变量 a 和 b 的值，而是交换指针变量 p1 和 p2 的值。

(2)通过指针变量输出升序结果。

(3)最初指针变量 p1 和 p2 分别指向变量 a 和 b。当 a 大于 b 时，通过交换指针指向，使指针变量 p1 指向 b,p2 指向 a,具体交换过程如图 7.4 所示。

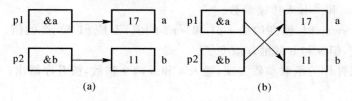

图 7.4 指针变量 p1 和 p2 交换前后的指针指向
(a)指针交换前；(b)指针交换后

7.2.3 指针变量作为函数的参数

C 语言规定,函数参数的传递是传值的，即只能从调用函数向被调用函数传递数值。因此，用一个被调用函数无法实现主调函数中变量值的改变。

指针变量既可以作为函数的形参，也可以作为函数的实参。指针变量作实参时，与普通变量一样，也是"值传递"，即指针变量的值(地址)传递给被调用函数的形参(指针变量)。因此，被调用函数不能改变实参指针变量的值，但可以改变实参指针变量所指向的变量的值。

所以，为了解决通过被调用函数来实现主调函数中变量值的改变，必须使用指针变量作为函数的形参。在执行被调用函数时，使形参指针变量所指向的变量的值发生变化。函数调用完成后，通过不变的实参指针变量将变化的值保留下来。

【例 7.5】使用指针变量作为函数的形参，实现主调函数中变量值的改变。

程序如下：

```
#include <stdio.h>
swap(int *p1,int *p2)     /* 定义交换2个变量的值的函数 */
{
    int temp;
    temp= *p1; *p1= *p2; *p2=temp;
    printf("in the function swap: *p1=%d, *p2=%d\n", *p1, *p2);
}
main()
{
    int a=6,b=9;
    printf("before swap: a=%d, b=%d\n",a,b);
    swap(&a,&b);          /* 务必用变量的地址来调用"指针作为形参"的函数 */
```

```
        printf("after swap：a=%d, b=%d\n",a,b);
}
```
运行结果如下：
before swap：a=6，b=9
in the function swap：*p1=9，*p2=6
after swap：a=9，b=6

程序分析：

(1)函数 swap 的形参是两个整型指针变量 p1 和 p2,故主函数在调用时,必须使用变量 a 和 b 的地址,即 &a 和 &b 来传递参数。

(2)执行函数 swap 时,改变的是 *p1 和 *p2 的值,不是 p1 和 p2 的值。调用返回时,&a 和 &b(地址)不变,但 a 和 b 的值却改变了。

【例 7.6】用指针作为函数参数实现,输入 a 和 b 两个整数,按升序输出。

程序如下：

```
#include <stdio.h>
swap(int *p1,int *p2)
{
    int temp;
    temp=*p1; *p1=*p2; *p2=temp;
}
main()
{
    int a,b;
    int *p11,*p22;
    p11=&a; p22=&b;
    scanf("%d,%d",&a,&b);
    printf("a=%d, b=%d\n",a,b);
    if(a>b)swap(p11,p22);
    printf("min=%d, max=%d\n",*p11,*p22);
}
```

运行输入：17,11

运行结果如下：

a=17，b=11
min=11，max=17

程序分析：

(1)在主函数中定义了两个指针 p11 和 p22,分别指向变量 a 和 b。

(2)子函数 swap 中,定义了两个指针的形参 p1 和 p2。当主函数调用 swap 函数时,实参 p11 和 p22 分别将 a 的地址与 b 的地址传递给形参 p1 和 p2。在函数传递过程中,形参 p1 和 p2 分别指向 a 和 b。执行调用函数 swap,使 *p1 和 *p2 的值互相交换,即 a 和 b 的值互相交换。函数调用结束,形参 p1 和 p2 已释放(不存在),其过程如图 7.5 所示。

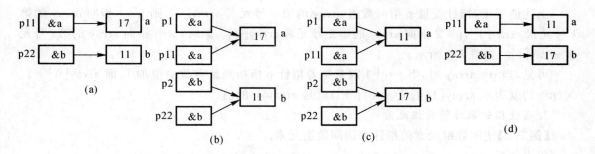

图 7.5　调用函数 swap 前后的指针指向
(a)调用开始时；(b)调用结束时

7.3　数组元素的指针与数组的指针

指针可以指向变量，当然也可以指向数组。数组是由连续的一块内存单元组成的，数组名就是这些连续内存单元的首地址，也就是数组中第一个元素的地址。一个指针变量既可以指向一个数组，也可以指向一个数组元素，数组元素的指针是数组元素在内存中的起始地址。

7.3.1　数组元素的指针

由于数组中的各个元素在内存中是连续存放的，因此只要定义一个指向数组首元素的指针，通过移动指针的指向，就可以访问数组的所有元素了。

1. 数组元素的指针定义

数组元素的指针是指数组元素在内存中的起始地址。

例如，

```
int array[6];         /* 定义一个具有 6 个元素的整型数组 */
int * p;              /* 定义一个指向整型变量的指针 */
p=array;              /* 数组名就是数组的首地址,使 p 指向数组的首地址 */
```

C 语言规定，当一个指针变量 p 指向一个数组时，p+1 就指向同一数组中的下一个元素，而不是简单地将 p 的值加上 1。

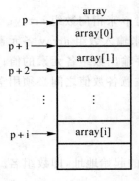

图 7.6　指向数组的指针与数组元素的关系

上述例子中,指针变量 p 指向数组 array 的第 0 号元素 array[0],则 p+1 指向 array 的第 1 号元素 array[1],p+2 指向 array 的第 2 号元素 array[2]。同时,p+i 指向 array 的第 i 号元素 array[i]。如图 7.6 所示。

可见,当 p=array 时,则 *p+1 就意味着指针 p 所指地址存放的值加 1,即 array[0]+1。*(p+1)就表示 array[1]的值。*(p+i)就是 array[i]的值。

2. 通过指针来访问数组元素

【例 7.7】使用数组元素的指针来访问数组元素。

程序如下:

```
#include <stdio.h>
main()
{
    int array[6],i,*p;        /*定义数组 array,整型变量的指针 p */
    p=array;                  /* 将指针 p 指向数组 array */
    for(i=0;i<6;i++)
        scanf("%d",p+i);      // 使用数组元素的指针来输入数组 array 各元素的值
    for(i=0;i<6;i++)
        printf("array[%d]=%d\n",i,*(p+i));
                              /*使用数组元素的指针来顺序输出数组各元素的值 */
}
```

运行输入:1 3 5 7 9 11
运行结果如下:
array[0]=1
array[1]=3
array[2]=5
array[3]=7
array[4]=9
array[5]=11

程序分析:

(1)在主函数中定义了指针变量 p 来指向数组 array;
(2)使用数组元素的指针 p+i 来输入数组 array 各元素的值;
(3)使用数组元素的指针来顺序输出数组各元素的值;
(4)数组元素的数据输入时须注意各数值之间必须用空格符来分隔。

7.3.2 数组的指针

1. 数组的指针定义

数组的指针是指数组在内存中的起始地址,即数组名。

2. 用指针来访问数组元素

定义一个一维数组和一个指向该数组的指针为:

int array[n];
int *p=array;

引入指针变量后,就可以用下面两种方法来访问数组元素。

(1)下标法。用 array[i]形式直接访问数组元素。

(2)指针法。采用 *(p+i)或 *(array+i)形式,用间接访问的方法访问数组元素。实际上 *(p+i)和 *(array+i)就是数组元素 array[i]的值。

注意,在使用中应注意 *(p++)与 *(++p)的区别。*(p++)就是 array[0]。*(++p)就是 array[++i]的值。*(--p)就是 array[--i]的值。

3. 指针变量的增减量运算

在 C 语言中,当指针变量指向某一连续存储单元时,例如,指针指向数组元素时,可以对指针变量进行自加运算++,自减运算--,达到移动指针的目的。

如果指针变量 p 已指向数组中的一个元素,则 p+1 指向同一数组中的下一个元素,p-1 指向同一数组中的上一个元素。

注意:执行 p+1 时并不是将 p 的值(地址)简单地加 1,而是加上一个数组元素所占用的字节数,以使它指向下一个元素。例如,数组元素是 float 型,每个元素占 4 个字节,则执行 p+1 时,使 p 的值(地址)加 4 个字节,以使它指向下一个元素。

p++,++p,即 p+1,自加运算,指向同一数组中的下一个元素。

p--,--p,即 p-1,自减运算,指向同一数组中的上一个元素。

*p++的操作是先取指针 p 的值,然后再 p+1 赋给 p。

*p--的操作也是先取指针 p 的值,然后再 p-1 赋给 p。

7.3.3 多维数组的指针

用指针变量可以指向一维数组,也可以指向多维数组。这里只讨论二维数组的指针。

1. 二维数组的地址

例如

int array[n][m];

数组 array 的元素为 array[i][j]。

从二维数组角度看,数组名 array 代表整个二维数组的首地址,也就是第 0 行的首地址。array+1 代表第 1 行的首地址。因此,array[0]代表第 0 行中第 0 列元素的地址,即 &array[0][0];array[1]代表第 1 行中第 0 列元素的地址,即 &array[1][0]。当然,并不存在 array[i]这样的变量,它只是一种地址的计算方法,能得到第 i 行的首地址。

array[0]和 *(array+0)等价,array[1]和 *(array+1)等价,array[i]和 *(array+i)等价。

所以,&array[i]和 array+i 等价,都是指向二维数组的第 i 行。array[i]和 *(array+i)都是指向二维数组的第 i 行第 0 列。array[i]+j 指向二维数组 array[i][j]。*(*(array+i))就是数组元素 array[i][0]的值。*(*(array+i)+j)就是数组元素 array[i][j]的值。计算 array[i][j]在数组中的相对位置为"i×m+j",*(array[i]+j)就是数组元素 array[i][j]的值。

2. 二维数组的指针

如果二维数组 array[0] 的指针为 p,则 *(p+(i*m+j)) 指向数组元素 array[i][j] 的值。

【例 7.8】使用指针变量输出二维数组的任一行任一列元素的值。

程序如下：

```
#include <stdio.h>
main()
{
    int array[3][4]={{1,3,5,7},{9,11,13,15},{17,19,21,23}};
    int *p,i,j;    /* 定义一个列指针变量 p */
    p=array[0];    /* 将列指针变量 p 指向数组 array 第 0 行第 0 列 */
    scanf("%d,%d",&i,&j);
    printf("array[%d][%d]=%d\n",i,j,*(p+(i*4+j)));
}
```

运行输入：1 2

运行结果如下：

Array[1][2]=13

程序分析：

(1)在主函数中定义了一个列指针变量 p 来指向数组 array 第 0 行第 0 列。

(2)p+(i*4+j)是二维数组 array 第 i 行第 j 列的地址。*(p+(i*4+j))就是二维数组 array 元素 array[i][j]的值；

(3)由于数组 array[3][4]的下标是从 0 开始,故下标 i(行)的取值范围为 0 至 2,下标 j (列)的取值范围为 0 至 3。

7.3.4　指向由 m 个元素组成的一维数组的指针变量

指向由 m 个元素组成的一维数组的指针变量称为数组的行指针变量。

格式：数组类型(*指针变量)[m]；

赋值：行指针变量=二维数组名；

说明：(*指针变量)两边的括号不能缺,否则成了指针数组。因为下标运算符"[ ]"的优先级比指针运算符"*"高,所以指针变量先与"[m]"结合,成为数组,再与前面的指针运算结合,成为指针数组。

如果行指针变量 p=数组 array,则 *(指针变量+i)+j 指向二维数组元素 array[i][j]。

【例 7.9】使用行指针变量输出二维数组任一行任一列元素的值。

程序如下：

```
#include <stdio.h>
main()
{
    int array[3][4]={{1,3,5,7},{9,11,13,15},{17,19,21,23}};
    int(*p)[4],i,j;   /* 定义行指针变量 p,指向一个包含 4 个元素的一维数组 */
    p=array;          /* 用二维数组名 array 给行指针变量 p 赋值 */
```

```
        scanf("%d,%d",&i,&j);
        printf("array[%d][%d]=%d\n",i,j,*(*(p+i)+j));
}
```

运行输入:1 2

运行结果如下:

Array[1][2]=13

程序分析:

(1)在主函数中定义了一个行指针变量 p 来指向一个包含 4 个元素的一维数组。

(2)由于 p+i 是二维数组 array 的第 i 行的地址,故 *(p+i)+j 就是二维数组 array 的第 i 行第 j 列的地址,*(*(p+i)+j)就是二维数组 array 元素 array[i][j]的值。

(3)由于数组 array[3][4]的下标是从 0 开始,故下标 i(行)的取值范围为 0 至 2,下标 j(列)的取值范围为 0 至 3。

7.4 函数的指针和返回指针的函数

在 C 语言中,函数本身不是变量,但可以定义指向函数的指针,这种指针可以被赋值,存放于数组之中,传递给函数或作为函数的返回值等。

7.4.1 指向函数的指针变量

可以用指针变量指向整型变量、字符串和数组,也可以指向一个函数。一个函数在编译时被分配给一个入口地址,这个入口地址就称为函数的指针。可以用一个指针变量指向函数,然后通过该指针变量调用此函数。

格式:数据类型(*指针变量名)();

功能:定义一个指向函数入口的指针变量,其中数据类型为函数返回值的类型,(*指针变量名)两边的括号一定不能缺。

说明:

(1)(*p)()表示定义一个指向函数的指针变量,它不是固定指向哪一个函数的,是专门用来存放函数的入口地址。哪一个函数的地址赋给函数指针变量 p,它就指向哪一个函数。在一个程序中,一个函数指针变量可以先后指向不同的函数。

(2)在给函数指针变量赋值时,只需给出函数名而不必给出形参,这是因为函数名代表该函数的入口地址。

(3)用函数指针变量调用函数时,只需将(*p)代替函数名,而在(*p)之后的括弧中根据需要写上实参。

【例 7.10】用函数指针变量实现,输入 a 和 b 两个整数,输出最大值。

程序如下:

```
#include <stdio.h>
#include <math.h>
main()
{
```

```
    int a,b,c,fmax();
    int( * p)();
    int fmax(int i,int j);
    p=fmax;
    scanf("%d, %d",&a,&b);
    c=( * p)(a,b);
    printf("a=%d, b=%d, max=%d\n",a,b,c);
}
int fmax(int i,int j)
{
    int temp;
    if(i>j)temp=i;
    else temp=j;
    return temp;
}
```

运行输入:17,11

运行结果如下:

a=17, b=11, max=17

程序分析:

在主函数中定义了 p=fmax,将函数 fmax 的入口地址赋给函数指针变量 p,p 就是指向函数 fmax 的指针变量。

用函数指针变量调用函数 fmax 时,用(* p)代替函数名 fmax。

7.4.2 返回指针的函数

一个函数可以返回一个整型值、实型值、字符串值等数据,也可以返回一个指针类型的数据,即地址。

格式:数据类型 * 函数名(形参表)

功能:定义一个指针型函数,其返回值是一个指针。

说明:该定义是函数头说明,不是变量说明。

【例 7.11】某校学生的学位课程有 4 门,若有一门不及格,就不能获得学位。要求使用指针函数来实现输出不能获得学位的学生课程成绩表。

程序如下:

```
#include <stdio.h>
main()
{
    float score[3][4]={{70,80,85,90},{75,82,88,92},{77,56,85,95}};
    float * search(float( * p)[4]);
    float * pt;            /* 定义一个列指针变量 pt */
```

```
        int i,j;
        for(i=0;i<3;i++)
        {
            pt=search(score+i);
            if(pt==*(score+i))       /* 该学生至少有一门学位课不及格 */
            {
                for(j=0;j<4;j++)
                    printf("%5.1f ",*(pt+j));
                printf("\n");
            }
        }
}
float *search(float (*p)[4])
/* 定义指针型函数,形参 p 是指向 4 个元素的一维数组的指针(行指针变量) */
{
    int j;
    float *p_col;                /* 定义一个返回指针(列指针变量)p_col */
    p_col=*(p+1);
    for(j=0;j<4;j++)
        if(*(*p+j)<60)           /* 某门学位课程不及格 */
            p_col=*p;            /* 使列指针变量 p_col 指向 p */
    return p_col;                /* 返回指针 p_col */
}
```

运行结果如下：
77.0 56.0 85.0 95.0

程序分析：

(1)在主函数中定义了实型二维数组 score[3][4],用它存放 3 个学生的 4 门学位课程的成绩,定义一个指针型函数 search,定义了一个列指针变量 pt。用行指针 score+i 做实参来调用指针型函数 search,将实参复制到形参 p(行指针变量)中,如有不及格则指针函数 search 返回指针 p_col(该学生的课程地址 &score[i][0]),赋给列指针变量 pt,pt 指向数组 *(score+i),即数组 score[i][0];当全部及格时,返回指针 p_col 指向数组 score[i+1][0],赋给了列指针变量 pt,当 pt 不等于数组 *(score+i),即数组 score[i][0]时,不会输出学生的课程成绩。

(2)在指针型函数 search 中定义一个指向 4 个元素的一维数组的指针 p(行指针变量),又定义一个返回指针(列指针变量)p_col,用来指向数组 score 的第 i 行第 0 列,即数组 score[i][0],使指针由行转换为列。由于 *p+j 是指向二维数组 score 的第 i 行第 j 列的地址,故 *(*p+j)就是指向二维数组 score[i][j]的值。利用 if 语句来判断,当有不及格时,把行指针变量 p 赋给返回指针(列指针变量)p_col,使返回指针 p_col 等于不及格学生的课程地址 &score[i][0];当全部及格时,返回指针 p_col 等于 *(p+1),即等于数组 score[i+1][0]。

7.5 字符指针

字符串实际上是内存中一段连续的字节单元中存储的字符的总和,最后用'\0'作为结束标志。只要知道字符串的首地址的指针,就可以通过指针的移动来存取字符串中的每一个字符,直至字符串结束标志'\0'。因此,可以用字符串指针来表示字符串。

7.5.1 字符串的指针

在C语言中,可以用两种方法来表示一个字符串,一种方法是用字符数组来表示字符串,另一种方法是用字符指针变量来表示字符串。

字符指针的应用是将字符串常量按字符数组处理,在内存中自动开辟一个字符数组用来存放字符串常量,并把字符数组的首地址赋值给字符指针变量。

【例7.12】使用字符指针变量来表示一个字符串。

程序如下:

```
#include <stdio.h>
main()
{
    char string[]="I Like C Language";  /* 定义一个字符数组并赋值 */
    char * p;                            /* 定义指向字符串的字符指针变量p */
    p=string;                            /* 将字符串的首地址赋值给字符指针变量p */
    printf("string[]=%s\n",string);
    printf("p=%s\n",p);
}
```

运行结果如下:

string[]=I Like C Language
p=I Like C Language

程序分析:

(1)在主函数中定义了一个字符数组string[],并对它进行了赋初值。又定义指向字符串的字符指标变量p,并将字符数组string的起始地址赋值给字符指针变量p,即p指向了字符串。

(2)程序中以string和p分别输出字符串,其运行结果相同。

【例7.13】使用字符指针来表示和逐个字符输出一个字符串。

程序如下:

```
#include <stdio.h>
main()
{
    char string[]="I Like C Language";  /* 定义一个字符数组并赋值 */
    char * p;
    p=string;
```

```
        for(p=string;*p!='\0';p++)
            printf("%c",*p);
        printf("\n");
}
```
运行结果如下：
I Like C Language
程序分析：
在主函数中定义了一个字符数组 string[]，并对它进行了赋初值。又定义指向字符串的字符指针变量 p，并将字符数组 string 的起始地址赋值给字符指针变量 p，即 p 指向了字符串。

for 循环语句中，循环初值条件为 p 指向字符串第一个字符 I，循环判断条件为 p 所指向的字符(*p)是否等于字符串结束标志'\0'，如果不等于就输出该字符，执行表达式 p++ 使 p 指向下一个元素。

7.5.2 字符数组和字符指针变量的区别

虽然用字符数组和字符指针变量都能实现字符串的存储和处理，但二者的存储内容和赋值方式均不相同，具体如下：

(1) 存储内容不同。字符数组中存储的是字符串本身(数组的每个元素存放一个字符)，而字符指针变量中存储的是字符串的起始地址。

(2) 赋值方式不同。对字符数组，虽然可以在定义时初始化，但不能用赋值语句整体赋值，下面的用法是非法的：

```
char string[20];
string="C Language";                    /*字符数组非法赋值*/
```

对于字符指针变量，可以采用下面的赋值语句整体赋值：

```
char *p;
p="C Language";                         /*字符数组赋值是合法的*/
```

(3) 数组名代表数组的起始地址，是一个常量，而常量是不能被改变的，而指针变量的值是可以改变的，同理，字符指针变量的值也可以改变的。

7.6 指针数组与指向指针的指针

7.6.1 指针数组

1. 指针数组的概念

如果数组的每个元素均为指针类型数据，则称为指针数组。

指针数组比较适合于用来指向多个字符串，使字符串处理更加方便灵活。

2. 指针数组的定义

一维指针数组的定义形式如下：

格式：数据类型 *数组名[数组长度]

例如，以下语句定义了一个具有 5 个元素的指针数组：

```
int  * p[5];
```
该数组的每一个元素 p[i]均是指向 int 类型数据的指针。由于运算符"[]"的优先级比"*"高,因此 p 先与[5]结合。也就是说,p 先是一个数组,它有 5 个元素。然后 p[5]再与前面的"int *"结合,从而说明这个数组是整型指针类型的数组。

【例 7.14】使用指针数组将若干字符串按字母顺序从小到大输出。

程序如下:

```
#include <stdio.h>
#include <string.h>
main()
{
    char * name[4]={ "C","VB","Foxpro","Java" };    /* 定义指针数组 name */
    int i;
    sort(char * name[],int n);
    sort(name,4);              /* 使用字符指针数组名作实参,调用排序函数 sort */
    for(i=0;i<4;i++)
        printf("name[%d]=%s\n",i,name[i]);
}
sort(char * name[],int n)
{
    char * p;
    int i,j,minl;
    for(i=0;i<n-1;i++)            /* 使用简单选择法排序 */
    {
        minl=i;                   /* 预置本次最小串的位置 */
        for(j=i+1;j<n;j++)        /* 选出本次的最小串 */
            if(strcmp(name[minl],name[j])>0)
                                  /* 利用字符串比较函数来判断是否存在更小的串 */
                minl=j;           /* 保存最小串 */
        if(minl!=i)               /* 若存在比预置值更小的串,交换位置 */
        {
            p=name[i];
            name[i]=name[minl];
            name[minl]=p;
        }
    }
}
```

运行结果如下:

name[0]=C
name[1]=Foxpro

name[2]=Java

name[3]=VB

程序分析:

(1)在主函数中定义字符指针数组 name。使用字符指针数组名作实参,调用排序函数 sort。

(2)在排序函数 sort 中,形参字符指针数组 name 的每个元素都是指向字符串的指针。利用字符串比较函数 strcmp 来判断是否存在比预置的最小串更小的字符串,如果存在更小的字符串就保存。

7.6.2 指向指针的指针

1. 指向指针的指针变量的概念

指向指针数据的指针变量,就称为指向指针的指针。

指针的指针,是指指针指向的内容是另一个指针的地址。

例 7.12 中的 name 是一个指针数组,则它的每一个元素都是指针型数据,其值为地址。由于 name 是一个数组,则它的每一个元素都有相应的地址。数组名 name 就代表该指针数组的首地址。name+i 是 name[i] 的地址。name+i 就是指向指针型数据的指针。因此,可以设置一个指针变量 p,使其指向指针数组的元素,称 p 为指向指针的指针。

2. 指向指针的指针变量的定义

指向指针的指针变量的定义形式如下:

格式:数据类型 **指针变量1,[**指针变量2,……];

3. 指向指针的指针变量的赋值

指向指针的指针变量=指针数组名+i; /* i 的值域为 0~(元素个数-1) */

【例 7.15】利用指向指针的指针变量来输出指针数组的值。

程序如下:

```
#include <stdio.h>
main()
{
    int i,b[5]={1,3,5,7,9};
    int *bp[5]={&b[0],&b[1],&b[2],&b[3],&b[4]};
                              /* 定义指针数组 bp,并赋初值 */
    int **p;                   /* 定义指向指针的指针变量 p */
    p=bp;                      /* 指针数组 bp 的首地址赋给指针变量 p */
    for(i=0;i<5;i++)
    {
        printf("%d ",**p);
        p++;
    }
}
```

运行结果如下:

1 3 5 7 9

程序分析：

在主函数中，定义一个数组 b 并赋初值，定义一个指针数组 bp，并指向数组 b，也给指针数组 bp 赋初值。又定义一个指向指针的指针变量 p，并把指针数组 bp 的首地址赋值给指针变量 p。

7.6.3 命令行参数

在以往的程序中，主函数 main 都使用其无参形式。实际上，主函数 main 是可以有参数的。

【例 7.16】带参数主函数的应用简例。

程序如下：

```
#include <stdio.h>
main(int argc,char *argv[])
{
    while(argc>1)
    {
        ++argv;
        printf("%s\n",*argv);
        --argc;
    }
}
```

在 DOS 系统下，运行输入数据：7－16 java vc++

运行结果如下：

java

vc++

程序分析：

(1)该程序保存名称为 7－16。程序经编译和连接后，产生的目标文件名（即可执行文件名）为 7－16。

(2)主函数 main 的形参的来源。main 函数是由系统直接调用的，不可能通过其他函数的调用来提供形参。那么运行主函数所需的形参值从何得到呢？

运行带形参的主函数，必须在一个 DOS 命令行中输入包括可执行文件名和需要传给 main 函数的实参。命令行的一般形式如下：

格式：可执行文件名 实参1[实参2……]

注意：实参之间用空格作为分隔符。

本例中，假设该程序的目标文件名（即可执行文件名）为 7－16，将两个字符串 java 和 vc++作为传送给 main 函数的参数，可写成如下形式：

7－16 java vc++

(3)带参数的主函数 main 的格式如下：

main(int argc,char *argv[])

```
{
    函数体;
}
```

7.7 程序设计案例

【例7.17】用实参指针变量将数组中的元素按相反顺序存放。

(1)算法分析：

在主函数中定义指针变量 p,指向数组 a 的首地址。使用指向数组 a 的指针变量 p 来输入数组 a 各元素的值。通过指针变量 p 作实参来调用子函数 inv,把数组 a 的首地址传递给函数 inv 的形参指针变量 pa。使用指向数组 a 的指针变量 p,顺序输出数组 a 各元素的值。

在函数 inv 中,形参指针变量 pa 指向数组的首地址 a[0]。pa+m 就是数组元素 a[m]的地址。指针 pi 的初值为 pa,指针 pj 的初值为 pa+n-1。通过 temp 把 *pi 与 *pj 交换,就实现数组 a[i]与 a[j]的交换。

(2)程序设计：

```
#include <stdio.h>
nv(int *pa,int n)
{
    int *p,*pi,*pj;
    int m,temp;
    m=(n-1)/2;
    pi=pa;
    pj=pa+n-1;
    p=pa+m;
    for(pi=pa;pi<=p;pi++,pj--)
    {
        temp=*pi; *pi=*pj; *pj=temp;
        /* 通过交换 *pi 与 *pj 来实现数组 a[i]与 a[j]的交换 */
    }
    return;
}
main()
{
    int i,a[10],*p=a;
    /* 定义指针变量 p,指向数组 a 的首地址 */
    printf("The original array :\n");
    for(i=0;i<10;i++)
        scanf("%d",p+i);
    /* 使用指向数组 a 的指针变量 p 来输入数组 a 各元素的值 */
```

```
        inv(p,10);
        printf("The array has been inverted：\n");
        for(i=0;i<10;i++)
        printf("%d ",*(p+i));
        /*使用指向数组a的指针变量p,顺序输出数组a各元素的值 */
}
```

运行输入：1 3 5 7 9 11 13 15 17 19

运行结果如下：

The original array：

1 3 5 7 9 11 13 15 17 19

The array has been inverted：

19 17 15 13 11 9 7 5 3 1

【例7.18】请阅读下列程序,并分析输出结果。

程序如下：

```
#include <stdio.h>
main()
{
    char *p[]={"java","vb","vc","c++"};
    int i;
    for(i=3;i>=0;i--,i--)
        printf("%c",*p[i]);
    printf("\n");
}
```

程序分析：

对for循环语句进行分析,循环条件为i>=0,初始条件为i=3,符合循环条件,执行printf语句输出*p[3]的值,p是一个数组,每个元素是一个字符型指针,p[3]的值是字符串"c++"的首地址,所以*p[3]的值为"c"。循环体执行完毕,执行表达式：i--,i--,得i=1,符合循环条件,执行循环体,输出*p[1]的值,而p[1]的值是字符串"vb"的首地址,所以*p[1]的值为"v"。循环体执行完毕,执行表达式：i--,i--,得i=-1,不符合循环条件,退出for循环。执行最后一条语句,输出回车符,程序执行完毕。

因此,本程序的输出结果为"cv"。

【例7.19】利用命令行参数,编一程序,该程序的功能类似于四则运算器,运行后给出计算结果。设程序名为7-19,则该程序的运行语法为：

7-19 <操作数1> <操作符> <操作数2>

(1)算法分析：

1)题目要求该程序的运行语法为：

7-19 <操作数1> <操作符> <操作数2>

意味着指针数组argv[0]为程序可执行文件名,argv[1]为操作数1,argv[2]为操作符,argv[3]为操作数2。

为此，在主函数中定义双精度变量 result(存放结果)、first(存放操作数 1)、second(存放操作数 2)，也定义操作数字符串变量 opr，又定义字符串变量 string1。利用 atof 函数把字符串 argv[1]转换成浮点数，并赋值给 first 变量(即操作数 1)；利用 atof 函数把字符串 argv[3]转换成浮点数，并赋值给 second 变量(即操作数 2)；利用字符串复制函数 strcpy 把字符串 argv[2]复制给字符串 string1，并把字符串 string1 的首地址赋值给操作数 opr。

2) 利用 switch 函数，把操作数 opr 作为监测变量来判断是否与本 case 相符，如果是就跳入执行，否则监测下一个，直到最后。

3) 最后用 printf 语句输出该四则运算的结果。

(2) 程序设计：

```
/* 该源程序清单的保存名称为 7-19 */
#include <stdio.h>
#include <stdlib.h>
#include <string.h>
main(int argc,char * argv[])
{
    char opr;                    /* 定义操作数字符串变量 opr */
    int error2;
    char string1[81];
    double result,first,second;
    /* 定义双精度变量 result(结果),first(操作数 1),second(操作数 2) */
    if(argc<4)exit(1);
    first=atof(argv[1]);    /* 把字符串转换成浮点数,并赋值给 first(操作数 1) */
    second=atof(argv[3]);
    /* 把字符串转换成浮点数,并赋值给 second(操作数 2) */
    strcpy(string1,argv[2]);
    /* 字符串复制函数,把操作数复制给字符串 string1 */
    opr=string1[0];              /* 把字符串 string1 的首地址赋值给操作数 */
    if(opr! ='+' && opr! ='-' && opr! ='*' && opr! ='/')
        error2=1;
    else
        error2=0;
    if(first==0.0 || error2==1 || second==0.0)
    {
        printf("bad number(s)or operator\n\n");
        exit(1);
    }
    switch(opr)
    {
        case '+':
```

```
                result=first+second;
                break;
            case '-':
                result=first-second;
                break;
            case '*':
                result=first*second;
                break;
            case '/':
                result=first/second;
                break;
        }
        printf("result=%lf\n\n",result);
}
```

在 DOS 系统下,运行输入数据:7－19　5　＋　4
运行结果为:result=9.000000
在 DOS 系统下,运行输入数据:7－19　5　－　4
运行结果为:result=1.000000
在 DOS 系统下,运行输入数据:7－19　5　＊　4
运行结果为:result=20.000000
在 DOS 系统下,运行输入数据:7－19　5　／　4
运行结果为:result=1.250000

实训 7　指　　针

1. 实训目的
(1)掌握指针和指针变量的概念。
(2)掌握使用指针变量进行程序设计的方法。
(3)理解指针和一维数组的关系,掌握指向一维数组的指针变量的定义方法。熟练使用指针变量访问一维数组元素。
(4)理解指针与字符串的关系,掌握使用指针对字符串进行操作的方法。
(5)掌握使用函数指针进行程序设计的方法。
2. 实训环境
上机环境为 Visual C++6.0。
3. 实训内容
下列各题要求用指针方法实现。
(1)编写一个通用的统计函数,统计字符串中字母、数字、空格和其他字符的个数,函数返回值为统计结果。在主函数中输入字符串。
字符串通常存放在数组中,因此,可通过定义字符串指针来指向字符数组的首地址。设计步骤如下：

1) 定义字符指针指向字符串。

2) 通过循环控制指针移动指向每一个字符，并对每一个字符进行判断，根据判断结果，相应变量计数器累加1。

(2) 要求不使用字符串连接函数，用指针来实现两个字符串的连接。在主函数中输入长度不超过30个字符的两个字符串。

通过定义字符串指针来指向字符数组的首地址。设计步骤如下：

1) 定义两个指针p1和p2，分别指向字符数组（字符串）。

2) 输入两个字符串。

3) 将字符串p2中的字符逐个复制到p1字符串之后。

4) 在p1指向的字符串尾部，添加字符串结束标志'\0'。

(3) 某竞赛活动小组由3个同学，请找出其中至少有一项成绩不合格者。要求使用指针函数实现。

一个函数可以返回一个指针类型的数据。设计步骤如下：

1) 定义一个指针型函数，用来判断是否有不合格成绩。

2) 这个指针型函数的形参，指向由3个实型元素组成的一维数组的行指针变量。

3) 在主函数中定义一个数组，用来存放这3个人的各项成绩，再定义一个列指针。

4) 用数组的行指针作实参来调用指针型函数，使指向函数的行指针变量指向数组的第i行。

5) 在指针型函数中再定义一个列指针变量，用来指向数组的第i行第0列，使指针由行转换为列。

(4) 用指针变量来实现求解一维实型数组中的最大值、最小值和平均值。

一维数组中，可定义指针变量来指向数组的首地址。设计步骤如下：

1) 定义一个一维实型数组。

2) 再定义两个指针变量，都指向该数组的首地址。

3) 用指针变量表示数组中的最大值和最小值的地址，数组各元素的累加值除以数组的元素即为数组的平均值。

程序设计代码自己完成。

(5) 使用指针数组，编写一个通用的英文月份名显示函数。

指针数组比较适合于用来指向多个字符串，使字符串处理更加方便、灵活。设计步骤如下：

1) 在显示函数中定义一个指针数组，通过函数的形参来移动指针，以月份作形参来移动指针确定月份的英文名，最后输出按月份移动指针位置的值即月份。

2) 在主函数中输入月份值，用月份作实参来调用显示函数。

4. 实训报告要求

(1) 实训题目。

(2) 设计步骤。

(3) 参考程序。

(4) 参考结果。

(5)实验总结。

习 题 7

1. 填空题

(1)在 C 程序中,只能给指针变量赋_____值和_____值。

(2)解释下列定义的含义：

1)char * p[ ];_____

2)int * pt( );_____

3)int (* p)( );_____

4)char * ((a[ ])( ));_____

(3)若有以下定义的语句：

int a[3][2]={{1,3,5},{7,9,11}},(* p)[2]

p=a;

则 * p(* (p+2)+1)的值为_____。

(4)若有以下定义的语句：

int a[ ]={1,2,3,4,5,6}, * p=a;

则 * p(++p)++的值为_____。

(5)以下程序的输出结果是：_____。

```
#include <stdio.h>
main()
{ int a={1,3,5,7,9,11}, *p=a;
    p++;
    printf("%d\n", *(p+3));
}
```

(6)以下程序的输出结果是：_____。

```
#include <stdio.h>
main()
{ char s[]="abcdefgh";
    char *p;
    p=s;
    printf("ch=%c\n", *(p+5));
}
```

(7)以下程序的输出结果是：_____。

```
#include <stdio.h>
main()
{ int **p, *q,i=10;
    q=&i;
    p=&q;
```

```
    printf("%d\n",**p);
}
```
(8)以下程序的输出结果是：_____。
```
#include <stdio.h>
main()
{ int a[]={2,3,4};
    int c,i,*p=a;
    c=1;
    for(i=0;i<3;i++)
        c*=*(p+i);
    printf("c=%d\n",c);
}
```

2. 选择题

(1)若有以下定义：
int arry[10]={1,2,3,4,5,6,7,8,9,10};
*p=a;
则数值为 6 的表达式是(　　)。
A. p+5　　　　B. *p+6　　　　C. *(p+6)　　　　D. *p+=5

(2)设有以下定义：
int(*p)();
则以下叙述中正确的是(　　)。
A. p 是指向一维数组的指针变量
B. p 是指向 int 型数据的指针变量
C. p 是指向函数的指针，该函数返回一个 int 型数据
D. p 是一个函数名，该函数的返回值是指向 int 型数据的指针

(3)设有以下定义：
int(*p)[3];
则以下叙述中正确的是(　　)。
A. p 是 3 个指向整型变量的指针
B. p 是指向 3 个整型变量的函数指针
C. p 是一个指向具有 3 个整型元素的一维数组的指针
D. p 是具有 3 个指针元素的一维指针数组，每一个元素只能指向整型量

(4)若有如下定义：
inti,j=3,*p=&i;
则与"i=j;"等价的语句是(　　)。
A. i=*p;　　　　B. *p=*&j;　　　　C. i=&j;　　　　D. i=**p;

(5)若有以下定义：
inta[3][4]={{0,1},{3,5},{7,9}};
int(*p)[4]=a;

则数值为 5 的表达式是(   )。

    A. *a[1]+1   B. p++,*(p+1)   C. p[1][1]   D. a[2][2]

(6)设 p1 和 p2 是指向同一个 int 型一维数组的指针变量,k 为 int 型变量,则不能正确执行的语句是(   )。

    A. k=*p1+*p2;   B. p2=k;   C. p1=p2;   D. k=*p1*(*p2);

(7)执行以下程序段后,c 的值为(   )。

```
int array[2][3]={{1,2,3},{4,5,6}};
int c,*p;
p=&array[0][0];
c=(*p)*(*(p+2))*(*p+4);
```

    A. 15   B. 14   C. 13   D. 12

(8)设有以下源程序:

```
#include <stdio.h>
main()
{
    char a[]="programming",b[]="language";
    char *p1=a,*p2=b;
    int i;
    for(i=0;i<7;i++)
        if(*(p1+i)==*(p2+i))
            printf("%c",*(p1+i));
}
```

则输出结果是(   )。

    A. gm   B. rg   C. or   D. ga

(9)设有以下定义:

```
int a[]={6,7,8,9,10};
int *p;
```

则下列程序段的输出结果为(   )。

```
p=a;
*(p+2)+=2;
printf("%d,%d\n",*p,*(p+2));
```

    A. 8,10   B. 6,8   C. 7,9   D. 6,10

(10)设有下列源程序:

```
#include <stdio.h>
main()
{ char s[]="goodbey!";
    char *p=s;
    while(*p!='\0')p++;
    printf("%d",p-s);
```

}

则输出的结果是(　　)。
A. 6   B. 7   C. 8   D. 0

3. 问答/程序阅读

(1)想输出 a 数组的 5 个元素,用以下程序代码行吗？为什么？如不行,请修改程序使之能实现题目要求。

```c
#include <stdio.h>
main()
{
    int a[5]={1,3,5,7,9};
    int i;
    for(i=0;i<5;i++)
        printf("%d ",*a);
}
```

(2)想使指针变量 p1 指向 a 和 b 中的大者,p2 指向小者,请问以下程序代码行吗？为什么？如不行,请修改程序使之能实现题目要求。

```c
#include <stdio.h>
main()
{
    int a,b;
    int *p1,*p2;
    swap(int *pt1,int *pt2);
    scanf("%d,%d",&a,&b);
    p1=&a; p2=&b;
    if(a<b)swap(p1,p2);
    printf("%d,%d\n",*p1,*p2);
}
swap(int *pt1,int *pt2)
{
    int *temp;
    temp=pt1; pt1=pt2; pt2=temp;
}
```

(3)分析如下程序的输出结果：

```c
#include <stdio.h>
main()
{
    char *s[]={"java","vc","vB","c"};
    char **p=s;
    int i;
```

```
        for(i=0;i<3;i++)
            printf("%s",(p+1)[i]);
}
```

(4)分析如下程序的输出结果：
```
#include <stdio.h>
main()
{
    int a[]={1,2,3,4,5,6},*p;
    p=a;
    *(p+3)+=2;
    printf("%d,%d\n",*p,*(p+3));
}
```

4. 程序设计

下列各题要求用指针方法实现。

(1)编写一个程序判定一个字符在一个字符串中出现的次数。如果该字符不出现,则返回0。

(2)编写一个程序,输入6个整数存入一维数组,再按由小到大的顺序重新排列数组,并输出该数组。

(3)有n个人围成一圈,从1开始顺序编号,从第1个人开始报数,从1报到3,凡是报3的人退出圈子,问最后留下的人是原来的几号。

(4)编写一个函数compare,实现两个字符串的比较。函数的调用形式为"compare(str1,str2);"。如果str1>str2,则函数返回值为正数;若str1=str2,则函数返回值为0;若str1<str2,则函数返回值为负数。

第 8 章　结构体与共用体

本章首先简要介绍结构体类型和结构体类型变量的基本概念和定义,然后着重介绍结构体数组、指向结构体类型数据的指针、内存的动态分配与单链表、共用体的概念和枚举型变量的定义,最后介绍 typedef 语句的一般形式及使用方法。

8.1　结构体类型和结构体类型变量

前面学习了简单数据类型(整型、实型、字符型)和数组的定义与应用。这些数据类型的特点是在定义某一数据类型时就限定了该类型变量的存储特性和取值范围。对简单数据类型来说,既可以定义单个的变量,也可以定义数组。而数组的全部元素都具有相同的数据类型,或者说是相同数据类型的一个集合。在实际问题中,一组数据往往具有不同的数据类型。例如学生登记表,姓名应为字符型,学号可以是整型或字符型,年龄一般为整型,性别为字符型,成绩为整型或实型。这显然不能用一个数组来存放。因为数组中各元素的类型和长度一致。为了解决这个问题,C 语言中给出了另一种构造数据类型——"结构(structure)"或叫"结构体"。它相当于其他高级语言中的记录。"结构"是一种构造类型,它由若干"成员"组成。每一个成员可以是一个基本数据类型或者又是一个构造类型。

既然,结构是一种"构造"而成的数据类型,那么在说明和使用之前必须先定义,也就是构造它。如同在说明和调用函数之前要先定义函数一样。

8.1.1　结构体类型及其定义

定义一个结构的一般格式:

```
struct 结构名                    /* struct 是结构类型关键字 */
{
数据类型 数据项 1;数据类型 数据项 2;
……                                        成员表列
数据类型 数据项 n;
};
```

由若干个成员组成,每个成员都是该结构的一个组成部分。对每个成员也必须作类型说明,其格式:

　　　　类型说明符 成员名;

成员名的命名应符合标识符的书写规定。例如:

```
struct stu
{
    int num;
    char name[20];
    char sex;
    float score;
};
```

在这个结构定义中,结构名为 stu,由 4 个成员组成。第一个成员 num,整型变量;第二个成员 name,字符数组;第三个成员 sex,字符变量;第四个成员 score,实型变量。注意在大括号后面的分号不可缺省。结构定义后,即可进行变量说明。凡说明为结构 stu 的变量都由上述 4 个成员组成。由此可见,结构是一种复杂的数据类型,是数目固定,类型不同的若干有序变量的集合。

【例 8.1】定义一个反映学生基本情况的结构类型,用以存储学生的相关信息。

```
struct date            /* 日期结构类型,由年、月、日 3 项组成 */
{
    int year;
    int month;
    int day;
};
struct std_info   /* 信息结构类型,由学号、姓名、性别和生日共 4 项组成 */
{
    char no[7];
    char name[9];
    char sex[3];
    struct date birthday;
};
struct score           /* 成绩结构类型,由学号和三门成绩共 4 项组成 */
{
    char no[7];
    int score1;
    int score2;
    int score3;
};
```

说明:

(1)"结构类型名"和"数据项"的命名规则,与变量名相同。

(2)数据类型相同的数据项,既可逐个定义,也可合并成一行定义。例如上例中的日期结构类型,也可如下定义:

```
struct date
{
```

int year,month,day;
};

(3)结构类型中的数据项,既可以是基本数据类型,也可以是另一个已经定义的结构类型。例如上例中的结构类型 std_info,其数据项"birthday"是一个已经定义的日期结构类型 date。

(4)1 个数据项可称为结构类型的 1 个成员(或分量)。

8.1.2 结构体类型变量的定义

用户自己定义的结构类型,与系统定义的标准类型(int,char 等)一样,可用来定义结构变量的类型。定义结构变量有三种方法,现以上面定义的 stu 为例来加以说明。

1. 先定义结构,再说明结构变量

例如:

```
struct stu
{
    int num;
    char name[20];
    char sex;
    float score;
};
struct stu boy1,boy2;
```

说明了两个变量 boy1 和 boy2 为 stu 结构类型。也可以用宏定义使一个符号常量表示一个结构类型。例如:

```
#define STU struct stu        /*进行宏定义,用 STU 代替 struct stu*/
STU                           /*这里的 STU 就相当于 struct stu*/
{
    int num;
    char name[20];
    char sex;
    float score;
};
STU boy1,boy2;
```

2. 在定义结构类型的同时说明结构变量

例如:

```
struct stu
{
    int num;
    char name[20];
    char sex;
    float score;
}boy1,boy2;
```

一般形式：

```
struct 结构名
{
成员表列
}变量名表列；
```

3. 直接说明结构变量

例如：

```
struct
{
    int num;
    char name[20];
    char sex;
    float score;
}boy1,boy2;
```

一般形式：

```
Struct
{
  成员表列；
}变量名表列；
```

第三种方法与第二种方法的区别仅在于第三种方法中省去了结构名，而直接给出结构变量。三种方法中说明的 boy1，boy2 变量都具有如图 8.1 所示的结构。

num	name	sex	score

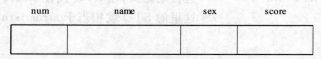

图 8.1　结构示意一

说明 boy1，boy2 变量为 stu 类型后，即可向这两个变量中的各个成员赋值。在上述 stu 结构定义中，所有的成员都是基本数据类型或数组类型。

成员也可以又是一个结构，即构成了嵌套的结构，如图 8.2 所示。

<table>
<tr><td rowspan="2">num</td><td rowspan="2">name</td><td rowspan="2">sex</td><td colspan="3">birthday</td><td rowspan="2">score</td></tr>
<tr><td>month</td><td>day</td><td>year</td></tr>
</table>

图 8.2　结构示意二

按图 8.2 可给出以下结构定义：

```
struct date
{
    int month;
    int day;
    int year;
};
```

```
struct
{
    int num;
    char name[20];
    char sex;
    struct date birthday;
    float score;
}boy1,boy2;
```

首先定义一个结构 date，由 month(月)、day(日)、year(年) 三个成员组成。在定义并说明变量 boy1 和 boy2 时，其成员 birthday 被说明为 date 结构类型。成员名可与程序中其他变量同名，互不干扰。

8.1.3 结构体类型变量及其成员的引用与初始化

【例 8.2】利用例 8.1 中定义的结构类型 struct std_info，定义一个结构变量 student，用于存储和显示一个学生的基本情况。

程序如下：

```
#include <struct.h>        /*定义并初始化一个外部结构变量 student*/
struct std_info student={"000102","张三","男",{1996,9,20}};
main()
{
    printf("No:%s\n",student.no);
    printf("Name:%s\n",student.name);
    printf("Sex:%s\n",student.sex);
    printf("Birthday:%d-%d-%d\n",student.birthday.year,
student.birthday.month,student.birthday.day);
}
```

程序运行结果：
No:000102
Name:张三
Sex:男
Birthday:1996-9-20

1. 结构变量的引用规则

对于结构变量要通过成员运算符"."，逐个访问其成员，访问格式为：

结构变量.成员

例如例 8.2 中的 student.no，引用结构变量 student 中的 no 成员；student.name 引用结构变量 student 中的 name 成员。如果某成员本身又是一个结构类型，则要通过多级分量运算，对最低一级的成员进行引用。引用格式扩展如下：

结构变量.成员.子成员.….最低一级子成员

例如引用结构变量 student 中的 birthday 成员的格式为：

student.birthday.year
student.birthday.month
student.birthday.day

说明:

(1)对最低一级成员可像同类型的普通变量一样,进行相应的运算。

(2)既可引用结构变量成员的地址,也可引用结构变量的地址,例如:

&student.name,&student。

2.结构变量的初始化

结构变量初始化的格式与一维数组相似:

结构变量 ＝ { 初值表 }

不同的是,如果某成员本身又是结构类型,则该成员的初值为一个初值表。例如例8.2中的 student={"000102","张三","男",{1996,9,20}}。

这里要求初值的数据类型,应与结构变量中相应成员要求的类型一致。

8.2 结构体数组

单个结构体类型变量在解决实际问题时作用不大,一般是以结构体类型数组的形式出现。结构体数组的每一个元素,都是结构类型数据,均包含结构类型的所有成员。

8.2.1 结构体数组的定义及初始化

数组元素也可以是结构类型,因此可以构成结构型数组。结构型数组的每一个元素都是具有相同结构类型的结构变量。在实际应用中,经常用结构数组来表示具有相同数据结构的一个群体。譬如一个班的学生档案,一个车间职工的工资表等。定义方法与定义结构体变量相似,需说明它为数组类型。

例如:

```
struct stu                   /*定义学生结构体类型*/
{
    char name[20];           /*学生姓名*/
    char sex;                /*性别*/
    long num;                /*学号*/
    float score[3];          /*三科考试成绩*/
};
struct stu stud[20];         /*定义结构体类型数组 stud*/
```

其数组元素各成员引用形式:

stud[0].name 或 stud[0].sex 或 stud[0].score[i];
stud[1].name 或 stud[1].sex 或 stud[1].score[i];
……
stud[19].name 或 stud[19].sex 或 stud[19].score[i]。

8.2.2 结构体数组的初始化

只能对全局和静态存储类别的数组进行初始化。
```
struct stu
{
    char name[20];
    char sex;
    long num;
    float score[3];                    /* 三科考试成绩 */
}stud[2]={{"liping",'f',200101,98.5,78,86},{"wanghui",'m',200102,97,86,87}};
```
与普通数组一样,结构数组也可在定义时初始化。初始化格式：
结构数组[n]={{初值表1},{初值表2},…,{初值表n}}
例如：
```
struct stu
{
    int num;
    char * name;
    char sex;
    float score;
}boy[5]={{101,"Li ping","M",45},
         {102,"Zhang ping","M",62.5},
         {103,"He fang","F",92.5},
         {104,"Cheng ling","F",87},
         {105,"Wang ming","M",58};
}
```
当对全部元素作初始化赋值时,也可不给出数组长度。

8.2.3 结构体数组的应用

【例8.3】计算学生的平均成绩和不及格人数。
程序如下：
```
#include <stdio.h>
struct stu
{
    int num;
    char * name;
    char sex;
    float score;
}boy[5]={{101,"Li ping",'M',45},
         {102,"Zhang ping",'M',62.5},
```

```
            {103,"He fang",'F',92.5},
            {104,"Cheng ling",'F',87},
            {105,"Wang ming",'M',58}
            };
main()
{
    int i,c=0;
        float ave,s=0;
        for(i=0;i<5;i++)
        {
            s+=boy[i].score;
            if(boy[i].score<60) c+=1;
        }
        printf("s=%f\n",s);
        ave=s/5;
        printf("average=%f\ncount=%d\n",ave,c);
}
```

说明：程序中定义了一个外部结构数组 boy，共 5 个元素，并初始化赋值。在主函数 main 中用 for 语句逐个累加各元素的 score 成员值存于 s 之中，且判断 score 的值小于 60（不及格），计数器 c 加 1，循环完毕后计算平均成绩，并输出全班总分、平均分及不及格人数。

【例 8.4】建立同学通信录。

程序如下：

```
#include<stdio.h>
#define NUM 3                          /*宏定义,用 NUM 代替 3*/
struct mem
{
    char name[20];
    char phone[10];
};
main()
{
    struct mem man[NUM];
    int i;
   for(i=0;i<NUM;i++)
    {
        printf("input name:\n");
        gets(man[i].name);
        printf("input phone:\n");
        gets(man[i].phone);
```

```
        }
        printf("name\t\t\tphone\n\n");
        for(i=0;i<NUM;i++)
        printf("%s\t\t\t%s\n",man[i].name,man[i].phone);
    }
```

说明:本程序中定义了一个结构体 mem,它有两个成员 name 和 phone,分别表示姓名和电话号码。在主函数中定义 man 为具有 mem 类型的结构体数组。在 for 语句中,用 gets 函数输入各个元素中两个成员的值。然后又在 for 语句中用 printf 语句输出。

8.3 指向结构体类型数据的指针

结构体变量在内存中的起始地址称为结构体变量的指针。

8.3.1 指向结构体变量的指针

一个指针变量用来指向一个结构体变量时,称之为结构体指针变量。结构体指针变量中的值是所指向的结构体变量的首地址。通过结构体指针即可访问该结构变量,这与数组指针和函数指针的应用相同。结构体指针变量说明的一般格式:

struct 结构体名 *结构体指针变量名

例如前面定义了结构体 stu,若要说明一个指向 stu 的指针变量 pstu,可写成

  struct stu * pstu;

当然也可在定义 stu 结构体时同时说明 pstu。结构体指针变量也要先赋值才能使用。赋值是把结构体变量的首地址赋予该指针变量,不能把结构体名赋予该指针变量。如果 boy 被说明为 stu 类型的结构体变量,则

  pstu=&boy

是正确的,而

  pstu=&stu

是错误的。

结构体名和结构体变量是两个不同的概念,不能混淆。结构体名只能表示一个结构体形式,编译系统并不对它分配内存空间。只有当某变量被说明为该类型的结构体时,才对该变量分配存储空间。因此上面 &stu 这种写法是错误的,不可能去取一个结构体名的首地址。有了结构体指针变量,就能方便地访问结构体变量的各个成员。访问的一般格式:

  (*结构体指针变量).成员名

或为

  结构体指针变量->成员名

例如:(*pstu).num

或者

  pstu->num

应该注意(*pstu)两侧的括号不能少,因为成员符"."的优先级高于"*"。下面通过例子来说明结构体指针变量的具体说明和使用方法。

【例 8.5】指向结构体变量的指针的应用。

程序如下：

```c
#include <stdio.h>
struct stu
{
    int num;
    char * name;
    char sex;
    float score;
}boy1={102,"Zhang ping",'M',78.5}, * pstu;
/* 这里的 * pstu 定义了一个指向 stu 类型结构体的指针变量 pstu */
main()
{
    pstu=&boy1;
    printf("Number=%d\nName=%s\n",boy1.num,boy1.name);
    printf("Sex=%c\nScore=%f\n\n",boy1.sex,boy1.score);
    printf("Number=%d\nName=%s\n",(*pstu).num,(*pstu).name);
    printf("Sex=%c\nScore=%f\n\n",(*pstu).sex,(*pstu).score);
    printf("Number=%d\nName=%s\n",pstu->num,pstu->name);
    printf("Sex=%c\nScore=%f\n\n",pstu->sex,pstu->score);
}
```

说明：程序定义了一个结构体 stu,定义了 stu 类型结构体变量 boy1,并初始化赋值,还定义了一个指向 stu 类型结构体的指针变量 pstu。在主函数 main 中,pstu 被赋予 boy1 地址,因此 pstu 指向 boy1。然后在 printf 语句中用了三种形式输出 boy1 各成员值。从运行结果可以看出,结构体变量.成员名、(*结构体指针变量).成员名、结构体指针变量->成员名等效。

8.3.2 指向结构体数组的指针

指针变量可以指向一个结构体数组,这时结构体指针变量的值是整个结构体数组的首地址。结构体指针变量也可指向结构体数组的一个元素,这时结构体指针变量的值是该结构体数组元素的首地址。

设 ps 是指向结构体数组的指针变量,则 ps 也指向该结构体数组的 0 号元素,ps+1 指向 1 号元素,ps+i 则指向 i 号元素。这与普通数组的情况是一致的。

【例 8.6】用指针变量输出结构体数组。

程序如下：

```c
#include <stdio.h>
struct stu
{
    int num;
    char * name;
```

```
    char sex;
    float score;
}boy[5]={{101,"Zhou ping",'M',45},
        {102,"Zhang ping",'M',62.5},
        {103,"Liou fang",'F',92.5},
        {104,"Cheng ling",'F',87},
        {105,"Wang ming",'M',58},
        };
main()
{
    struct stu *ps;
    printf("No\tName\t\tSex\tScore\t\n");
    for(ps=boy;ps<boy+5;ps++)
        printf("%d\t%s\t\t%c\t%f\t\n",ps->num,ps->name,ps->sex,ps->score);
}
```

说明：

(1) 程序中定义了 stu 结构体类型的外部数组 boy，并初始化赋值。在主函数 main 中定义 ps 为指向 stu 类型的指针。在循环语句 for 的表达式 1 中，ps 被赋予 boy 的首地址，然后循环 5 次，输出 boy 数组中各成员值。

(2) 一个结构体指针变量可以用来访问结构体变量或结构体数组元素的成员，但是不能使它指向一个成员，因为不允许取一个成员的地址赋予它。

(3) 如果指针变量 p 指向某结构体数组，则 p+1 指向结构体数组的下一个元素，而不是当前元素的下一个成员。另外，如果指针变量 p 已经指向一个结构体变量（或结构体数组），就不能再使之指向结构体变量（或结构体数组元素）的某一成员。

8.3.3 指向结构体变量的指针作函数参数

在 ANSI C 标准中允许用结构体变量作函数参数传送。但是这种传送要将全部成员逐个传送，特别是成员为数组时将使传送时间和空间开销很大，降低程序的效率。因此最好的办法是使用指针，即用指针变量作为函数参数进行传送。这时由实参传向形参的只是地址，从而减少了时间和空间的开销。

【例 8.7】计算一组学生的平均成绩和不及格人数，用结构体指针变量作函数参数编程。
程序如下：

```
#include <stdio.h>
struct stu
{
    int num;
    char *name;
    char sex;
```

```
        float score;
}boy[5]={
        {101,"Li ping",'M',45},
        {102,"Zhang ping",'M',62.5},
        {103,"He fang",'F',92.5},
        {104,"Cheng ling",'F',87},
        {105,"Wang ming",'M',58},
    };
main()
{
struct stu *ps;
    void ave(struct stu *ps);
    ps=boy;
    ave(ps);
}
void ave(struct stu *ps)
{
    int c=0,i;
    float ave,s=0;
    for(i=0;i<5;i++,ps++)
    {
        s+=ps->score;
        if(ps->score<60) c+=1;
    }
    printf("s=%f\n",s);
    ave=s/5;
    printf("average=%f\ncount=%d\n",ave,c);
}
```

说明：程序中定义了函数 ave，其形参为结构体指针变量 ps。boy 被定义为外部结构体数组，在整个源程序中有效。在主函数 main 中定义说明了结构体指针变量 ps，并把 boy 的首地址赋予 ps，使 ps 指向 boy 数组。然后以 ps 作实参调用函数 ave。在函数 ave 中计算平均成绩，统计不及格人数，并输出结果。

由于全部采用指针变量进行运算和处理，故速度快，程序效率更高。

8.4 内存的动态分配与单链表

8.4.1 内存的动态分配

在第 5 章中，曾介绍过数组的长度是预先定义的，在整个程序中固定不变。C 语言中不允许动态数组类型。例如：
　　int n;
　　scanf("%d",&n);
　　int a[n];
用变量表示长度,想对数组的大小作动态说明,这是错误的。但是在实际编程中,往往会发生这种情况,即所需的内存空间取决于实际输入的数据。对于这种问题,用数组的办法很难解决。故此,C语言提供内存管理函数,可以按需要动态分配内存空间,也可以把不再使用的空间收回。常用内存管理函数有三个:

1. 分配内存空间函数 malloc

调用格式:

(类型说明符 *)malloc(size)

功能:在内存的动态存储区中分配一块长度为"size"字节的连续区域。函数的返回值为该区域的首地址。"类型说明符"表示把该区域用于何种数据类型。(类型说明符 *)表示把返回值强制转换为该类型指针。"size"是一个无符号数。例如:

pc=(char *)malloc(100);

表示分配 100 个字节单元,并强制转换为字符数组类型,函数的返回值为指向该字符数组的指针,把该指针赋予指针变量 pc。

2. 分配内存空间函数 calloc

调用格式:

(类型说明符 *)calloc(n,size)

功能:在内存动态存储区中分配 n 块长度为"size"字节的连续区域。函数的返回值为该区域的首地址。(类型说明符 *)用于强制类型转换。函数 calloc 与 malloc 的区别仅在于一次可以分配 n 块区域。例如:

ps=(struet stu *)calloc(2,sizeof(struct stu));

其中的 sizeof(struct stu)是求 stu 的结构长度。因此该语句的意思是:按 stu 的长度分配 2 块连续区域,强制转换为 stu 类型,并把其首地址赋予指针变量 ps。

3. 释放内存空间函数 free

调用形式:

　　free(void * ptr);

功能:释放 ptr 所指向的一块内存空间,ptr 是一个任意类型的指针变量,它指向被释放区域的首地址。被释放区是由函数 malloc 或 calloc 分配的。

【例 8.8】分配一块区域,输入一个学生数据。

程序如下:

```
#include <stdlib.h>
#include <stdio.h>
main()
{
    struct stu
    {
```

```
        int num;
        char * name;
        char sex;
        float score;
} * ps;
ps=(struct stu *)malloc(sizeof(struct stu));
ps->num=102;
ps->name="Zhang ping";
ps->sex='M';
ps->score=62.5;
printf("Number=%d\nName=%s\n",ps->num,ps->name);
printf("Sex=%c\nScore=%f\n",ps->sex,ps->score);
free(ps);
}
```

说明：这里定义了结构体 stu，定义了 stu 类型指针变量 ps。然后分配一块 stu 内存区，并把首地址赋予 ps，使 ps 指向该区域。再以 ps 作为指向结构体的指针变量对各成员赋值，并用 printf 输出各成员值。最后用 free 函数释放 ps 指向的内存空间。整个程序包含了申请内存空间、使用内存空间、释放内存空间三个步骤，实现了存储空间的动态分配与管理。

8.4.2 链表的概念

在例 8.8 中采用动态分配的办法为一个结构分配内存空间。每一次分配一块空间，用来存放一个学生的数据，可称为一个节点。有多少个学生就要分配多少块内存空间，也就是建立多少个节点。当然用结构数组也可以完成上述工作，但是如果预先不能准确把握学生人数，就无法确定数组大小。而且当学生留级、退学后又不能释放该元素占用的空间。

用动态内存分配的方法就可以解决这些问题。有一个学生，分配一个节点，无须预先确定学生的人数。某学生退学，可删去该节点，释放该节点占用的存储空间。另外，用数组的方法必须占用连续内存区域。而使用动态分配时，各个节点之间可以不连续（节点内是连续的）。节点之间的联系，是用指针来实现的，即在节点结构体中定义一个成员项，用来存放下一节点的首地址。这个用于存放地址的成员，称为指针域。

这样，在第一个节点的指针域存入第二个节点的首地址，在第二个节点的指针域存入第三个节点的首地址，如此串连下去直到最后一个节点。最后一个节点因无后续节点连接，指针域可赋以 0。这样一种连接方式，在数据结构中称为"链表"。其示意如图 8.3 所示。

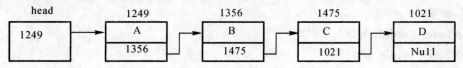

图 8.3　链表示意图

图 8.3 中，第 0 个节点称为头节点，存放第一个节点的首地址，它没有数据，只是一个指针变量。以下的节点分为两个域，一个是数据域，存放各种数据，譬如学号 num、姓名 name、性别

sex 和成绩 score 等。另一个是指针域,存放下一节点的首地址。链表中的每一个节点有同一种结构类型。例如一个存放学生学号和成绩的节点的结构如下:

```
struct stu
{
    int num;
    int score;
    struct stu * next;
};
```

前两个成员项组成数据域,后一个成员项 next 构成指针域,是一个指向 stu 类型结构体的指针变量。

8.4.3 链表的操作运算

链表的基本操作包括创建链表、链表检索(查找)、插入节点和删除节点。

(1)创建链表是向空链表中依次插入各个节点,并保持节点之间的前驱和后继关系。

(2)检索操作是按给定的节点索引号或检索条件,查找节点。如果找到指定的结点,称为检索成功;否则,称为检索失败。

(3)插入操作是在节点 k_{i-1} 与 k_i 之间插入一个新的节点 k,线性表长度增加 1,且改变 k_{i-1} 与 k_i 之间的逻辑关系。插入前,k_{i-1} 是 k_i 的前驱,k_i 是 k_{i-1} 的后继;插入后,新的节点 k 成为 k_{i-1} 的后继和 k_i 的前驱。

(4)删除操作是删除节点 k_i,线性表长度减 1,且 k_{i-1}、k_i 和 k_{i+1} 之间的逻辑关系发生变化。删除前 k_i 是 k_{i+1} 的前驱和 k_{i-1} 的后继;删除后 k_{i-1} 成为 k_{i+1} 的前驱,k_{i+1} 成为 k_{i-1} 的后继。

【例 8.9】编写一个函数 create,按照规定的节点结构体,创建一个单链表(链表中的节点个数不限)。

程序如下:

```
#include <stdio.h>
#include <string.h>
#include <stdlib.h>
#define NULL 0
#define LEN sizeof(struct grade)          /* 定义节点长度 */
struct grade                              /* 定义节点结构 */
{
    char no[7];                           /* 学号 */
    int score;                            /* 成绩 */
    struct grade * next;                  /* 指针域 */
};
/* 在函数 create 中创建一个具有头节点的单链表,无形参,返回单链表的头指针 */
struct grade * create( void )
{
    struct grade * head=NULL, * new1, * tail;
```

```
        int count=0;                              /* 链表中的节点个数(初值为0) */
        for( ; ; )                                /* 缺省3个表达式的for语句 */
        {
            new1=(struct grade * )malloc(LEN);    /* 申请一个新节点的空间 */
            /* 以下各行用来输入节点数据域的各数据项 */
            printf("Input the number of student No. %d(6 bytes):", count+1);
            scanf("%6s", new1->no);
            if(strcmp(new1->no,"000000")==0)      /* 如果学号为6个0,则退出 */
            {
                free(new1);                       /* 释放最后申请的节点空间 */
                break;                            /* 结束for语句 */
            }
            printf("Input the score of the student No. %d:",count+1);
            scanf("%d",&new1->score);
            count++;                              /* 节点个数加1 */
            new1->next=NULL;                      /* 置新节点的指针域为空 */
            /* 将新节点插入到链表尾,并设置新的尾指针 */
            if(count==1) head=new1;               /* 第一个节点,置头指针 */
            else tail->next=new1;                 /* 非首节点,新节点插入到链表尾 */
            tail=new1;                            /* 设置新的尾节点 */
        }
        return(head);
}
```

【例8.10】编写一个函数insert,完成在单链表的第i个节点后插入1个新节点的操作。当i=0时,表示新节点插到第一个节点之前,成为链表新的首节点。

程序如下:

```
#include <stdio.h>
structgrade
{
  char no[7];
  int score;
  struct grade * next;
};
struct grade * insert(struct grade * head,struct grade * new1,int i)
{
    struct grade * pointer;
    /* 将新节点插入到链表中 */
    if(head==NULL) head=new1, new1->next=NULL;
    /* 将新节点插入到1个空链表中 */
```

```
        else                      /*非空链表*/
            if(i==0) new1->next=head,head=new1;  /*使新节点成为链表新的首节点*/
            else                  /*其他位置*/
            {
                pointer=head;          /*查找单链表,使 pointer 指向第 i 个节点*/
                for(;pointer!=NULL&&i>1;pointer=pointer->next,i--);
                /*表达式3是一个逗号表达式,使 pointer 后移一个节点,同时 i 自减 1*/
                if(pointer==NULL)/*越界错*/
                    printf("Out of the range,can't insert new node!\n");
                else                  /*pointer 指向第 i 个节点*/
                    new1->next=pointer->next,pointer->next=new1;
            }
    }
    return(head);
}
```

8.5 共用体和枚举类型

8.5.1 共用体

1. 共用体

使几个不同的变量占用同一段内存空间的结构称为共用体。

2. 共用体类型的定义

与结构体类型的定义类似。

union 共用体类型名
{
    成员列表;
};

3. 共用体变量的定义

与结构体变量的定义类似。

(1)间接定义:先定义类型,再定义变量,例如定义 data 共用体类型变量 un1,un2,un3 的语句如下:

union data un1,un2,un3;

(2)直接定义:定义类型的同时定义变量,例如:

union[data]
{
    int i;
    char ch;
    float f;
} un1,un2,un3;

共用体变量占用内存空间等于最长成员的长度,而不是各成员长度之和。例如共用体变量 un1,un2 和 un3,在 16 位操作系统中占用内存空间均为 4 字节。

4. 共用体变量的引用

共用体变量的引用与结构体变量一样,也只能逐个引用共用体变量的成员。例如访问共用体变量 un1 各成员的格式为:un1.i,un1.ch,un1.f。

5. 特点

(1) 系统采用覆盖技术,实现共用体变量各成员的内存共享,所以,在某一时刻,存放的和起作用的是最后一次存入的成员值。例如执行 un1.i=1,un1.ch='c',un1.f=3.14 后,un1.f=3.14 才是有效成员。

(2) 由于所有成员共享同一内存空间,故共用体变量与其各成员的地址相同。例如 & un1= & un1.i= & un1.ch= & un1.f。

(3) 不能对共用体变量初始化(结构体变量可以);也不能将共用体变量作为函数参数,以及使函数返回一个共用体数据,但是可以使用指向共用体变量的指针。

(4) 类型可以出现在结构体类型定义中,反之亦然。

8.5.2 枚举

在实际问题中,有些变量的取值被限定在一个有限的范围内。例如,一个星期内只有 7 天,一年只有 12 个月,一个班每周有 6 门课程等。如果把这些量说明为整型、字符型或其他类型,显然是不妥当的。为此,C 语言提供了一种称为"枚举"的类型。在"枚举"类型的定义中列举出所有可能的取值。被说明为该"枚举"类型的变量取值,不能超过定义的范围。应该说明的是,枚举类型是一种构造数据类型。它用于声明一组命名的常数,当一个变量有几种可能的取值时,可以将它定义为枚举类型。

1. 枚举类型的定义

enum 枚举类型名{取值表};

例如:

enum weekdays{Sun,Mon,Tue,Wed,Thu,Fri,Sat};

2. 枚举变量的定义

与结构体变量类似。

(1) 间接定义。例如:

enum weekdays workday;

(2) 直接定义。例如:

enum [weekdays]
{Sun,Mon,Tue,Wed,Thu,Fri,Sat}workday;

3. 说明

(1) 枚举型仅适应于取值有限的数据。例如现行历法规定,周 7 天,年 12 个月。

(2) 取值表中的值称为枚举元素,其含义由程序解释。不因为写成"Sun"就自动代表"星期天"。事实上,枚举元素用什么表示都可以。

(3) 枚举元素作为常量是有值的,即定义时的顺序号(从 0 开始),所以枚举元素可以比较,比较规则是序号大的为大。例如上例中的 Sun=0,Mon=1,……,Sat=6,所以 Mon>Sun,

Sat 最大。

(4)枚举元素的值也是可以人为改变,在定义时由程序指定。例如:
如果有定义:enum weekdays{Sun=7,Mon=1,Tue, Wed, Thu, Fri, Sat};则 Sun=7, Mon=1,从 Tue=2 开始,依次增 1。

8.6 typedef 语句

除了直接使用 C 提供的标准类型和自定义的类型(结构体、共用体、枚举)外,还可使用 typedef 定义已有类型的别名。该别名与标准类型名一样,可用来定义相应的变量。

8.6.1 typedef 语句的一般形式及使用方法

1. 定义已有类型的别名
(1)按定义变量的方法,写出定义体;
(2)将变量名换成别名;
(3)在定义体最前面加上"typedef"。

【例 8.11】给实型 float 定义 1 个别名 REAL。
(1)按定义实型变量的方法,写出定义体:float f;
(2)将变量名换成别名:float REAL;
(3)在定义体最前面加上 typedef:typedef float REAL。

【例 8.12】给如下所示的结构类型 struct date 定义 1 个别名 DATE。
struct date
{
int year,month,day;
};
(1)按定义结构变量的方法,写出定义体:struct date{……}d;
(2)将变量名换成别名:struct date{……}DATE;
(3)在定义体最前面加上 typedef:typedef struct date{……}DATE。

2. 重定义一个函数指针类型
例如:程序 1
char (*pfun1)(int);
chargfun1(int a){ return;}
main()
{
    pfun1=gfun1;
    (*pfun1)(2);
}

程序分析:
第一行定义了一个指针变量 pfun1。函数参数为 int 型,返回值是 char 类型。只有第一句还无法使用这个指针,因为还未对它进行赋值。

第二行定义了一个函数 gfun1。该函数是一个以 int 型参数返回 char 型值的函数,函数的函数名就是一个指针,指向该函数的代码在内存中的首地址。

main 函数第一句将函数 gfun1 的地址赋值给变量 pfun1,第二句中"*pfun1"是取 pfun1 所指向地址的内容,当然也就是取出了函数 gfun1 的内容,然后给定参数为 2。

例如:程序 2

```
typedef char ( * PTRFUN)(int);
PTRFUN pfun1;
chargfun1(int a)
{
    return;
}
main()
{
    pfun1=gfun1;
    ( * pfun1)(2);
}
```

typedef 的功能是定义新的类型,第一句就是定义了一种 PTRFUN 的函数指针类型,并定义这种类型为指向某种 char 型函数的指针,这种函数以一个 int 型参数返回 char 型数据,后面就可以像使用 int,char 一样使用 PTRFUN 了。

第二行的代码便使用这个新类型定义了指针变量 pfun1,此时就可以像使用上述"程序 1"一样使用这个变量了。

例如:

typedef int * Func(int);

去掉 typedef,得到正常的函数声明 int * Func(int);Func 为一个函数名,该函数返回值类型为 int *。

typedef int * Func(int) 中 Func 是函数类型(函数返回值类型为 int *,参数类型为 int)。

typedef int (* Pfun1c)(int);

去掉 typedef,得到正常的函数指针声明 int (* Pfun1c)(int),变量 Pfun1c 的类型为一个函数指针,指向一个返回值类型为 int,参数类型为 int 的函数。

typedef int (* Pfun1c)(int)中 Pfun1c 是函数指针类型(该指针类型指向返回值类型为int,参数类型为 int 的函数),可以定义"Pfun1c fun1;"(fun1 即为一个函数指针)。

3. 重定义一个函数类型

typedef int(PFunc) (void) // 没有" * ",对参数为 void、返回值类型为 int 的函数取别名 PFunc。如:

PFunc * f //函数指针,指向参数为 void、返回值类型为 int 的函数

例如:

```
#include <stdio.h>
int add(int a,int b)
{
```

```
    return (a+b);
}
typedef int (* func1)(int, int);
typedef int (func2)(int, int);
int main()
{
    func1 f1;
    func2 * f2;  // func2 是重定义的一个函数类型,其定义的指针同样是函数指针
    f1=add;
    f2=add;
    printf("(* func1)(int, int)=%d \n", f1(2,3));
    printf("(func2)(int, int)=%d \n", f2(2,3));         //结果同上
}
```

4. 函数指针数组

char * (* fun)(char * p1, char * p2) 定义了一个函数指针,既然 fun 是一个指针,那就可以存储在一个数组里,把上述定义修改一下就是:

char * (* fun[3])(char * p1, char * p2),即定义了一个函数指针数组,它是一个数组,fun 是数组名,数组内存储了 3 个指向函数的函数指针,这些指针的返回值类型是字符型的指针。

例如:

```
char * fun1(char * p)    //指针函数
{
    printf("%s\n", p);
    return p;
}
char * fun2(char * p)
{
    printf("%s\n", p);
    return p;
}
char * fun3(char * p)
{
    printf("%s\n", p);
    return p;
}
int main()
{
    char * (* pf[3])(char * p);
    pf[0]=fun1;                        //函数地址赋给数组里的函数指针
```

```
        pf[1]=fun2;
        pf[2]=&fun3;
        pf[0]("fun1");                    //调用数组里的函数指针即调用相应的函数
        pf[1]("fun2");
        pf[2]("fun3");
        return 0;
}
```
函数指针数组同样可以使用 typedef 来定义：
```
typedef char * ( * fun)(char * p);        //重定义函数指针类型
fun pf[3];
```
或者：
```
typedef char * (fun)(char * p);           //重定义函数类型
fun * pf[3];  //数组类型是 fun *，即函数指针
```

8.6.2 使用 typedef 语句应注意的问题

(1)用 typedef 只是给已经存在的数据类型(不是变量,通常为结构体 struct)增加 1 个别名,并不能创造 1 个新的类型。譬如一个人除了学名外,再取一个小名(或雅号),而不能创造出另一个人来。

(2)typedef 与 #define 有相似之处,但是二者不同。前者是由编译器在编译时处理的,后者是由编译预处理器在编译预处理时处理,而且只能作简单的字符串替换。相比之下 typedef 灵活方便。用 typedef 定义数组、指针、结构等类型将带来很大的方便,不仅使程序书写简单,而且使意义更为明确,增强了可读性。

8.7 结构体程序设计案例

【例 8.13】编写一个简单的账目管理程序,以结构类型数组来保存账目信息。存储信息包括项目名(item)、价格(cost)、现存量(on_hand)。要求具有增加账目条、删除账目条、列表账目条和退出 4 个功能,通过菜单来选择执行。

程序如下：
```
#include <stdio.h>
#include <stdlib.h>
#define MAX 100
struct inv                              /*定义基本数据结构 inv*/
{
    char item[30];
    float cost;
    int on_hand;
}inv_info[MAX];                         /*定义记录100 的结构数组变量*/
void init_list(),list(),delete1(),enter(); menu_select();    /*函数说明*/
```

```c
main()
{
    char choice;
    init_list();                    /* 调用函数 init_list,初始化数组 */
    for( ; ; )
    {
        choice=menu_select();       /* 显示主菜单 */
        switch(choice)
        {
            case 1:
                enter();            /* 选择 1 时,调用 enter */
                break;
            case 2:
                delete();           /* 选择 2 时,调用 delect */
                break;
            case 3:
                list();             /* 选择 3 时,调用 list */
                break;
            case 4:
                exit(0);            /* 选择 4 时,退出 */
        }
    }
}
void init_list()                    /* 初始化结构数组 */
{
    register int t;
    /* 将所有项目名第一个字节赋以空字符 */
    for(t==0;t<MAX;++t)
        inv_info[t].item[0]='\0';
}
menu_select()                       /* 主菜单,输入用户的选择 */
{
    char s[80];
    int c;
    printf("\n");
    printf("1. Enter a item\n");
    printf("2. Delete a item\n");
    printf("3. List the inventory\n");
    printf("4. Exit\n");
```

```c
        do
        {
            printf("\n Enter your choice:");
            gets(s);
            c=atoi(s);
        }while(c<0||c>4);
        return c;/*带值返回,c 可以等于 1,2,3 或 4*/
}
find_free()/*返回不能使用的数组位置或无空位置标志"-1"*/
{
    register int t;
    for(t=0;inv_info[t].item[0]&&t<MAX;++t);
    if(t==MAX) return -1;
    return t;
}
/*输入账目信息*/
void enter()
{
    int slot;
    char s[80];
    float x;
    slot=find_free();
    if(slot==-1)                    /*数组满,显示"list full"*/
    {
        printf("\nlist full");
        return;
    }
    printf("Please enter item:");
    gets(inv_info[slot].item);
    printf("Please enter cost:");
    gets(s);
    x=atof(s);
    inv_info[slot].cost=x;
    printf("Please enter number on hand:");
    scanf("%d%*c",&inv_info[slot].on_hand);
}
void delete1()                      /*删除用户指定的项目序号*/
{
    register int slot;
```

```
    char s[80];
    printf("enter record #:");    /*记录号是从序号 0 开始*/
    gets(s);
    slot=atoi(s);
    if(slot>=0&&slot<=MAX) inv_info[slot].item[0]='\0';
                    /*将指定删除的记录的项目名的第一个字节赋以空字符*/
}
void list( )/*显示列表*/
{
    register int t;
    for(t=0;t<MAX;++t)
    {
        if(inv_info[t].item[0])
        {
            printf("item:%s\n",inv_info[t].item);
            printf("cost:%f\n",inv_info[t].cost);
            printf("on hand:%d\n\n",inv_info[t].on_hand);
        }
    }
    printf("\n\n");
}
```

【例 8.14】25 个人围成一个圈,从第 1 个人开始顺序报号,凡报号为 3 和 3 的倍数者退出圈子,找出最后留在圈子中的人原来的序号。

程序如下:

```
#include <stdio.h>
#include <stdlib.h>
struct Link
{
    int data;
    struct Link *next;
};
struct Link *head;              /*建立一个指向链表头的全局变量*/
/*函数功能:建立一个新的节点,并为该节点赋初值函数参数:整型变量 nodeNumbers,
表示建立的节点个数函数返回值:指向该节点的指针*/
struct Link *CreateNode(int nodeNumbers)
{
    struct Link *p;
    p=(struct Link *)malloc(sizeof(struct Link));  /*动态申请一段内存*/
    if(p == NULL)
```

```c
        /*如果返回空指针,申请失败,打印错误信息,退出程序*/
        {
            printf("No enough memory to alloc");
            exit(0);                    /*结束程序运行*/
        }
        p->next=NULL;              /*为新建节点指针域赋空指针*/
        p->data=nodeNumbers+1;/*为新建节点数据区赋值*/
        printf("\nCreate a new node!");
        return p;
}
/*函数功能:显示所有已经建立的节点的节点号和该节点中数据项内容函数参数:结构体指针变量head,表示指向链表的头指针函数返回值:无*/
void DispLink(struct Link * head)
{
    struct Link * p;
    int j=1;
    p=head;
    do
    {
        printf("\n%5d%10d\n",j,p->data);
        p=p->next;
        j++;
    }while(p! =NULL);
}
/*函数功能:删除节点,释放内存函数参数:结构体指针变量p,表示指向链表的当前节点的指针,结构体指针变量pr,表示指向链表的当前节点的前一个节点的指针函数返回值:返回指向当前节点的指针*/
struct Link * DelNode(struct Link * p, struct Link * pr)
{
    if(p==head)                  /*头节点的删除*/
    {
        head=p->next;
        free(p);
        return head;
    }
    if(p->next==NULL)           /*尾节点的删除*/
    {
        pr->next=NULL;
        free(p);
```

```
            return head;
        }                         /* 指针指向头节点 */
        else                      /* 中间节点的删除 */
        {
            pr->next=p->next;
            free(p);
            return pr->next;
        }
    }
}
main()
{
    int i=0,nodenum=25;
    struct Link *p,*pr;
    head=NULL;
    for(i=0;i<25;i++)
    {
        if(head==0)               /* 如果是第一个节点,在 head 中保留该节点的首地址 */
        {
            head=CreateNode(i);
            pr=head;
        }
        else                      /* 如果非第一个节点,将新建节点连到链表的结尾处 */
        {
            pr->next=CreateNode(i);
            pr=pr->next;
        }
    }
    DispLink(head);
    i=1;
    p=head;
    for(;;)
    {
        if((i%3)==0)              /* 如果是 3 的倍数 */
        {
            p=DelNode(p,pr);
            i++;
            nodenum--;            /* 节点数-1 */
            if(nodenum<3) break;  /* 如果节点数<3,退出循环 */
        }
```

```
            else
            {
                pr=p;                    /*链表走到下一个节点*/
                p=p->next;
                if(p==NULL) p=head;/*如果到尾节点,下一个节点连接到头节点*/
                i++;                     /*计数器+1*/
            }
        }
        DispLink(head);
    }
```

实训 8 结构体与共用体

1. 实训目的

(1)熟悉结构体类型变量与数组的概念、定义和使用;

(2)熟悉和掌握链表的概念以及对链表进行操作;

(3)学习和掌握共用体的概念与使用。

2. 实训环境

上机环境为 Visual C++6.0。

3. 实训内容

(1)编写一个 create 函数,按照规定的节点结构,创建一个单链表(链表中的节点个数不限)。

提示:首先向系统申请一个节点的空间,然后输入节点数据域的(2个)数据项,并将指针域置为空(链尾标志),最后将新结点插入到链表尾。对于链表的第一个节点,还要设置头指针变量。

(2)编写一个 insert 函数,完成在单链表的第 i 个节点后插入 1 个新节点的操作。当 i=0 时,表示新节点插入到第一个节点之前,成为链表新的首节点。

提示:通过单链表的头指针,首先找到链表的第一个节点,然后顺着节点的指针域找到第 i 个节点,最后将新节点插入到第 i 个节点之后。

(3)有一个结构体数组 stu[5],每个元素都含有学号、姓名、三门成绩,要求编写 input 和 output 函数,分别实现输入和输出 5 个学生的数据记录。

提示:本实验中涉及结构体变量的定义、结构体变量成员的引用以及结构体数组名作函数参数等知识。在程序中,首先定义结构体数组 stu,在 input 函数中利用循环,完成对每个数组元素的每个成员进行输入。在 output 函数中,同样也是利用循环将每个元素的成员输出。最后在 main 函数里面完成 input 和 output 的调用。

(4)建立一个含有 5 个节点的单链表,每个节点的数据域由键盘输入,然后将链表节点的值反向输出。

4. 实训报告要求

(1)实验题目。

(2) 设计步骤。
(3) 参考程序。
(4) 参考结果。
(5) 实验总结。

习 题 8

1. 填空题
(1) 定义结构体的关键字是_____。
(2) 一个结构体变量所占用的空间是_____。
(3) 指向结构体数组的指针的类型是_____。
(4) 通过指针访问结构体变量成员的两种格式为_____。
(5) 常用结构体变量作为链表中的节点,每个节点都包括两部分:一个是_____;一个是_____。
(6) 链表的最后一个节点的指针域常常设置为_____,表示链表到此结束。
(7) 共用体变量所占内存长度等于_____。
(8) 在下列程序段中,枚举变量 c1 和 c2 的值分别是_____ 和_____。
main()
{
    enum   color{red , yellow, blue =4,green,white} c1,c2;
    c1=yellow;
    c2=white;
    printf("%d,%d\n",c1,c2);
}
(9) 有如下定义:
struct
{
    int x;
    char * y;
}tab[2]={{1,"ab"},{2,"cd"}}, * p=tab;
则表达式 * p->y 的结果是_____,表达式 *(++p)->y 的结果是_____。
(10) 结构数组中存有三人的姓名和年龄,以下程序输出三人中年龄最年长者的姓名和年龄,请在_____内填入正确内容。
static struct man
{
    char name[20];
    int age;
}person[]={"liming",18,"wanghua",19,"zhangping",20};
main()

```
{
    struct man  *p, *q;
    int old=0;
    p=person;
    for(;p_____;p++)
      if(old<p->age)
      {
        q=p;
        _____;
      }
    printf("%s %d",_____);
}
```

2.选择题
(1)当说明一个结构体变量时系统分配给它的内存是(　　)。
A.各成员所需内存量的总和　　　　　　B.结构体中第一个成员所需内存量
C.成员中占内存量最大者所需的容量　　D.结构体中最后一个成员所需内存量
(2)在如下结构体定义中,不正确的是(　　)。

A. struct teacher
   {
       int no;
       char name[10];
       int no;
       float salary;

B. struct tea[20]
   {
       char name[10];
       float salary;
   };
   };

C. struct teacher
    {
       int no;
       char name[10];
       float score;
    }tea[20];

D. struct
    {
       int no;
       char name[10];
       float score;
    }stud[100];

(3)若有以下说明和语句:
```
struct  student
{
    int age;
    int num;
}std, *p;
p=&std;
```
以下对结构体变量 std 中成员 age 的引用方式不正确的是(　　)。
A. std. age　　　　B. p->age　　　　C. (*p). age　　　　D. *p. age
(4)下列程序的输出结果是(　　)。

```
struct abc
{
    int a, b, c;
}
main()
{
    struct abc s[2]={{1,2,3},{4,5,6}};int t;
    t=s[0].a+s[1].b;
    printf("%d \n",t);
}
```
A. 5 　　　　　　　B. 6 　　　　　　　C. 7 　　　　　　　D. 8

(5)设有以下说明语句：
```
typedef struct
{
    int n;
    char ch[8];
}PER;
```
下面叙述中正确的是(　　)。
A. PER 是结构体变量名　　　　　　B. PER 是结构体类型名
C. typedef struct 是结构体类型　　　D. struct 是结构体类型名

(6)若有以下说明和语句：
```
struct pupil
{
    char name[20];
    int sex;
}pup, *p;
p=&pup;
```
则对 pup 中 sex 域的正确引用方式是(　　)。
A. p.pup.sex 　　B. p->pup.sex 　　C. (*p).pup.sex 　　D. (*p).sex

(7)以下对枚举类型名的定义中正确的是(　　)。
A. enum a={one,two,three}
B. enum a {one=9,two=-1,three}
C. enum a={"one","two","three"}
D. enum a {"one","two","three"}

(8)以下各选项企图说明一种新的类型名,其中正确的是(　　)。
A. typedef v1 int;　　　　　　　　B. typedef v2=int;
C. typedef int v3;　　　　　　　　D. typedef v4:int;

3. 编程题

(1)定义一个能正常反映教师情况的结构体 teacher,包含教师姓名、性别、年龄、所在部门和薪水；定义一个能存放两人数据的结构体数组 tea,并用如下数据初始化：
{{"Mary",'W',40,'Computer',1234},{"Andy",'M',55,'English',1834}}。要求：分别用结

构体数组 tea 和指针 p 输出各位教师的信息，写出完整定义、初始化、输出过程。

（2）有 5 个学生，每个学生的数据包括学号（num）、姓名（name）、总成绩（score），编程实现从键盘输入 5 位学生数据，按总成绩由高到低排序，输出排序后的学号、姓名、总成绩（提示：可以将总成绩定义为 int 型；另外，在排序交换时，不能只交换总成绩变量值）。

（3）建立一个教师链表，每个节点包括编号（no）、姓名（name[8]）、工资（wage），写出动态创建函数 creat 和输出函数 print。

（4）在上一题基础上，假如已经按学号升序排列，写出插入一个新教师的节点的函数 insert。

第 9 章 文　　件

9.1　C 文件概述

C 语言处理的文件与 Windows 等操作系统操作的文件概念相同。但在 C 语言中,文件是作为数据组织的一种方式,它与数组、结构体等相似,是 C 语言程序处理的对象。根据数据的组织形式,可分为 ASCII 文件和二进制文件。ASCII 文件又称为文本(text)文件,它的每个字节放一个 ASCII 代码,代表一个字符。二进制文件是把内存中的数据按其在内存中的存储形式原样输出到磁盘上存放。

文件(File)是指保存在外存储器上的一组数据的有序集合。它有 3 个主要特征：

(1)文件被保存在外存储器上,如磁盘、磁带或光盘,可以长久保存。

(2)文件中的数据是有序的,将按一定顺序存放和读取。一般情况下,数据的读取顺序与存取顺序相同。

(3)文件中数据的数量可以是不定的,定义时不必像数组那样必须规定好大小,可以根据实际需要存储,它只受外存自由空间的限制。

9.2　文件类型指针

在 C 语言中文件实际上就是一种结构体,因此可以用指针来表示,即文件指针,包括文件指针变量和文件类型指针。在 C 语言中,对文件的访问是通过文件指针变量来实现的,因此,弄清楚文件与文件指针的关系,对于学习文件的访问是非常重要的。文件类型指针,简称文件指针或文件的指针变量。通过文件指针变量能够找到与它相关的文件。如果有 n 个文件,一般应设 n 个指针变量(指向 FILE 类型结构体的指针变量),使它们分别指向 n 个文件(确切地说指向存放该文件信息的结构体变量),以实现对文件的访问。

在 C 语言中,针对文件设有一个 FILE 类型,存放有关信息的结构体类型,在 stdio.h 中定义,其内容如下：

```
typedef struct
{
    short level;                    //缓冲区"满"或"空"的程度
    unsigned flags;                 //文件状态标志
```

```
        char fd;                            //文件描述符
        unsigned char hold;                 //如缓冲区无内容不读取字符
        short bsize;                        //缓冲区的大小
        unsigned char * buffer;             //数据缓冲区的位置
        unsigned char * curp;               //指针当前的指向
        unsigned istemp;                    //临时文件指示器
        short token;                        //用于有效性检查
}FILE;
```

由于 C 语言中的文件操作都是通过调用标准函数来完成的,结构体指针的参数传递效率更高,因此,C 语言文件操作统一以文件指针方式实现。定义文件类型指针的格式为:

FILE * fp;

其中,FILE 是文件类型名,fp 是文件类型的指针变量。

因为 FILE 类型在 stdio.h 中被定义,使用文件类型时,需要在程序头上指定文件包含:

#include <stdio.h>

文件指针是特殊指针,指向的是文件类型结构体,它是多项信息的综合体。每一个文件都有自己的 FILE 结构体和文件缓冲区,对一般编程者来说,不必关心 FILE 结构体内部的具体内容,这些内容由系统在文件打开时填入和使用,C 程序只需要使用文件指针 fp,用 fp 代表文件整体。

注意:指向文件的指针变量并不是指向外部介质上的数据文件的开头,而是指向内存中的文件信息区的开头。

9.3 文件的打开与关闭

C 语言程序在进行文件操作时必须遵守"打开—读写—关闭"的流程。不打开文件就不能读/写文件中的数据,所以在读写文件之前必须先"打开",在使用文件之后必须"关闭"。

9.3.1 文件的打开

若要打开一个文件,可使用 C 语言提供的函数 fopen,一般格式如下:

文件指针名=fopen(文件名,打开文件方式);

其中,"文件指针名"必须是说明为 FILE 类型的指针变量;"文件名"是要打开文件的文件名,可以是字符串常量或者字符数组;"打开文件方式"是指文件的类型和操作要求,见表 9.1。

表 9.1 文件打开方式

打开模式	含 义	如果指定的文件不存在
"r"	为了输入数据,打开一个已存在的文本文件	出错
"w"	为了输出数据,打开一个文本文件	建立新文件
"a"	向文本文件尾添加数据	出错
"rb"	为了输入数据,打开一个二进制文件	出错

续表

打开模式	含义	如果指定的文件不存在
"wb"	为了输出数据,打开一个二进制文件	建立新文件
"ab"	向二进制文件尾添加数据	出错
"r+"	为了读和写,打开一个文本文件	出错
"w+"	为了读和写,建立一个新的文本文件	建立新文件
"a+"	为了读和写,打开一个文本文件	出错
"rb+"	为了读和写,打开一个二进制文件	出错
"wb+"	为了读和写,建立一个新的二进制文件	建立新文件
"ab+"	为读和写打开一个二进制文件	出错

例如:
FILE *fp;
  fp=fopen("C.DAT","rb");

打开当前目录下的 C.DAT 文件,这是一个二进制文件,只允许进行读操作,并使 fp 指针指向该文件。

fp=fopen("C:\\CP\\README.TXT","");

以读文本文件方式打开指定路径下的文件。这里路径字符串中的'\\'是转义字符,表示一个反斜杠。

Fp=fopen("C.DAT","wb+");

在当前目录下建立一个可读可写的二进制文件。

说明:

(1) 文件打开模式由 r,w,a,t,b,+ 六个字符拼成,含义如下:

r(read):读。
w(write):写。
a(append):追加。
t(text):文本文件,可省略不写。
b(binary):二进制文件。
+:读和写。

(2) 用"w"打开的文件只能向该文件写入;若打开的文件不存在,则以指定的文件名建立该文件;若打开的文件已经存在,则将该文件删去,重建一个新文件。

(3) 若要向一个已存在的文件追加新的信息,只能用"a"方式打开文件。但此时该文件必须存在,否则出错。

(4) 把一个文本文件读入内存时,要将 ASCII 码转换成二进制码,而把文件以文本方式写入磁盘时,也要把二进制码转换成 ASCII 码,因此文本文件的读/写要花费较多的转换时间。对二进制文件的读/写不存在这种转换。

(5) 在打开一个文件时,fopen 函数将返回一个指向文件结构体的指针,如该文件不存在,将返回一个空指针 NULL。在程序中可以用这一信息来判断是否完成打开文件操作。因此,常用下列程序段打开文件:

```
if(fp=fopen("c:\\cp\\readme.txt","r")==NULL)
{
    printf("can not open this file! \n");
    exit(0);
}
```

其中,exit(0)是系统标准函数,在 stdio.h 中有定义,作用是关闭所有打开的文件,并终止程序的执行。参数 0 表示程序正常结束,非 0 参数通常表示不正常的程序结束。

9.3.2 文件的关闭

文件操作完成后,应及时关闭它。对于缓冲文件系统来说,文件的操作是通过缓冲区进行的,如果要把数据写入文件,首先是写到文件缓冲区里,只有缓冲区写满后,才会由系统真正写入磁盘扇区。如果缓冲区未写满而发生程序异常终止,那么这些缓冲区中的数据将会丢失。当文件操作结束时,即使缓冲区未写满,通过文件关闭操作,系统会强制把缓冲区的数据写入磁盘扇区,确保写文件的正常完成,如果不关闭文件,将会丢失数据。

关闭文件通过调用标准函数 fclose 实现,其一般格式为:
fclose(文件指针);
该函数将返回一个整数,若该数为 0 表示正常关闭文件,否则返回 EOF(-1),表示无法正常关闭文件,所以关闭文件也应使用条件判断:

```
if (fclose(fp))
{
    printf("can not close the file! \n");
    exit(0);
}
```

关闭文件操作除了强制把缓冲区中的数据写入磁盘外,还将释放文件缓冲区单元和 FILE 结构体,使文件指针与具体文件脱钩。但磁盘文件和文件指针变量仍然存在,只是指针不再指向原来的文件。

9.4 文件的读/写

对文件的读和写是最常用的文件操作。在 C 语言中提供了多种文件读/写的函数,主要区别是读/写单位不同,下面分别予以介绍。使用下面的函数时要求包含头文件 stdio.h。

9.4.1 文件的字符读/写函数

字符读/写函数是以字节为单位的读/写函数,每次可以从文件读取或者向文件中写入一个字符。

1. 写字符函数 fputc

函数 fputc 的功能是将一个字符写入指定的文件中,其调用格式如下:
fputc(字符,文件指针);
这里待写入的字符可以是字符常量或者字符变量。

说明：

(1) fputc(ch,fp);它的功能是把一个字符 ch 写到 fp 所指示的磁盘文件上。如果写文件成功。函数返回字符 ch,否则返回-1。

(2) 被写入的文件可以用写、读写和追加的方式打开,若用写或者读写的方式打开一个已经存在的文件时,文件的原有内容将被清除,从文件首开始写入字符。若使用追加方式打开文件,则写入的字符从文件末尾开始存放。被写入的文件如果不存在,则创建新文件。

(3) 每写入一个字符,文件内部位置指针向后移动一个字符。这里,文件指针和文件内部指针不是一回事。文件指针是指向整个文件,需要在程序中定义,只要不重新赋值,文件指针的值是不变的。文件内部的位置指针用以指示文件内部的当前读写位置,每读写一次,该指针就会向后移动,它不需要在程序中定义,而是由系统自动设置。

2. 读字符函数 fgetc

函数 fgetc 的功能是从指定的文件中读取一个字符,其调用格式如下：

字符变量=fgetc(文件指针);

说明：

(1) 在 fgetc 函数调用中,读取文件必须是以读或者读/写方式打开。

(2) 读取字符的结果也可以不向字符变量赋值。例如：

fgetc(fp);

(3) 每读出一个字符,文件内部位置指针向前移动一个字符。若读入操作成功,函数返回读入的字符;若读到文件尾或出错,返回 EOF。

【例 9.1】从键盘输入字符,以输入"*"为止,逐个存到磁盘文件中,并且再读该文件,将写进的字符显示到屏幕上。

程序如下：

```
#include <stdio.h>
#include <stdlib.h>
main()
{
    FILE *fp;
    char c,filename[30];
    printf("please input filename:\n");
    gets(filename);
    if((fp=fopen(filename,"w"))==NULL)
    {
        printf("cannot open file\n");
        exit(0);
    }
    printf("please input the string you want to write:\n");
    c=getchar();
    while(c!='*')
    {
```

```
        fputc(c,fp);
        c=getchar();
    }
    fclose(fp);
    printf("the file is:\n");
    fp=fopen(filename,"r");
    while((c=getc(fp))!=EOF)
    putchar(c);
    printf("\n");
    fclose(fp);
}
```
程序运行结果如图 9.1 所示。

```
please input filename:
f1
please input the string you want to write:
hello*
the file is:
hello
Press any key to continue
```

图 9.1 例 9.1 运行结果

9.4.2 文件的字符串读/写函数

C 语言允许通过函数 fgets 和 fputs 一次读/写一个字符串,下面详细介绍这两个函数。

1. 读字符串函数 fgets

函数 fgets 的功能是从指定的文件中读出一个字符串到字符数组中。其调用格式如下:

fgets(字符数组名,n,文件指针);

这里 n 是一个正整数,表示从文件中读出的字符串不超过 n-1 个字符,最后一个字符后面添加串结束标志'\0'。读取过程中若遇到换行符或者文件结束标志(EOF),则读取结束。

2. 写字符串函数 fputs

函数 fputs 的功能是将一个字符串写入指定的文件。其调用格式如下:

fputs(字符串,文件指针);

这里,字符串可以是字符常量,也可以是字符数组或者字符指针。

【例 9.2】从键盘输入一个字符串,存到磁盘文件中,并且再读该文件,将写进的字符串显示到屏幕上。

程序如下:

```c
#include <stdio.h>
#include <stdlib.h>
#include <string.h>
main()
```

```c
{
    FILE * fp;
    char string[100],filename[30];
    printf("please input filename:\n");
    gets(filename);
    if((fp=fopen(filename,"w"))==NULL)
    {
        printf("cannot open the file\n");
        exit(0);
    }
    printf("please input the string you want to write:\n");
    gets(string);
    if(strlen(string)>0)
        fputs(string,fp);
    fclose(fp);
    if((fp=fopen(filename,"r"))==NULL)
    {
        printf("cannot open the file\n");
        exit(0);
    }
    printf("the file is:\n");
    while(fgets(string,100,fp)!=NULL)
        puts(string);
    fclose(fp);
    printf("\n");
}
```

程序运行结果如图 9.2 所示。

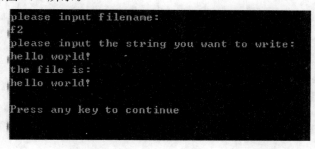

图 9.2 例 9.2 运行结果

9.4.3 文件的数据块读/写函数

在程序中不仅需要一次输入/输出一个数据,而且常常需要一次输入/输出一组数据(如数组或结构体变量的值),C语言允许用fread函数从文件中读一个数据块,用fwrite函数向文件写一个数据块。在读/写时是以二进制形式进行的,即用"rb"、"wb"和"ab"的方式打开文件进行读、写和添加等操作。二进制文件中的数据流是非字符的,它包含的是数据在计算机内部的二进制形式。二进制文件的读/写效率比文本文件要高,因为它不必把数据与字符做交换。

在向磁盘写数据时,直接将内存中一组数据原封不动、不加转换地复制到磁盘文件上,在读入时也是将磁盘文件中若干字节的内容一批读入内存。

1. 数据块读函数 fread

该函数的功能是从指定的文件中读取规定大小的数据块,存入指定的内存缓冲区。其调用格式如下:

fread(buffer,size,n,fp);

2. 数据块写函数 fwrite

该函数的功能是将一固定长度的数据块写入文件中,其调用格式如下:

fwrite(buffer,size,n,fp);

说明:buffer是指向要输入/输出数据块的首地址的指针;size是某类型数据存储空间的字节数(数据项大小);n是从文件中读取的数据项数;fp是文件指针变量。函数fread和fwrite在调用成功时,返回值为n,即输入/输出数据项数,如果调用失败(读写出错),则返回0。

【例9.3】从键盘输入3个学生的有关数据,然后将它们转存到二进制文件f1.dat中,将学生成绩中的最高分学生信息写入另一个二进制文件f2.dat中,并输出f2的内容。

程序如下:

```c
#include <stdio.h>
#include <stdlib.h>
struct student
{
    int num;
    char name[20];
    float score;
};
main()
{
    struct student stu1[3],stu2;
    FILE *fp1,*fp2;
    int i;
    float max;
    printf("please enter data of students:\n");
    for(i=0;i<3;i++)
        scanf("%d%s%f",&stu1[i].num,stu1[i].name,&stu1[i].score);
    if((fp1=fopen("f1.dat","wb"))==NULL)
    {
```

```c
        printf("can not open file f1.dat! \n");
        exit(0);
}
for(i=0;i<3;i++)
if((fwrite(&stu1[i],sizeof(struct student),1,fp1))!=1)
        printf("the write error! \n");
fclose(fp1);
if((fp1=fopen("f1.dat","rb"))==NULL)
{
        printf("can not open file f1.dat! \n");
        exit(0);
}
if((fp2=fopen("f2.dat","wb"))==NULL)
{
        printf("can not open file f2.dat! \n");
        exit(0);
}
fread(&stu2,sizeof(struct student),1,fp1);
max=stu2.score;
fwrite(&stu2,sizeof(float),1,fp2);
fclose(fp2);
if((fp2=fopen("f2.dat","wb"))==NULL)
{
        printf("can not open file f2.dat! \n");
        exit(0);
}
for(i=1;i<=2;i++)
{
    fread(&stu2,sizeof(struct student),1,fp1);
    if(max<stu2.score){
        max=stu2.score;
        fwrite(&stu2,sizeof(struct student),1,fp2);
        fclose(fp2);
    }
}
fclose(fp1);
if((fp2=fopen("f2.dat","rb"))==NULL)
{
        printf("can not open file f2.dat! \n");
```

```
        exit(0);
    }
    fread(&stu2,sizeof(struct student),1,fp2);
    fclose(fp2);
    printf("the content of f2.dat is:\n%d    %s%12f\n",stu2.num,stu2.name,stu2.
    score);
    printf("\n");
}
```

程序运行结果如图9.3所示。

```
please enter data of students:
1 songnuan 87
2 zhangsheng 99
3 lihang 56
the content of f2.dat is:
2    zhangsheng    99.000000

Press any key to continue
```

图9.3 例9.3运行结果

9.4.4 文件的格式化读/写函数

文件读/写操作大大增强了程序的输入/输出能力,输入数据不仅能从键盘得到,还能从文件得到;输出数据不仅可以在屏幕上显示,还可以输出到文件。为了在处理形式上更为一致,计算机操作系统一般把外设也看作文件,键盘是输入文件,显示器是输出文件。我们前面已经学过printf函数和scanf函数向外设进行格式化的输入/输出,即用各种不同的格式以外设为对象输入/输出数据。其实也可以对文件进行格式化输入/输出,这时就要用到fprintf函数和fscanf函数,它们与printf和scanf函数的区别在于它们的读/写对象是磁盘文件而不是键盘和显示器。它们的一般调用格式如下:

1. 文件格式化输入函数fscanf

fscanf(文件指针,格式控制字符串,输入地址列表);

功能为按格式对文件进行输入操作。

2. 文件格式化输出函数fprintf

fprintf(文件指针,格式控制字符串,输出地址列表);

功能为按格式对文件进行输出操作。

例如:

fprintf(fp,"%d,%6.2f",i,t);   //将i和t按%d,%6.2f格式输出到fp文件

fscanf(fp,"%d,%f",&i,&t);   //若文件中有3,4.5,则将3送入i,4.5送入t

注:fscanf和fprintf函数调用成功时,返回输出的字节数,调用失败(出错或文件尾),返回EOF。

【例9.4】文件f1.txt中有若干个实数,请分别读出计算平均值,并将其存入文件f2.txt

中。(先用"记事本"输入若干个实数,各数之间用空格分隔,然后保存到 f1.txt 文件中。接着运行本例程序,运行结果在文件 f2.txt 中,打开 f2.txt 文件可以查看结果。)

程序如下:
```c
#include <stdio.h>
#include <stdlib.h>
main()
{
    FILE *fp1,*fp2;
    float x,sum=0,n=0;
    if((fp1=fopen("c:\\f1.txt","r"))==NULL)
    {   printf("can not open this file");
    exit(0);
    }
    if((fp2=fopen("c:\\f2.txt","w"))==NULL)
    {   printf("can not open this file");
        exit(0);
    }
    while(!feof(fp1)){
        fscanf(fp1,"%f",&x);
        sum+=x;
        n++;
    }
    fprintf(fp2,"%f",sum/n);
    fclose(fp1);
    fclose(fp2);
}
```
程序运行结果:略。

9.5 文 件 定 位

在文件读/写过程中,操作系统为每一个打开的文件设置了一个位置指针,指向当前读/写数据的位置。每次读/写一个字节后,该指针向后移动一个位置。它是一个无符号的长整型数据,用来表示当前读/写的位置。在 C 语言中,文件读/写方式分为顺序读/写和随机读/写两种。顺序读/写时位置指针按字节顺序移动,随机读/写时位置指针按需要移动到任意字节位置。

9.5.1 rewind 函数

rewind 函数的作用是使文件位置标记重新返回文件的开头,此函数没有返回值。

【例 9.5】从键盘输入 10 个字符,写到文件 f2.txt 中,再重新读出,输出到屏幕上。

程序如下：
```c
#include<stdio.h>
#include<stdlib.h>
main()
{
    int i;
    char ch;
    FILE *fp;
    if((fp=fopen("c:\\f2.txt","w+"))==NULL)
    {
        printf("file open error!\n");
        exit(0);
    }
    for(i=0;i<10;i++)
    {
      ch=getchar();
      fputc(ch,fp);
    }
    rewind(fp);
    for(i=0;i<10;i++)
    {
      ch=fgetc(fp);
      putchar(ch);
    }
    fclose(fp);
}
```
程序运行结果如图9.4所示。

```
abcde12345
abcde12345Press any key to continue
```

图9.4 例9.5运行结果

9.5.2 ftell 函数

函数 ftell 的功能是返回位置指针当前位置（用相对文件开头的位移量表示），适用于二进制文件和文本文件。调用格式如下：

ftell(文件指针);

如果函数 ftell 调用成功，则返回当前指针位置；如果调用失败，则返回-1L。
例如：
i=ftell(fp);   //变量i存放文件当前位置

if(i==-1L) printf("error! \n");   //如果调用函数时出错,输出"error"

9.5.3 fseek 函数

函数 fseek 的功能是改变文件位置指针的位置。调用格式如下：
fssek(文件类型指针,位移量,起始点)
"起始点"用 0,1 或 2 代替,0 代表"文件开始位置",1 为"当前位置",2 为"文件末尾位置"。C 标准指定的名字见表 9.2。

表 9.2 起始点磅

起始点	名字	用数字代表
文件开始位置	SEEK_SET	0
文件当前位置	SEEK_CUR	1
文件末尾位置	SEEK_END	2

位移量是指位置改变的字节数,类型为 long 型。正数表明新的位置在初始值的后面,负数表明新的位置在初始值的前面。

例如：
fseek(fp,100L,0);   //将文件位置标记向前移到离文件开头 100 个字节处
fseek(fp,50L,1);   //将文件位置标记向前移到离当前位置 50 个字节处
fseek(fp,-10L,2);   //将文件位置标记从文件末尾处向后退 10 个字节

9.6 文件操作中的错误检测

C 语言提供了一些函数用来检查输入/输出函数调用时可能出现的错误。

9.6.1 ferror 函数

调用各种输入/输出函数(如 putc、getc、fread、fwrite 等)时,如果出现错误,除了函数返回值有所反映外,还可以用 ferror 函数检查。它的一般调用形式为：
ferror(fp);
说明：如果 ferror 返回值为 0(假),表示未出错。如果返回一个非零值,表示出错。应该注意,对同一个文件,每一次调用输入/输出函数,均产生一个新的 ferror 函数值,因此,应当在调用一个输入/输出函数后立即检查 ferror 函数的值,否则信息会丢失。在执行 fopen 函数时,ferror 函数的初始值自动置为 0。

9.6.2 clearerr 函数

clearerr 函数的作用是使文件错误标志和文件结束标志置为 0。假设在调用一个输入/输出函数时出现了错误,ferror 函数值为一个非零值,调用的一般格式为：
clearerr(文件指针);
在调用 clearerr(fp)后,ferror(fp)的值变为 0。只要出现错误标志,就一直保留,直到对同一文件调用 clearerr 函数或 rewind 函数,或任何一个输入/输出函数。

9.6.3 feof 函数

函数 feof 的功能是判断文件是否处于结束位置。调用格式为：
feof(文件指针);
例如：
```
while(! feof(fp))
    {
        c=fgetc(fp);
        ………
    }
```
说明：如果遇到文件结束，函数 feof(fp)的值为非零值，否则为 0。

9.7 文件程序设计案例

在本节中，通过几个文件操作程序示例，体会 C 语言中文件的应用情况。

【例 9.6】假设在文本文件 test.txt 中，有一个字符串(长度小于 80)和两个整数 m,n(m<n<80)，请读取文件信息，并将该字符串的子串(由第 m 个字符至第 n 个字符组成)追加至文件尾。

程序如下：
```
#include<stdio.h>
#include<stdlib.h>
main()
{
    FILE *fp;
    char str[80];
    int i,m,n;
    if((fp=fopen("c:\\test.txt","r"))==NULL)
    {
        printf("can not open this file! \n");
        exit(0);
    }
    fscanf(fp,"%s%d%d",str,&m,&n);
    if(fclose(fp))
    {
        printf("can not close this file! \n");
        exit(0);
    }
    if((fp=fopen("c:\\test.txt","a"))==NULL)
    {
```

```
        printf("can not open this file! \n");
        exit(0);
    }
    for(i=m;i<=n;i++)
    fputc(str[i-1],fp);
    fclose(fp);
}
```

程序运行结果:略。

说明:该程序首先以"r"方式打开文件 text.txt,并用 fscanf 函数读取格式化数据(在 C 盘建立 txt 文本,输入字符串及两个整数,分别用空格分隔开),关闭文件;再以"a"方式再次打开该文件(如果以"w"方式打开文件的话,文件原来的数据将丢失),将子串数据用 fputc 函数写入文件,并关闭文件。

【例 9.7】从键盘输入一个字符串,将小写字母全部转换成大写字母,然后输出到一个磁盘文件"test"中保存。输入的字符串以！结束。

程度如下：

```
#include<stdio.h>
#include<stdlib.h>
#include<string.h>
main()
{
    FILE *fp;
    char str[100];
    int i=0;
    if((fp=fopen("c:\\test.txt","w"))==NULL)
    {
        printf("can not open the file! \n");
        exit(0);
    }
    printf("input a string:\n");
    gets(str);
    while(str[i]!='!')
    {
        if(str[i]>='a'&&str[i]<='z')
            str[i]=str[i]-32;
        fputc(str[i],fp);
        i++;
    }
    fclose(fp);
    if((fp=fopen("c:\\test.txt","r"))==NULL)
```

```
    {
        printf("can not open the file! \n");
        exit(0);
    }
    fgets(str,strlen(str)+1,fp);
    printf("%s\n",str);
    fclose(fp);
}
```
程序运行结果如图 9.5 所示。

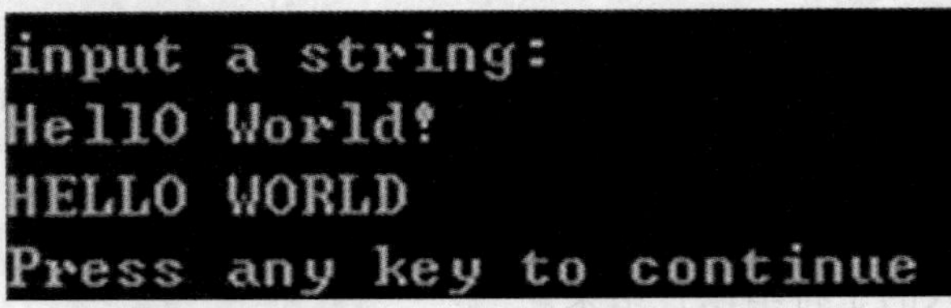

```
input a string:
HellO World!
HELLO WORLD
Press any key to continue
```

图 9.5 例 9.7 运行结果

实训 9 文 件 操 作

1. 实验目的
(1) 掌握文件和文件指针的概念以及文件的定义方法。
(2) 了解文件打开和关闭的概念及方法。
(3) 掌握有关文件的函数。
2. 实验环境
上机环境为 Visual C++6.0。
3. 实训内容
(1) 分析下面程序的输出结果，并验证分析结果是否正确，再写出该程序的功能。

```
#include<stdio.h>
#include<stdlib.h>
#define LEN 20
void main()
{
    FILE *fp;
    char s1[LEN],s0[LEN];
    if((fp=fopen("try.txt","w"))==NULL)
    {
        printf("can not open file! \n");
        exit(0);
    }
```

```
        printf("fputs string:");
        gets(s1);
        fputs(s1,fp);
        if(ferror(fp));
        printf("\n error processing file tye.txt\n");
        fclose(fp);
        fp=fopen("try.txt","r");
        fgets(s0,LEN,fp);
        printf("fgets string:%s\n",s0);
        fclose(fp);
}
```

(2) 从磁盘文件 file1.txt 中读入一行字符到内存,将其中的小写字母全改成大写字母,然后输出到磁盘文件 file2.txt 中。

方法:该程序首先以"r"方式打开文件 file1.txt(前提是 file1.dat 文件已经存在),使用 fgetc 函数从该文件中读取字符到定义好的数组中,改写,关闭文件;再以"w"方式再次打开 file2.txt 文件,将数组中改写过的字符串通过 fputc 函数写入 file2.txt 文件,并关闭文件。

(3) 将 10 名职工的数据从键盘输入,然后送入磁盘文件 worker1.dat 中保存,最后从磁盘调入这些数据,依次打印出来(用 fread 和 fwrite 函数)。设职工数据包括职工号、职工名、性别、年龄、工资。

4. 实训报告要求
(1) 实训题目。
(2) 设计步骤。
(3) 参考程序。
(4) 参考结果。
(5) 实验总结。

习 题 9

1. 填空题
(1) C 语言中根据数据的组织形式,把文件分为_____和_____两种。
(2) 使用 fopen("abc","r+")打开文件时,若 abc 文件不存在,则_____。
(3) 使用 fopen("abc","w+")打开文件时,若 abc 文件不存在,则_____。
(4) 使用 fopen("abc","a+")打开文件时,若 abc 文件不存在,则_____。
(5) 假设 a 数组的说明为:"int a[10];",则 fwrite(&a,4,10,fp)的功能是_____。

2. 选择题
(1) 当已存在一个 abc.txt 文件时,执行函数 fopen("abc.txt","r+")的功能是( )。
A. 打开 abc.txt 文件,清除原有的内容
B. 打开 abc.txt 文件,只能写入新的内容
C. 打开 abc.txt 文件,只能读取原有的内容

D. 打开 abc.txt 文件,可以读取和写入新的内容

(2)fopen 函数的 mode 取值"r"和"w"时,它们之间的差别是(　　)。

A."r"可向文件读入,"w"不可向文件读入

B."r"不可向文件读入,"w"不可向文件读入

C."r"可向文件读出,"w"不可向文件读出

D. 文件不存在时,"r"建立新文件,"w"出错

(3)fopen 函数的 mode 取值"w+"和"a+"时都可以写入数据,它们之间的差别是(　　)。

A."w+"时可在中间插入数据,而"a+"时只能在末尾追加数据

B."w+"时和"a+"时只能在末尾追加数据

C. 在文件不存在时,"w+"时清除原文数据,而"a+"时保留原文数据

D."w+"时不能再中间插入数据,而"a+"时只能在末尾追加数据

(4)若用 fopen 函数打开一个新的二进制文件,该文件可以读也可以写,则文件打开模式是(　　)。

A."ab+" B."wb+"

C."rb+" D."ab"

(5)使用 fseek 函数可以实现的操作有(　　)。

A. 改变文件夹的位置指针的当前位置

B. 文件的顺序读/写

C. 文件的随机读/写

D. 以上都不是

(6)以下不能将文件位置指针重新移到文件开头位置的函数是(　　)。

A. rewind(fp) B. seek(fp,0SEEK_SET)

C. fseek(fp,−(long)ftell(fp),SEEK_CUR) D. fseek(fp,0,SEEK_END)

(7)fread(buf,64,2,fp)的功能是(　　)。

A. 从 fp 文件流中读出整数 64,并存在 buf 中

B. 从 fp 文件流中读出整数 64 和 2,并存在 buf 中

C. 从 fp 文件流中读出 64 个字节的字符,并存在 buf 中

D. 从 fp 文件流中读出 2 个 64 字节的字符,并存放在 buf 中

(8)以下程序的功能是(　　)。

void main()
{FILE * fp;
char str[]="HELLO";
fp=fopen("PRN","W");
fputs(str,fp);
fclose(fp);
}

A. 在屏幕上显示"HELLO" B. 把"HELLO"存入 PRN 文件中

C. 在打印机上打印出"HELLO" D. 以上都不对

3. 阅读程序,回答问题

(1)假定当前盘当前目录下有 2 个文本文件,其名称和内容如下:
```c
#include<stdio.h>
#include<stdlib.h>
void fc(FILE * fp)
{
    char c;
    while((c=fgetc(fp1))!="#")  putchar(c);
}
main()
{
    FILE *fp;
    if((fp=fopen("a1.txt","r"))==NULL)
    {
        printf("can not open file! \n");
        exit(1);
    }
    else
    {
        fc(fp);
        fclose(fp);
    }
    if((fp=fopen("a2.txt","r"))==NULL)
    {
        printf("can not open file! \n");
        exit(1);
    }
    else
    {
        fc(fp);
        fclose(fp);
    }
}
```
程序执行后,输出结果为:_____。

(2)如下程序执行后,abc 文件的内容是:_____。
```c
#include<stdio.h>
#include<stdlib.h>
main()
{
```

```
    FILE *fp;
    char *str1="first";
    char *str2="second";
    if((fp=fopen("abc","w+"))==NULL
    {
        printf("can not open abc file! \n");
        exit(1);
    }
    fwrite(str2,6,1,fp);
    fseek(fp,0L,SEEK_SET);
    fwrite(str1,5,1,fp);
    fclose(fp);
}
```

(3)阅读程序,该功能的功能是:_____。
```
#include<stdio.h>
#include<stdlib.h>
main()
{
    FILE *fp1,*fp2;
    int k;
    if((fp1=fopen("c:\\tc\\p1.c","r"))==NULL)
    {
        printf("can not open file1! \n");
        exit(0);
    }
    if((fp2=fopen("c:\\tc\\p2.c","w"))==NULL)
    {
        printf("can not open file1! \n");
        exit(0);
    }
    for(k=1;k<=1000;k++)
    {
        if(feof(fp1))  break;
        fputc(fgetc(fp1),fp2);
    }
    fclose(fp1);
    fclose(fp2);
}
```

4. 程序设计

(1) 编写一个程序,从键盘输入 200 个字符,存入名为"D:\ab.txt"的磁盘文件中。

(2) 从上题中建立的磁盘文件"D:\ab.txt"中读取 120 个字符,并显示在屏幕上。

(3) 编写一个程序,将磁盘 D 目录下名为"ab.txt"的文本文件复制到同一目录下,文件名改为"cew2.txt"。

(4) 有 5 个学生,每个学生有 3 门课的成绩,从键盘输入以上数据(包括学生号、姓名、三门课成绩),计算出平均成绩,将原有数据和计算出的平均成绩存放在磁盘文件"stud"中。

第 10 章 位运算符与长度运算符

程序中的所有数据在计算机内存中都是以二进制的形式储存的。所谓的位运算是指以二进制位为对象的运算。在系统软件中,常要处理二进制位的问题。例如,将一个存储单元中的各二进制位左移或右移一位、两位数按位相加等。C 语言提供位运算的功能,与其他高级语言相比,它显然具有很大的优越性。

位运算仅应用于整型数据,即把整型数据看成是固定的二进制序列,然后对这些二进制序列进行按位运算。

指针运算和位运算往往是编写系统软件所需要的。在计算机中检测和控制领域也要用到位运算的知识,因此要真正掌握和使用好 C 语言,应当学习位运算。

10.1 原码、反码和补码

对于一个数,计算机要使用一定的编码方式进行存储。原码、反码、补码是机器存储一个具体数字的编码方式。

1. 原码

原码就是符号位加上真值的绝对值,即用第一位表示符号,其余位表示值。

【例 10.1】

$[+1]_{原} = 0000\ 0001$

$[-1]_{原} = 1000\ 0001$

最高位是符号位。所以 8 位二进制数的取值范围就是:$[1111\ 1111, 0111\ 1111]$,即 $[-127, 127]$。

2. 反码

反码的表示方法如下:

正数的反码是其本身。

负数的反码是在其原码的基础上,符号位不变,其余各个位取反。

【例 10.2】

$[+1] = [00000001]_{原} = [00000001]_{反}$

$[-1] = [10000001]_{原} = [11111110]_{反}$

对于负数,通常需要先转换成原码,再计算其数值。

3. 补码

补码的表示方法如下:

正数的补码是其本身。

负数的补码是在其原码的基础上，符号位不变，其余各位取反，末尾＋1（即在反码的基础上＋1）。

【例 10.3】

[＋1]＝[00000001]_原＝[00000001]_反＝[00000001]_补

[－1]＝[10000001]_原＝[11111110]_反＝[11111111]_补

对于负数，通常需要先转换成原码，再计算其数值。

10.2 移位运算符

移位运算符有两个，分别是左移位"＜＜"和右移位"＞＞"，这两个运算符都是双目的。

10.2.1 左移位运算符

左移(＜＜)是将一个数的各二进制位全部左移若干位，左边(最高位)溢出的位被丢弃，右边(最低位)的空位用 0 补充。左移相当于乘以 2 的幂。

【例 10.4】a＝a＜＜2，若 a＝15，即二进制数 00001111，左移 2 位得 00111100，即得到十进制数 60，运行过程如图 10.1 所示。

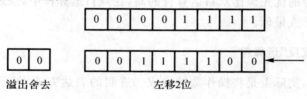

图 10.1　左移位运算

10.2.2 右移位运算符

右移(＞＞)是将一个数的各二进制位全部右移若干位，右边(最低位)溢出的位被丢弃，左边(最高位)的空位用 0 补充，或者用被移位操作数的符号位补充，运算结果和编译器有关，在使用补码的机器中，正数的符号位为 0，负数的符号位为 1。右移位运算相当于除以 2 的幂。

【例 10.5】 a＝a＞＞2，若 a＝15，即二进制数 00001111，右移 2 位得 00000011，即得到十进制数 3，运行过程如图 10.2 所示。

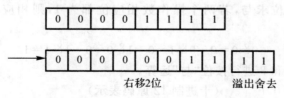

图 10.2　右移位运算

注意：在右移时，需要注意符号位的问题。对于无符号数，右移时左边的高位补 0；对于有符号的数，如果原来符号位为 0(该数为正数)，则左边也补 0，如果原来符号位为 1(该数为负数)，则左边移入 0 还是 1，要取决于所用的计算机系统。补 0 的称为"逻辑右移"，即简单右移，不考虑数的符号问题，补 1 的称为"算数右移"，保持原有的符号。

【例10.6】 a>>1。
a：1001011111101101（二进制形式表示的数）
a>>1：0100101111110110（逻辑右移）
a>>1：1100101111110110（算术右移）
Visual C++和其他一些 C 编译采用的是算术右移，即最高位补符号位。

10.3 位逻辑运算符

位逻辑运算符有按位"取反"运算符、按位"与"运算符、按位"或"运算符和按位"异或"运算符，其中按位"取反"运算符为单目运算符，其他均为双目运算符。位逻辑运算符见表10.1。

表 10.1 位逻辑运算符

操作符	功能	目数	用法
~	按位"取反"	单目	~expr1
&	按位"与"	双目	expr1 & expr2
|	按位"或"	双目	expr1 | expr2
^	按位"异或"	双目	expr1 ^ expr2

注意：单目运算符的优先级比双目运算符的高，在双目运算符中，位逻辑与优先级最高，位逻辑或次之，位逻辑异或最低。

10.3.1 按位"取反"运算符

按位"取反"运算，实际上是将操作数转换成二进制的表达方式，然后将各二进制位取反，即将 0 变 1,1 变 0。

【例10.7】 ~73。

~ 01001001 （十进制 73 原码表示）
  10110110 （十进制 182 原码表示）

即~73=182。

10.3.2 按位"与"运算符

按位"与"运算，实际上是将操作数转换成二进制表达方式，然后将两个二进制操作数对象从低位到高位对齐，每位求与，若两个操作数相应位都为 1，则相应结果为 1，否则结果为 0。即

0&0=0 0&1=0 1&0=0 1&1=1

【例10.8】 对 12 和 8 进行按位"与"运算。

   00001100   （十进制 12 原码表示）
& 00001000   （十进制 8 原码表示）
   00001000   （十进制 8 原码表示）

即 12&8=80。

按位"与"运算常用来对某些位清 0 或保留某些位。例如把 a 的高 8 位清 0，保留低 8 位，可作 a&255 运算(255 的二进制数为 0000000011111111)。

【例 10.9】 一个单元存有原始数据 a,要求将此单元清零。
设计思想:以 57 为例,0 与原始数据进行按位与运算。
    0 0 1 1 1 0 0 1　　　　（二进制 57）
  & 0 0 0 0 0 0 0 0　　　　（二进制 0）
    0 0 0 0 0 0 0 0　　　　（清零）

程序如下:
#include <stdio.h>
int main(){
    unsigned a,b;
    printf("please enter a:");
    scanf("%d",&a);
    b=a&0;
    printf("%d,%d\n",a,b);
    return 0;
}
程序运行结果如图 10.3 所示。

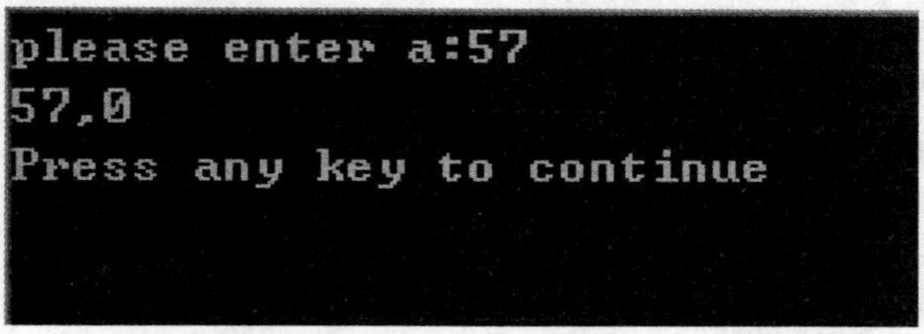

图 10.3　例 10.9 运行结果

10.3.3　按位"或"运算符

按位"或"运算,实际上是将操作数转换成二进制的表达方式,然后将两个二进制数从低位到高位对齐,每位求或,若两个操作数相应位只要有一个为 1,则相应结果为 1,否则结果为 0。即

                0|0=0　　0|1=1　　1|0=1　　1|1=1

【例 10.10】 对 31 和 22 进行按位"或"运算。
    0 0 0 1 1 1 1 1　　　　（十进制 31 原码表示）
  | 0 0 0 1 0 1 1 0　　　　（十进制 22 原码表示）
    0 0 0 1 1 1 1 1　　　　（十进制 31 原码表示）
即 31|22=31。

按位"或"运算可以将操作数的部分位或所有位置为 1。
【例 10.11】
a|0x0F 运算后,使操作数 a 的低 4 位全置 1,其余位保留原值。
a|0xFF 运算后,使操作数的所有位置 1。

10.3.4 按位"异或"运算符

按位"异或"运算,实际上是先将操作数转换成二进制表示方式,然后将两个二进制数从低位到高位对齐,每位异或,若两个操作数相应位不同,则相应结果为1,若相应位相同,则结果为0。即

0^0=0　0^1=1　1^0=1　1^1=0

【例 10.12】 对 57 和 42 进行按位"异或"运算

```
  00111001        （十进制 57 原码表示）
^ 00101010        （十进制 42 原码表示）
  00010011        （十进制 19 原码表示）
```

即 57^42=19。

按位"异或"运算可以将数的特定位翻转,保留原值,不用中间变量就可以交换两个变量的值。

【例 10.13】

a^0x0F 运算后,将操作数 a 的低 4 位翻转,高 4 位不变。

a^0x00 运算后,将保留操作数 a 的原值。

a=a^b,b=b^a,a=a^b,运算后,不用使用中间变量交换 a,b 的值,即可实现操作数 a 和 b 的交换。

【例 10.14】交换两个值,要求不能使用变量。

程序如下:

```c
#include <stdio.h>
int main(){
    unsigned a,b;
    printf("please enter a 和 b:");
    scanf("%d,%d",&a,&b);
    a=a^b;
    b=b^a;
    a=a^b;
    printf("%d,%d\n",a,b);
    return 0;
}
```

程序运行结果如图 10.4 所示。

```
please enter a和b:12,13
13,12
Press any key to continue
```

图 10.4　例 10.14 运行结果

10.4 位自反赋值运算符

位运算符与赋值运算符可以组合成位自反赋值运算符,如
&=,|=,^=,<<=,>>=,+=,-=
例如:a&=b 相当于 a=a&b,a<<=2 相当于 a=a<<2。

10.5 结合性和优先级

运算符优先级决定了在表达式中各个运算符执行的先后顺序。高优先级运算符要先于低优先级运算符进行运算。

当表达式中出现了括号时,会改变优先级。先计算括号中的子表达式值,再计算整个表达式的值。

运算符的结合方式有两种:左结合和右结合。左结合表示运算符优先与左边的标识符结合进行运算,如加法运算;右结合表示运算符优先与其右边的标识符结合,如单目运算符++,——。

同一优先级的运算符,运算次序由结合方向决定。

运算符的优先级见表 10.1。

表 10.1 运算符优先级

优先级	运算符	名称或含义	使用形式	结合性	说明
1	[]	数组下标	数组名[整型表达式]	左结合	
	()	圆括号	(表达式)/函数名(形参表)		
	.	成员选择(对象)	对象.成员名		
	->	成员选择(指针)	对象指针->成员名		
2	-	负号运算符	-表达式	右结合	单目运算符
	(类型)	强制类型转换	(数据类型)表达式		
	++	自增运算符	++变量名/变量名++		单目运算符
	--	自减运算符	--变量名/变量名--		单目运算符
	*	取值运算符	*指针表达式		单目运算符
	&	取地址运算符	&左值表达式		单目运算符
	!	逻辑非运算符	!表达式		单目运算符
	~	按位取反运算符	~表达式		单目运算符
	sizeof	长度运算符	sizeof 表达式/sizeof(类型)		
3	/	除	表达式/表达式	左结合	双目运算符
	*	乘	表达式*表达式		双目运算符
	%	余数(取模)	整型表达式%整型表达式		双目运算符

续表

优先级	运算符	名称或含义	使用形式	结合性	说明
4	+	加	表达式+表达式	左结合	双目运算符
	-	减	表达式-表达式		双目运算符
5	<<	左移	表达式<<表达式	左结合	双目运算符
	>>	右移	表达式>>表达式		双目运算符
6	>	大于	表达式>表达式	左结合	双目运算符
	>=	大于等于	表达式>=表达式		双目运算符
	<	小于	表达式<表达式		双目运算符
	<=	小于等于	表达式<=表达式		双目运算符
7	==	等于	表达式==表达式	左结合	双目运算符
	!=	不等于	表达式!=表达式		双目运算符
8	&	按位与	整型表达式&整型表达式	左结合	双目运算符
9	^	按位异或	整型表达式^整型表达式	左结合	双目运算符
10	|	按位或	整型表达式|整型表达式	左结合	双目运算符
11	&&	逻辑与	表达式&&表达式	左结合	双目运算符
12	||	逻辑或	表达式||表达式	左结合	双目运算符
13	?:	条件运算符	表达式1?表达式2:表达式3	右结合	三目运算符
14	=	赋值运算符	变量=表达式	右结合	
	/=	除后赋值	变量/=表达式		
	*=	乘后赋值	变量*=表达式		
	%=	取模后赋值	变量%=表达式		
	+=	加后赋值	变量+=表达式		
	-=	减后赋值	变量-=表达式		
	<<=	左移后赋值	变量<<=表达式		
	>>=	右移后赋值	变量>>=表达式		
	&=	按位与后赋值	变量&=表达式		
	^=	按位异或后赋值	变量^=表达式		
	|=	按位或后赋值	变量|=表达式		
15	,	逗号运算符	表达式,表达式,…	左结合	

10.6 求长度运算符

求长度运算符(sizeof),其功能是返回指定的数据类型或表达式值的数据类型在内存中占用的字节数。该运算符有两种形式:

sizeof(类型说明符)

sizeof(表达式)

例如：

sizeof(char)

返回值为 1，说明 char 类型占用一个字节。

sizeof(void *)

返回值为 4，说明空指针占用 4 个字节。

sizeof(10)

返回值为 4，说明常量占用 4 个字节。

10.7 位　　段

内存中信息的存取一般是以字节为单位。实际上，有时存储一个信息不必用一个或者多个字节，例如，"真"或者"假"用 0 或 1 表示，只需 1 个二进制位即可。在计算机用于过程控制、参数检测或者数据通信领域时，控制信息往往只占一个字节中的一个或者几个二进制位，常常在一个字节中放几个信息。

那么怎样给一个字节中的一个或者几个二进制位赋值和改变它的值呢？可以用以下两种方法。

（1）人为地将一个整型变量 data 分为几段。例如，a，b，c，d 分别占 2 位、6 位、4 位、4 位，如图 10.5 所示。如果想将 c 段的值变为 12（设原来 c 为 0），可以按如下操作：

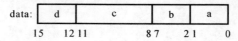

图 10.5　data 分段

1）将整数 12 左移 4 位（执行 12<<4），使 1100 成为右面起第 4～7 位。

2）将 data 与"12<<4"进行"按位或"运算，即可使 c 的值变成 12。

如果 c 的原值不为 0，应先使之为 0。可以用下面方法：

data=data&0177417（0177417 的最左边的 0 表示 177417 是八进制数）

$(0177417)_8$ 的二进制表示为

$$\underline{1\ 1}_{a}\ \underline{1\ 1\ 1\ 1\ 1\ 1}_{b}\ \underline{0\ 0\ 0\ 0}_{c}\ \underline{1\ 1\ 1\ 1}_{d}$$

也就是使第 4～7 位全为 1。它与 data 进行"按位与"运算，使第 4～7 位为 0，其余各位保留 data 的原状。

这个 0177417 称为"屏蔽字"，即把 c 以外的信息屏蔽起来，不受影响，只使 c 改变为 0。但要找出和记住 0177417 这个数比较麻烦，可以用 data=data&~(15<<4)，15 是 c 的最大值（c 是 4 位，最大值是 1111，即 15）。15<<4 是将 1111 左移到以右侧开始 4～7 位，即 c 段的位置，再取反，就使 4～7 位变成 0，其余全为 1，以上可以示意为

15：　　　　　　　　0000000000001111

15<< 4：　　　　　　0000000011110000

~(15<<4)：　　　　 1111111100001111

这样可以实现对 c 清 0,而不必计算屏蔽码。

将上面几步结合起来,可以得到：

data=data&~(15<<4)|(n&15)<<4;
　　　　（赋给 4～7 位,使之为 0）

n 是应赋给 c 的值(例如 12)。n&15 的作用是只取 n 的右端 4 位的值,其余各位置 0,即把 n 放到最后 4 位上,(n&15)<<4 就是 n 置在 4～7 位上,如下所示：

```
        data & ~(15<<4) :   11011011|0000|1010
        (n& 15)<<4 :        00000000|1100|0000
        ────────────────────────────────────
        (按位或运算)         11011011|1100|1010
```

可见,data 的其他位保留原状未改变,而第 4～7 位改变为 12(即 1100)了。

但是用以上方法给一个字节中某几位赋值太麻烦了。可以用下面介绍的位段结构体的方法。

(2)使用位段。C 语言允许在一个结构体中以位为单位来指定其成员所占内存长度,这种以位为单位的成员称为"位段"或称"位域"(bit field)。利用位段能够用较少的位数存储数据。

例如：
```
struct Packed_data
{
    unsigned a:2;
    unsigned b:6;
    unsigned c:4;
    unsigned d:4;
    short i;
}data;
```

如图 10.6 所示,该段程度指定 a,b,c,d 段分别占 2 位、6 位、4 位、4 位,i 为 short 型,占 4 个字节。

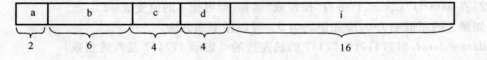

图 10.6 data 分段

也可以使各个字段不恰好沾满一个字节,例如：
```
struct Packed_data
{
    unsigned a:2;
    unsigned b:3;
    unsigned c:4;
    short i;
};
struct Packed_data data;
```

如图 10.7 所示,该段程度指定 a,b,c 共占 9 位,占 1 个字节多,不到 2 个字节,它的后面为 short 型,占 4 个字节。在 a,b,c 之后 7 位空闲闲置不用,i 从另一个字节开头起存放。

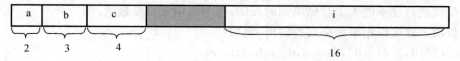

图 10.7　data 分段

注意:位段的空间分配方向因机器而异。一般从右到左进行分配。用户在使用过程中无须关注这种细节,可以直接对位段进行赋值操作,例如:

data.a=2;
data.b=7;
data.c=9;

在赋值过程中要注意位段允许的最大值范围,例如:

data.a=8;

这个赋值操作是错误的。因为 data.a 只占 2 位,其最大值为 3。在超出范围的情况下,系统会自动读取低位。如 8 的二进制形式为 1000,而 data.a 只有两位,系统只读取 00,故 data.a 的值为 0。

关于位段的定义和引用,应该注意以下几点:

(1)声明位段的一般格式为:

类型名[成员名]:宽度

位段成员的类型可以指定为 unsigned int 或 int 型。"宽度"应是一个整型常量表达式,其值应是非负的,且必须小于或等于指令类型的位长。

(2)对位段组(例如上面的结构体变量 data 在内存中存放时,至少占一个存储单元即一个机器字,4 个字节),即使实际长度只占 1 个字节,但也分配 4 个字节。如果想指定某一位段从下一个存储单元存放,可以用以下形式定义:

unsigned a:1;
unsigned b:2;｝(一个存储单元)
unsigned c:0;(表示本存储单元不再存放数据)
unsigned d:3;(另一存储单元)

本来 a,b,c 应连续存放在一个存储单元中,由于用了长度为 0 的位段,其作用是使下一个位段从下一个存储单元开始存放,因此,现在只将 a 和 b 存储在一个存储单元中,c 另存放在一个单元。

(3)一个位段必须存储在同一个存储单元中,不能跨两个单元。如果第 1 个单元空间不能容纳下一个位段,则该空间不用,而从下一个单元起存放该位段。

(4)可以定义无名位段,例如:

unsigned a:1;
unsigned :2;
unsigned c:3;
unsigned d:4;

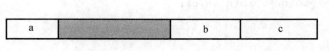

图 10.8　定义无名位段

如图10.8所示,在a后面定了一个无名位段,该空间不用。
(5)位段的长度不能大于存储单元的长度,也不能定义位段数组。
(6)位段中数可以用整型格式符输出,例如:
printf("%d,%d,%d",data.a,data.b,data.c);
当然也可以用%u,%o,%x等格式输出。
(7)位段可以在数值表达式中引用,它会被系统自动转换成整型数,例如:
data.a+5/data.b
这种表达式合法的。

10.8 位运算程序设计案例

【例10.15】要求将数据a进行右循环移n位,如图10.9所示(用两个字节存放数据a)。

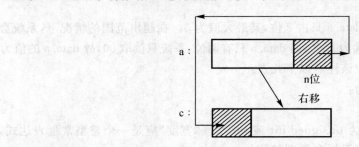

图10.9 右循环移n位

设计思想:
(1)将a的右端n位放到b中的高n位中,即b=a<<(16−n)。
(2)将a右移n位,其左边高n位补0,即c=a>>n。
(3)将c和b进行按位或运算,即c=c|b。
(4)将c和0x0FFFF相与,将高于16位的位全部清0。
程序如下:
```
#include <stdio.h>
int main(){
    unsigned int a,b,c;
    unsigned int n;
    printf("please enter a and n:");
    scanf("%o%d",&a,&n);
    b=a<<(16−n);
    c=a>>n;
    c=((c|b)&0x0FFFF);
    printf("a=%o\nc=%o\n",a,c);
    return 0;
}
```

程序运行结果如图 10.10 所示。

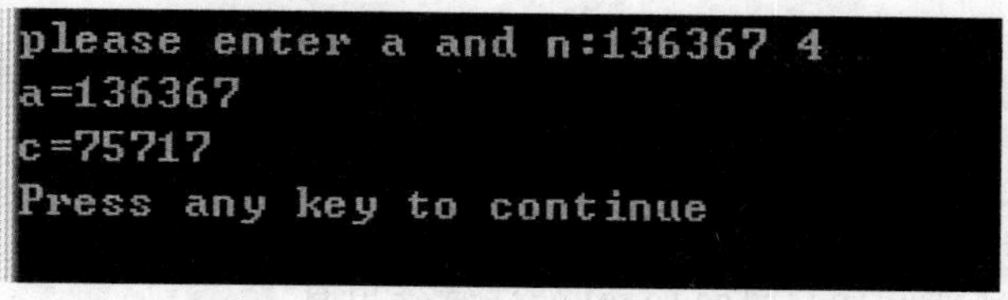

```
please enter a and n:136367 4
a=136367
c=75717
Press any key to continue
```

图 10.10 例 10.15 运行结果

实训 10 位 运 算

1. 实验目的

(1)熟悉位运算的概念,掌握位运算符的使用。
(2)通过实验,掌握位操作。

2. 实训环境

上机环境为 Visual C++6.0。

3. 实训内容

(1)从一个整数 a 中把右端开始的 4~7 位取出来.

设计方法:

1)将 a 右移 4 位,目的是使要取出的那几位移到最右端。右移到右端可以使用下面方法实现:a>>4。

2)设置一个低 4 位全是 1,其余全是 0 的数。可用下面方法实现:~(~0<<4)。

3)将上面两步计算的结果进行 & 运算,即(a>>4)&~(~0<<4)。

(2)写一个函数 getbits,从一个 16 位的单元中取出连续的某几位(即将该几位保留原值,其余位清 0)。

设计方法:

函数调用的格式为 getbits(value,n1,n2),value 为该 16 位数的值,n1 为预取出的起始位,n2 为预取出的结束位。比如:

getbits(0101675,5,8)

表示对八进制的数 101675,取出其左起第 5 位到第 8 位,要求把这几位数用八进制的形式打印出来。注意将这几位数右移到最左端,然后用八进制形式输出。用笔算结果与之比较,以验证运算的正确性。

4. 实训报告要求

(1) 实训题目。
(2) 设计步骤。
(3) 参考程序。
(4) 参考结果。
(5) 实验总结。

习 题 10

1. 填空题

(1) 已知 $[X]_\text{补}=1011010$,则 X 的原码为_____。

(2) 二进制数表达式"010010|011010"的运算结果是_____。

(3) 设二进制的数 A 是 00101101,若想通过"异或"运算即(A^B)使 A 的高 4 位取反,低 4 位不变,则二进制数 B 应为_____。

(4) 设无符号整型变量 a 为 10,b 为 6,则 b&=a 运算后,b 的值为_____。

(5) 设有变量定义:"unsigned short ul;",则 sizeof(ul)的值是_____。

(6) 使用位段时的一般格式是_____。

2. 选择题

(1) 设字符型变量 a=3,b=6,计算表达式 c=(a^c)后 c 的二进制值是( )。
  A. 00011100   B. 00010100   C. 00000001   D. 00000111

(2) 设有无符号短整型变量 I,j,k,i 的值为 013,j 的值为 0x13。计算表达式"k=~i|j>>3"后,k 的值是( )。
  A. 06   B. 0177776   C. 066   D. 0177766

(3) 变量 a 中的数据用二进制表示的形式是 01011101,变量 b 中的数据用二进制表示的形式是 11110000。若要求将 a 的高 4 位取反,低 4 位不变,所执行的运算是( )。
  A. a&b   B. a|b   C. a^b   D. a<<4

(4) 若有定义语句:int x=10;则表达式 x-=x+x 的值为( )。
  A. -20   B. -10   C. 0   D. 10

(5) 设有定义:int x=2。以下表达式中,值不为 6 的是( )。
  A. x*=x+1   B. x++,2*x   C. x*=(1+x)   D. 2*x,x+=2

(6) 有以下程序:
```
#include <stdio.h>
#include <string.h>
mian(){
    char a[10]="abcd";
    printf("%d\n",sizeof(a));
}
```
程序运行后的输出结果为( )
  A. 4   B. 10   C. 8   D. 16

3. 码制转换

假设某计算机的字长为 16 位,写出二进制数+101101 和-101010 的原码、反码和补码。

4. 程序设计

(1) 设计一个函数,使给出一个数的原码后能得到该数的补码。

(2) 编一个程序,使一个整数的低 4 位翻转。用十六进制输入和输出。

(3) 编一个程序,将整数的高字节和低字节分别输出。用十六进制输入和输出。

第 11 章 编译预处理

预处理是 C 语言特有的功能,也是 C 语言和其他高级语言的重要区别之一。C 语言通过在源程序中添加预处理语言,以改进程序的设计环境,提高编程效率。在 C 语言中提供了多种预处理功能,合理地加以应用可以提高程序修改、移植和调试效率。

11.1 概 述

在 C 编译系统对程序进行编译之前,先对程序中一些特殊的命令进行"预处理",然后将预处理的结果和源程序一起再进行编译处理,以得到目标代码。这些编译之前预先要处理的语句称为编译预处理语句。编译预处理语句一般放在源程序的首部,都以"♯"开头,每个预处理语句必须单独占一行,语句末尾不使用分号作为结束符,如果一行写不完,可以在上一行末尾加"\",并在下一行继续书写。

现在使用的许多 C 编译系统,把 C 预处理语句作为 C 编译系统的一个组成部分,在编译时一气呵成。因此有些用户以为预处理语言是 C 语言的一部分,甚至以为它们就是 C 语句,这是不对的。用户在使用过程中,必须正确区分预处理语句和 C 语句,才能正使用预处理语言。

C 语言预处理语句主要有三种:宏定义、文件包含及条件编译。

11.2 宏 定 义

宏定义用一个标识符来代表一个字符串,其中标识符称为宏名,在编译预处理时,将会把宏名替换成它所代表的字符串,这个过程称为宏展开。

宏定义与变量定义有着本质的区别,宏定义只是在编译预处理时做简单的字符串替换,并不需要系统分配内存空间;而定义变量则会在编译时根据变量的类型得到系统分配的内存空间。宏定义是由源程序中的宏定义命令完成的。宏替换是由预处理程序自动完成的。

在 C 语言中,宏分为无参数宏和有参数宏两种。

11.2.1 不带参数的宏定义

不带参数的宏定义是比较简单的,就是用一个指定的标识符来代表一个字符串。
不带参数的宏定义的一般格式为:
♯define 宏名 字符串
"♯"表示这是一条预处理命令;"宏名"是标识符,必须符合 C 语言标识符的规定;"字符串"在此可以是常数、表达式、格式字符串等。

例如：

＃define PI 3.14

下面用一个简单程序说明不带参数的宏定义和宏引用。

【例11.1】输入半径，求圆周长和面积，要求使用不带参数的宏定义。

设计思路：

求圆周长公式为：$C=2\pi r$。

求圆面积公式为：$S=\pi r^2$。

π的值为3.14，由于在编程中多次使用，为了避免多次重复输入带来的错误，可以用一个标识符PI代替3.14。

程序如下：

```
#include<stdio.h>
#define PI 3.14
int main(){
    double C,S,r;
    printf("input radius:");
    scanf("%lf",&r);
    C=2.0*PI*r;
    S=PI*r*r;
    printf("l=%10.4lf\ns=%10.4lf\n",C,S);
    return 0;
}
```

程序运行结果如图11.1所示。

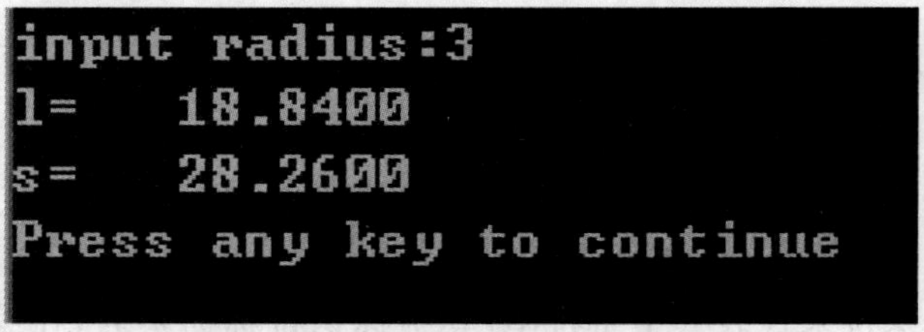

```
input radius:3
l=    18.8400
s=    28.2600
Press any key to continue
```

图11.1　例11.1运行结果

注意：

(1)宏定义只是用宏名代替一个字符串，也就是只做简单的置换，不做正确性检查。

(2)宏定义不是C语句，末尾不加分号。

(3)＃define出现在程序中的函数外面，宏名的有效范围为该指令行起到本源文件结束。

(4)可以用＃undef指令终止宏定义的作用域。

(5)在进行宏定义时，可以引用已经定义的宏名。例如：

＃define R 3.0

＃define PI 3.14

＃define L 2*R*PI

11.2.2 带参数的宏定义

带参数的宏定义不是进行简单的字符串替换,还要进行参数替换。
带参数的宏定义的一般格式为:
#define 宏名(参数表) 字符串
字符串中包含括号中所指定的参数。
例如:
#define S(r) PI*r*r
下面用一个简单程序说明带参数的宏定义和宏引用。

【例11.2】输入半径,求圆周长和面积,要求使用带参数的宏定义。
设计思路:
求圆周长公式为:$C=2\pi r$。
求圆面积公式为:$S=\pi r2$。
π的值为3.14,由于在编程中多次使用,为了避免多次重复输入带来的错误,可以用一个标识符PI代替3.14。

#define PI 3.14
#define S(r) PI*r*r
#define C(r) 2*PI*r

程序如下:

```
#include <stdio.h>
#define PI 3.14
#define S(r) PI*r*r
#define C(r) 2*PI*r
int main(){
    double r,S,C;
    printf("input radius:");
    scanf("%lf",&r);
    S= S(r);
    C= C(r);
    printf("C=%10.4lf\nS=%10.4lf\n",C,S);
}
```

程序运行结果如图11.2所示。

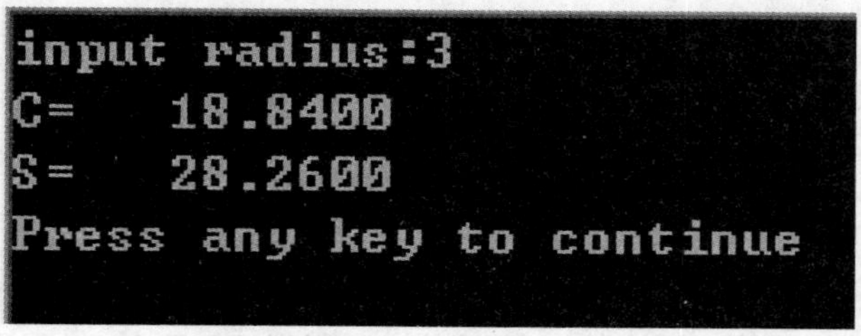

```
input radius:3
C=     18.8400
S=     28.2600
Press any key to continue
```

图11.2 例11.2运行结果

注意：

(1)在定义宏时，在宏名与带参数的括号之间不应加空格，否则将空格以后的字符都作为替代字符串的一部分。例如：

♯define S (r) PI∗r∗r //S和括号之间有一个空格

系统就会认为S是符号常量，它代表的字符串"(r) PI∗r∗r"。

(2)为了保证在宏展开后，字符串中的各个参数计算顺序正确，应当在宏定义中的字符串最外面以及其中的各个参数外面加上括号。

例如：

♯define sqr(x) x∗x

则当在此宏定义的后面程序中有语句"s＝sqr(a+1)"，对它进行宏展开的结果为"s＝a+1∗a+1;"显然这不是我们想要的结果。将宏定义改为"♯define sqr(x) (x)∗(x)"，展开的结果就是"s＝(a+1)∗(a+1);"。

从上面我们可以看到，带参数的宏和函数存在相似之处。它们的表达形式都是一个名字加上几个参数，引用方式也相同，实参和形参的个数都要求相同。但是带参数的宏定义与函数的本质是不同的：

(1)定义方式不同。宏要用宏定义的方式，即用"♯define"开头而函数则要求用函数原型。

(2)对参数的要求也不同。函数要求参数有类型说明，而宏定义没有。

(3)对参数的处理也不同。在函数调用时，要先计算出实参表达式的值，然后将此值传给形参；而对于带参数的宏是将形参用实参来代替，即简单的字符替换。

(4)处理时间不同。函数调用是在程序运行时处理的，并且要为函数分配内存空间，而宏展开则是在编译预处理时进行的。使用宏增加编译的时间，但不增加程序运行的时间，而使用函数由于在函数调用开始和返回时要进行相应的处理，因此要占用一些时间，而且程序调用一个函数的次数越多，占用运行时间越多，程序运行就越慢。所以在编程过程中，对于简单的表达式要权衡利弊，确定是用宏来表示还是用函数来表示。

11.2.3 解除宏定义

如果要取消已经定义的宏定义，则可以采用♯undef格式。例如：

♯define PI 3.14

mian()

{

……

}

♯undef PI

fi()

{

……

}

由于在mian函数之后使用♯undif取消定义，所以PI只在mian函数中有效，在f1中无效。

11.3 文件包含

前面已多次用过文件包含指令了,如:
#include <stdio.h>
所谓"文件包含"处理是指一个源文件可以将另外一个源文件的全部内容包含进来,即将另外的文件内容包含到本文件之中,插入到当前的位置。C语言用#include 指令用来实现"文件指令"的操作。其一般形式为:
#include "文件名"
或
#include <文件名>
其中"文件名"一般为扩展名为".h"的文件,通常将这类文件称为头文件。

这两种形式的区别在于:用尖括号(如<stdio.h>)形式时,系统到存放C库函数头文件的目录中寻找包含的文件,这称为标准方式。用双撇号("file2.h")形式时,系统在用户当前目录中寻找要包含的文件,若找不到,再按标准方式查找(即再按尖括号的方式查找)。一般来说,如果为了调用库函数而用#include 指令来包含相关的头文件,则用尖括号,直接从存放C编译系统的目录中找,以节省查找时间。如果要包含的是用户自己编写的文件(这种文件一般都放在用户建立的用户当前目录中),一般用双撇号,以便到该目录中找。

注意:
(1) 一个#include 命令只能指定一个被包含的文件。
(2) 文件包含是可以嵌套的,即在一个被包含文件中还可以包含另一个被包含文件。
(3) 头文件除了可以包含函数原型和宏定义外,也可以包含结构体类型定义(见第8章)和全局变量定义等。

例如,在某个源文件的开头有如下的命令:
#include <stdio.h>
#include <math.h>
在预处理时,就将文件 stdio.h 和 math.h 的所有内容放到该源程序中的预处理命令处。

在程序设计中,文件包含是很有用的。一个大的程序可以分解为多个相对独立的模块,由多个程序员编程,最后合并为一个大的程序。有些公用的符号常量或宏定义等可单独做成一个文件,在其他文件的开头用包含命令包含该文件即可使用。这样,可避免在每个文件开头都书写那些公用量,从而节省时间,同时也减少了出错的可能性。

文件包含的基本原理如图 11.3 所示。

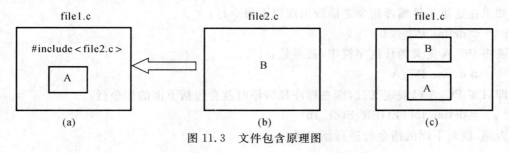

图 11.3 文件包含原理图

11.4 条件编译

一般情况下,源程序中的所有行都参加编译。但是有时希望程序中的一部分内容只在满足一定条件时才进行编译,也就是对这一部分内容指定编译的条件,这就是"条件编译"(condition compiling)。有时,希望在满足某条件时对某一组语句进行编译,而当条件不满足时则编译另一组语句。

条件编译指令有以下几种形式:
(1) #ifdef 标识符
　　　程序段1
#else
　　　程序段2
#endif

它的含义:若所指定的标识符已经被#define指令定义过,则在程序编译阶段对程序段1进行编译;否则编译程序段2。实际上,预处理器是这样执行的,当发现所指定的标识符已经被#define指令定义过,就保留源程序中的"程序段1",而忽略"程序段2"(把"程序段2"删除),否则就保留"保留段2",而忽略"程序段1"。即在最后提供编译的源程序中只包括"程序段1",或只包括"程序段2"。

条件编译指令中的#else部分可以没有,即
#ifdef 标识符
　　　程序段
#endif

这里的"程序段"可以是语句组,也可以是指令行。这种条件编译对于提高C源程序的通用性是很好处的。如果一个C源程序在不同计算机系统上运行,而不同的计算机又有一定的差异(例如,有的机器以16位(2个字节)来存放一个整数,而有的则以32位存放一个整数),这样在不同的计算机上编译程序时需要对源程序作必要的修改,这就降低了程序的通用性。可以用以下的条件编译来处理:

```
#ifdef PC_A                    //如果已定义过 PC_A
    #define INTEGER 16         //编译此指令行
#else                          //否则
    #define INTEGER_SIZE32     //编译此指令行
#endif
```

如果在这组条件编译指令之前曾出现以下指令行:
　　　#define PC_A 0
或将 PC_A 定义为任何字符串,甚至是:
　　　#define PC_A
即只要 PC_A 已被定义过,则在程序预编译时就会包括下面的指令行:
　　　#define INTEGER_SIZE 16
否则,就对下面的指令行进行预编译:

#define INTEGER_SIZE 32

则预编译后程序中的 INTEGER_SIZE 用 16 代替;否则都用 32 代替。

这样,源程序可以不必作任何修改就可以用于不同类型的计算机系统。当然以上介绍的只是一种简单的情况,读者可以根据此思路设计出其他条件编译。

例如,在调试时,常常希望输出一些所需的信息,而在调试完成后不再输出这些信息。可以在源程序中插入以下的条件编译段:

#ifdef DEBUG
  Printf("x=%d,y=%d,z=%d\n",x,y,z);
#endif

如果在它的前面有以下指令:

#define DEBUG

则在程序运行时输出 x,y,z 的值以便调试时分析。调试完成后只须将这个 #define 指令删去即可。有人可能觉得不用条件编译也可达到此目的。在调试时加一批 printf 语句,调试后一一将 printf 删去。的确,这是可以的。但是,当调试时加的 printf 语句比较多时,修改的工作量是很大的。用条件编译,则不必一一删改 printf 语句,只须删除前面一条"#define DEBUG"指令即可,这时所有的用 DEBUG 作标识符的条件编译段都使其中的 printf 语句不起作用,即起统一控制的作用,如同一个"开关"一样。

(2) #ifdef 标识符
  程序段 1
 #else
  程序段 2
 #endif

同第 1 种形式相比只是第 1 行不同:将"ifdef"改为"ifndef"。它的作用是,若指定的标识符未被定义过,则编译程序段 1;否则编译程序段 2。这种形式与第 1 种形式的作用相反。

以上两种方式的用法差不多,根据需要任选一种,视方便而定。例如,上面调试时输出信息的条件编译也可以改为

#ifndef RUN

printf("x=%d,y=%d,z=%d\n",x,y,z); #endif

如果在此之前未对 RUN 定义,则输出 x,y,z 的值。调试完成后,在运行之前,加以下指令:

#define RUN

再进行编译和运行,则不会输出 x,y,z 的值。

(3) #if 表达式
  程序段 1
 #else
  程序段 2
 #endif

它的作用是当指定的表达式值为真(非零)时就编译程序段 1;否则编译程序段 2。可以事先给定条件,使程序在不同的条件下执行不同的功能。

【例11.3】输入一行字母字符,根据需要设置条件编译,使之能将字母全改为大写输出,或全改为小写输出。

设计思路:用一个字符数组存放一行字符,其中包括大写字母和小写字母。题目要求根据用户指定,把所有字母全改为大写字母,或者全改为小写字母。可以用条件编译来处理:定义一个宏LETTER,用"#if LETTER"指令检测,如果LETTER代表1(真),就编译一组语句,把小写字母改为大写字母;如果LETTER代表0(假),就编译另一组语句,把大写字母改为小写字母。

程序如下:

```
#include<stdio.h>
#define LETTER 1                //宏定义LETTER代表1
int main(){
    char str[20]="C Language",c;
    int i=0;
    while((c=str[i])!='\0')     //当前字符不是'\0'时
    {
        #if LETTER              //条件编译开始,如果LETTER为真(1)
        if(c>='a'&&c<='z')      //若当前字符为小写字母
            c=c-32;             //改为大写字母
        #else                   //如果LETTER为假(0)
        if(c>='A'&&c<='Z')      //若当前字符为大写字母
            c=c+32;             //改为小写字母
        #endif                  //条件编译结束
        printf("%c",c);         //输出此字符
        i++;                    //指向下一个字符
    }
    printf("\n");
    return 0;
}
```

程序运行结果如图11.4所示。

```
c language
Press any key to continue
```

图11.4 例11.3运行结果

程序分析:

现在先定义LETTER为1,这样在对条件编译指令进行预处理时,由于LETTER为真(1),就将第1个if语句保留而删除第2个if语句,这样经编译后运行,就会使小写字母变为大

写字母。如果将程序第2行改为

＃define LETTER 0

则在处理时,保留第2个if语句,而删除第1个if语句。经过编译后运行,就会使大写字母变成小写字母(大写字母与相应的小写字母的ASCII代码差为32)。此时运行结果为

C language

有的读者可能会问,不用条件指令而直接用if语句也能达到要求,用条件编译指令有什么好处呢? 的确,对这个问题完全可以不用条件编译处理而用if语句处理,但那样做,目标程序长(因为所有语句都编译),运行时间长(因为在程序运行时要对if语句进行测试)。而采用条件编译,可以减少被编译的语句,从而减少目标程序的长度,减少运行时间。当条件编译段比较多时,目标程序长度可以大大减小。以上举例是最简单的情况,只是为了说明怎样使用条件编译,有人会觉得其优越性不太明显,但是如果程序比较复杂而善于使用条件编译,其优越性是比较明显的。

11.5 预处理程序设计案例

【例11.4】用宏定义的方法来替换输入、输出函数中的格式字符串。

程序如下:

```
＃define int(d)printf("%d\n",d)
＃define float(f)printf("%8.2f\n",f)
＃include<stdio.h>
void main(){
    int x;
    float y;
    printf("请输入一个整数:");
    scanf("%d",&x);
     printf("请输入一个实数:");
    scanf("%f",&y);
    int(x);
    float(y);
}
```

程序运行结果如图11.5所示。

图 11.5 例 11.4 运行结果

【例11.5】已知三角形的三条边 a,b,c,用带参宏定义求一个三角形的面积。

设计方法:假设输入的条边是 a,b,c 能构成三角形。从数学知识已知求三角形面积公式为 area=$\sqrt{S(S-a)(S-b)(S-c)}$,其中 S=(a+b+c)/2。程序如下:

```
#include <stdio.h>
#include <math.h>
#define S(a,b,c) (a+b+c)/2
#define STR(a,b,c) S(a,b,c)*(S(a,b,c)-a)*(S(a,b,c)-b)*(S(a,b,c)-c)
#define area(a,b,c) sqrt(STR(a,b,c))
void main(){
int x,y,z;
float area;
printf("输入符合三角形的三条边 x,y,z:");
scanf("%d,%d,%d",&x,&y,&z);
area=area(x,y,z);
printf("area=%.2f\n",area);
}
```

程序运行结果如图 11.6 所示。

图 11.6　例 11.5 运行结果

实训 11　编译预处理

1. 实训目的

(1)熟悉无参数宏和有参数宏的定义及使用方法。

(2)掌握包含文件的处理方法。

(3)了解条件编译的作用和实现方法。

2. 实训环境

上机环境为 Visual C++ 6.0。

3. 实训内容

(1)编写程序,使用文件包含命令求 1 到 n 整数之和。

设计方法:

将以下程序单独保存,名为"text.h":

```
long sunmfun(int n)
{
    int k;
```

```
        long sum=0;
        for(k=1;k<=n;k++)
        sum=sum+k;
        return(sum);
}
```

在主函数中,输入正整数 n 的值,通过#include 命令将 text.h 文件包含进来计算 1 到 n 整数之和。

(2)用条件编译方法实现以下功能:

输入一个字符串,有两种输出方式,一种是明文输出,即原文输出;一种是加密输出(将字母变成下一个字母即"a"变成"b",……,"z"变成"a",其他字母保持不变)。

设计方法:

用#define 命令控制是否要明文输出还是加密输出。

例如:如果#define CHANGE 1,则加密输出;如果#define CHANGE 0,则明文输出。

因为标识符 CHANGE 被宏定义过,所以在编译预处理时对第一个#if 语句进行编译,即控制加密输出。如果将#define CHANGE 去掉,则程序变为原样输出。

习 题 11

1. 填空题

(1)编译预处理命令主要有 3 种,即_____,_____,_____。

(2)设有定义:#define F(N) 3 * N,则表达式 F(5+3)的值是_____。

(3)下面程序的输出结果是_____。

```
#include<stdio.h>
#define MOD(a,b)a%b
main()
{   int x=4,y=16,z;
    z=MOD(y+1,1+x);
    printf("%d\n",z++);
}
```

(4)下面程序的输出结果是_____。

```
#include "stdio.h"
#define   MIN(x,y)   (x)<(y)? (x):(y)
main()
{   int a=1,b=2,c=3,d=2,t;
    t=MIN(a+b,c+d) * 100;
    printf("%d\n",t);
}
```

(5)下面程序 for 循环执行_____次,程序结果是_____。

```
#include<stdio.h>
```

```
#define M 3
#define COUNT 2*M
main()
{int i,j=0;
for(i=0;i<COUNT;i++)
j++;
printf("%d",j);
}
```

2. 选择题

(1)下列不属于编译预处理的操作是(　　)。
A. 包含文件　　　　B. 条件编译　　　　C. 宏定义　　　　D. 连接

(2)下列语句正确描述的(　　)。
A. C语言的预处理功能是指完成宏替换和包含文件的调用
B. 预处理命令只能位于C语言源程序文件的首部
C. 凡是C语言源程序中首行以#标识的控制行都是预处理指令
D. C语言的编译预处理就是对源程序进行初步的语法检查

(3)以下叙述不正确的是(　　)。
A. 预处理命令行都是必须以"#"开始
B. 在程序中凡是以"#"开始的语句行都是预处理命令行
C. C程序在执行过程中对预处理命令进行处理
D. #define ABCD 是正确的宏定义

(4)一个宏名的作用域从该宏名的宏定义处起,到所在文件的结尾或(　　)命令取消宏定义为止。
A. #stopdef　　　　B. #define　　　　C. #notdef　　　　D. #undef

(5)如果文件1包含文件2,而在文件2中要用到文件3的内容,则可在文件1中用两个include命令,则下列语句正确的是(　　)。
A. #include "file1.h"　　　　　　B. #include "file1.h"
　 #include "file2.h"　　　　　　　 #include "file3.h"
C. #include "file1.h"　　　　　　D. #inlcude "file3.h"
　 #include "file3.h"　　　　　　　 #include "file2.h"

(6)宏定义"#define p(x,y,z) x=y*z",则宏替换"p(a,x+5,y-3.1)"的结果应为(　　)。
A. a=x+5*y-3.1　　　　　　　　B. a=x+5*(y-3.1)
C. a=(x+5)*(y-3.1)　　　　　　　D. a=(x+5)*y-3.1

(7)以下关于宏的叙述正确的是(　　)。
A. 宏名必须用大写字母表示
B. 宏定义必须位于源程序中的所有语句之前
C. 宏替换没有数据类型限制
D. 宏调用比函数耗费时间

(8)以下叙述错误的是(　　)。

A. ＃define MAX 是合法的宏定义命令行
B. C 程序对预处理命令行的处理是在程序执行的过程中进行的
C. 在程序中凡是以"＃"开始的语句行都是预处理命令行
D. 预处理命令行的最后不能以分号表示结束

3. 程序设计。

(1) 编写一个程序，求 3 个数中的最大数，要求用带参宏实现。

(2) 编写一个程序，实现两个整数交换，并利用宏将两个长度相同的整型数组元素对应进行交换。(要求：定义一个带参的宏 swap(x,y))

(3) 输入两个整数，求它们相除的余数，用带参数的宏来实现。

(4) 定义一个宏，求一元二次方程根的判别式的值。

第 12 章 图形处理

前面的章节中,运行的程序都是在文本模式下显示的,枯燥、生硬。而图形是一种大容量、形象、直观的信息表达方式。利用图形模式将结果用图形直观逼真地表现出来,使人一目了然。在 VC 的编辑和调试环境下,使用 EasyX 图形库,EasyX 图形库移植了 BGI 库中的主要函数,可以帮助 C 语言初学者快速学习图形和游戏的编程。本章主要介绍图形模式的初始化、独立图形程序的建立、基本图形功能、图形窗口以及图形模式下的文本输出等函数。

12.1 EasyX 库的安装与使用

1. 系统支持

操作系统版本:Windows 2000 及以上操作系统。

编译环境版本:Visual C++ 6.0 / Visual C++ 2008 ~ 2013(x86,x64)。

2. 安装方法

方法一:将下载的压缩包解压缩(参考链接:http://www.easyx.cn),然后执行 Setup.hta,并跟据提示安装。安装程序会检测您已经安装的 VC 版本,并根据您的选择将对应的 .h 和 .lib 文件安装至 VC 的 include 和 lib 文件夹内。安装程序不会修改注册表或者您本机的任何文件。

方法二:如果您需要手动安装,请根据下面的文件列表说明将安装包里的相关文件分别拷贝到 VC 对应的 include 和 lib 文件夹内,或者将 include 和 lib 文件夹放到任意位置,然后修改 VC 中的 Lib 和 Include 的引用路径。

3. 卸载方法

由于安装程序并不改写注册表,因此您在"添加删除程序"中不会看到 EasyX 的卸载项。如需卸载,请执行相应版本的 Setup.hta,并根据提示卸载。也可以手动将相关的 .h 和 .lib 删除,系统中不会残留任何垃圾信息。

4. 使用方法

启动 Visual C++,创建一个控制台项目(Win32 Console Application),然后添加一个新的代码文件(.cpp),注意在编写程序时,一定要引用 graphics.h 头文件。

【例 12.1】画一个圆。

程序如下:

第 12 章 图形处理

```
#include <stdafx.h>
#include <graphics.h>          // 就是需要引用这个图形库
#include <conio.h>
void main() {
    initgraph(640, 480);       //初始化绘图窗口
    circle(200, 200, 100);     // 画圆,圆心(200,200),半径100
    getch();                   // 按任意键继续
    closegraph();              // 关闭图形界面
}
```

程序运行结果如图 12.1 所示。

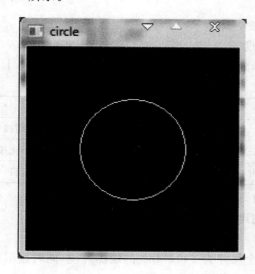

图 12.1 例 12.1 运行结果

注意:stdafx 的英文全称为:Standard Application Framework Extensions(标准应用程序框架的扩展)。

所谓头文件预编译,就是把一个工程(Project)中使用的一些 MFC 标准头文件(如 Windows.H,Afxwin.H)预先编译,以后该工程编译时,不再编译这部分头文件,仅仅使用预编译的结果。这样可以加快编译速度,节省时间。

预编译头文件通过编译 stdafx.cpp 生成,以工程名命名,由于预编译的头文件的后缀是"pch",所以编译结果文件是 projectname.pch。

编译器通过一个头文件 stdafx.h 来使用预编译头文件。stdafx.h 这个头文件名是可以在 project 的编译设置里指定的。编译器认为,所有在指令#include"stdafx.h"前的代码都是预编译的,它跳过#include"stdafx.h"指令,使用 projectname.pch 编译这条指令之后的所有代码。

因此,所有的 MFC 实现文件第一条语句都是#include"stdafx.h"。在它前面的所有代码将被忽略,所以其他的头文件应该在这一行后面被包含。否则,将会得到"No such file or directory"这样的错误提示。

12.2 图形输出初始化的设置

C语言系统默认屏幕为文本模式,屏幕简单地划分为80列25行或40列25行,这样所有的图形函数均不能运行。图像以像素为基本单位,若要显示图形,就要对绘图环境进行设置。

12.2.1 图形输出初始化

在创建绘图之前,首先要对绘图环境进行初始化。

函数原型:

HWND initgraph(int width,int height,int flag = NULL);

函数参数:

width:绘图环境的宽度。

height:绘图环境的高度。

flag:绘图环境的样式,默认为 NULL。可以使用的值见表 12.1。

表 12.1 绘图环境样式参数

值	含义
NOCLOSE	禁用绘图环境的关闭按钮
NOMINIMIZE	禁用绘图环境的最小化按钮
SHOWCONSOLE	保留原控制台窗口

返回值:创建的绘图窗口的句柄。

例如,以下局部代码创建一个尺寸为 640×480 的绘图环境:

initgraph(640,480);

以下局部代码创建一个尺寸为 640×480 的绘图环境,同时显示控制台窗口:

initgraph(640,480,SHOWCONSOLE);

以下局部代码创建一个尺寸为 640×480 的绘图环境,同时显示控制台窗口,并禁用关闭按钮:

initgraph(640,480,SHOWCONSOLE | NOCLOSE);

12.2.2 重置图形输出设置

函数原型:void graphdefaults();

函数功能:这个函数用于重置视图、当前点、绘图色、背景色、线形、填充类型、字体为默认值。

12.2.3 退出图形方式

图形系统初始化后进入图形输出方式,是由 initgraph() 函数完成的。如果要退出图形方式,即恢复文本方式,就要关闭图形模式。

函数原型:void closegraph();

函数说明:关闭图形方式后,前面显示的图形自动清除。

12.3 绘图函数

绘图函数是图形系统的核心,也是编写绘图程序的基础。在 C 语言程序中,要使用各种图形函数,首先要进行图形输出初始化。

12.3.1 视区和屏幕操作函数

1. 清除屏幕函数
函数原型:void cleardevice();
函数功能:这个函数用于清除屏幕内容。具体的,是用当前背景色清空屏幕,并将当前点移至(0,0)。

2. 清除剪裁区屏幕函数
函数原型:void clearcliprgn();
函数功能:这个函数用于清空裁剪区的屏幕内容。

3. 获取当前缩放因子函数
函数原型:void getaspectratio(float * pxasp,float * pyasp);
函数参数:
pxasp:返回 X 方向上的缩放因子。
pyasp:返回 Y 方向上的缩放因子。
返回值:无。

4. 设置当前缩放因子函数
函数原型:void setaspectratio(float xasp,float yasp);
函数参数:
xasp:X 方向上的缩放因子。例如绘制宽度为 100 的矩形,实际的绘制宽度为 100 * xasp。
yasp:Y 方向上的缩放因子。例如绘制高度为 100 的矩形,实际的绘制高度为 100 * yasp。
返回值:无。

5. 设置绘图裁剪区函数
函数原型:void setcliprgn(HRGN hrgn);
函数参数:
hrgn:区域的句柄。创建区域所使用的坐标为物理坐标。如果该值为 NULL,表示取消之前设置的裁剪区。
返回值:无。
函数说明:
HRGN 是 Windows 定义的表示区域的句柄。将该区域设置为裁剪区后,任何区域外的绘图都将无效(但仍然可以通过操作显存在裁剪区外绘图)。
可以使用 Windows GDI 函数创建一个区域。例如,创建矩形区域可以使用函数:
HRGN CreateRectRgn(int left, int top, int right, int bottom);
此外,还可以使用函数 CreateEllipticRgn 创建椭圆形的区域,使用 CreatePolygonRgn 创建多边形的区域等。还可以使用 CombineRgn 组合区域。更多关于区域的 GDI 函数,请参考

MSDN 中的 Region Functions。

注意：创建区域后，如果不再使用，请执行 DeleteObject(HRGN hrgn) 以释放该区域对应的系统资源。

【例12.2】创建一个矩形裁剪区，并在该裁剪区内画圆，请观察裁剪效果。

程序如下：

```
#include <graphics.h>
#include <conio.h>
void main() {
    // 初始化绘图窗口
    initgraph(300, 300);
    // 创建一个矩形区域
    HRGN rgn = CreateRectRgn(100, 100, 200, 200);
    // 将该矩形区域设置为裁剪区
    setcliprgn(rgn);
    // 不再使用 rgn，清理 rgn 占用的系统资源
    DeleteObject(rgn);
    // 画圆，受裁剪区影响，只显示出四段圆弧
    circle(150, 150, 55);
    // 取消之前设置的裁剪区
    setcliprgn(NULL);
    // 画圆，不再受裁剪区影响，显示出一个完整的圆
    circle(150, 150, 60);
    // 按任意键退出
    getch();
    closegraph();
}
```

程序运行结果如图 12.2 所示。

图 12.2　例 12.2 运行结果

6. 设置坐标原点函数

函数原型：void setorigin(int x, int y);

函数参数：

x:原点的 X 坐标(使用物理坐标)。

y:原点的 Y 坐标(使用物理坐标)。

返回值：无。

注意：在 EasyX 中,坐标分两种,即逻辑坐标和物理坐标。

逻辑坐标：逻辑坐标是在程序中用于绘图的坐标体系。坐标默认的原点在屏幕的左上角，X 轴向右为正,Y 轴向下为正,度量单位是像素。坐标原点可以通过 setorigin 函数修改；坐标轴方向可以通过 setaspectratio 函数修改；缩放比例可以通过 setaspectratio 函数修改。

在本章中,凡是没有注明的坐标,均指逻辑坐标。

物理坐标：物理坐标是描述设备的坐标体系。坐标原点在屏幕的左上角,X 轴向右为正,Y 轴向下为正,度量单位是像素。坐标原点、坐标轴方向、缩放比例都不能改变。

7. 获取当前点的函数

函数原型：int getx();(获取当前 X 坐标)

Int gety();(获取当前 Y 坐标)

返回值：返回当前点的 X 坐标和 Y 坐标。

8. 绝对移动函数和相对移动函数

(1)绝对移动函数。

函数原型：void moveto(int x,int y);

函数功能：将点(x,y)设为当前位置,作为后面绘图的默认起点。

函数参数：

x:新的当前点 X 坐标。

y:新的当前点 Y 坐标。

返回值：无。

(2)相对移动函数。

函数原型：void moverel(int dx,int dy);

函数功能：将当前点移动到(x+dx,y+dy)位置。

函数参数：

dx:将当前点沿 X 轴移动 dx。

dy:将当前点沿 Y 轴移动 dy。

返回值：无。

例：当前点位置坐标为(5,8),执行 moveto(10,10)后,移到(10,10)处。**若执行 moverel (10,10)后,则移到(15,18)处。**

9. 获取绘图区参数函数

(1)获取绘图区高度函数。

函数原型：int getheight();

返回值：返回绘图区高度。

(2) 获取绘画区宽度函数。
函数原型：int getwidth();
返回值：返回绘图区宽度。

12.3.2 颜色控制函数

1. 设置颜色和样式函数

(1) 设置当前绘图背景色函数。
函数原型：void setbkcolor(color);
函数参数：
color：指定要设置的背景颜色。
返回值：无。
说明：

"背景色"是调色板绘图模式下的概念，所谓的背景色，是调色板中编号为 0 的颜色，可以通过修改编号 0 的颜色达到随时修改背景色的目的。在调色板模式下，显存中保存的是每种颜色在调色板中的编号。在 EasyX 中，已经废弃了调色板模式。

真彩色绘图模式下没有调色板，显存中直接保存每个点的颜色，没有背景色的概念。

EasyX 采用真彩色绘图模式，同时使用背景色，目的有两个：

1) 当文字背景不是透明时，指定文字的背景色。
2) 执行 cleardevice 或 clearcliprgn 时，使用该颜色清空屏幕或裁剪区。

【例 12.3】实现在绿色背景下绘制白色的矩形。
程序如下：

```
#include <stdafx.h>
#include <graphics.h>
#include <conio.h>
void main() {
    // 初始化绘图窗口
    initgraph(200, 200);
    // 设置背景色为绿色
    setbkcolor(GREEN);
    // 用背景色清空屏幕
    cleardevice();
    // 设置绘图色为白色
    setcolor(RED);
    // 画矩形
    rectangle(50, 50, 150, 150);
    // 按任意键退出
    getch();
    closegraph();
}
```

程序运行结果如图 12.3 所示。

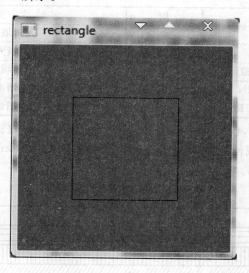

图 12.3 例 12.3 运行结果

(2)设置图案填充和文字输出时的背景模式函数。
函数原型:void setbkmode(int mode);
函数参数:
mode:指定图案填充和文字输出时的背景模式,可以使用的值见表 12.2。

表 12.2 背景样式参数值

值	描 述
OPAQUE	背景用当前背景色填充(默认)
TRANSPARENT	背景是透明的

返回值:无。
(3)设置当前填充颜色函数。
函数原型:void setfillcolor(color);
函数参数:
color:填充颜色。
返回值:无。
例如,设置蓝色填充:
setfillcolor(BLUE);
(4)设置当前填充样式函数。
函数原型:void setfillstyle(FILLSTYLE * pstyle);
　　　　　void setfillstyle(int style,long hatch = NULL,IMAGE * ppattern = NULL);
　　　　　void setfillstyle(BYTE * ppattern8x8);
函数参数:
pstyle:指向填充样式 FILLSTYLE 的指针。
style:指定填充样式。可以使用的宏或值见表 12.3。

表 12.3 填充样式参数宏或值

宏	值	含义
BS_SOLID	0	固实填充
BS_NULL	1	不填充
BS_HATCHED	2	图案填充
BS_PATTERN	3	自定义图案填充
BS_DIBPATTERN	5	自定义图像填充

hatch：指定填充图案，仅当 style 为 BS_HATCHED 时有效。填充图案的颜色由函数 setfillcolor 设置，背景区域使用背景色还是保持透明由函数 setbkmode 设置。hatch 参数可以使用的宏或值见表 12.4。

表 12.4 填充图案参数宏或值

宏	值	含义
HS_HOIRIZONTAL	0	
HS_VERTICAL	1	
HS_FDIAGONAL	2	
HS_BDIAGONAL	3	
HS_CROSS	4	
HS_DIAGCROSS	5	

ppattern：指定自定义填充图案或图像，仅当 style 为 BS_PATTERN 或 BS_DIBPATTERN 时有效。

当 style 为 BS_PATTERN 时，ppattern 指向的 IMAGE 对象表示自定义填充图案，IMAGE 中的黑色（BLACK）对应背景区域，非黑色对应图案区域。图案区域的颜色由函数 settextcolor 设置。

当 style 为 BS_DIBPATTERN 时，ppattern 指向的 IMAGE 对象表示自定义填充图像，以该图像为填充单元实施填充。

ppattern8x8：指定自定义填充图案，效果同 BS_PATTERN，该重载以 BYTE[8] 数组定义 8×8 区域的填充图案。数组中，每个元素表示一行的样式，BYTE 类型有 8 位，按位从高到低表示从左到右每个点的状态，由此组成 8×8 的填充单元，将填充单元平铺实现填充。对应的二进制位为 0 表示背景区域，为 1 表示图案区域。

返回值：无。

例如，以下局部代码设置固实填充：

setfillstyle(BS_SOLID);

以下局部代码设置填充图案为斜线填充：

setfillstyle(BS_HATCHED, HS_BDIAGONAL);

以下局部代码设置自定义图像填充（由 res\bk.jpg 指定填充图像）：

IMAGE img;
loadimage(&img, _T("res\bk.jpg"));
setfillstyle(BS_DIBPATTERN, NULL, &img);

【例 12.4】设置自定义的小矩形填充图案，并使用该图案填充一个三角形。

程序如下：

```c
#include <stdafx.h>
#include <conio.h>
#include <graphics.h>
void main() {
    // 创建绘图窗口
    initgraph(350, 300);
    // 定义填充单元
    IMAGE img(10, 8);
    // 绘制填充单元
    SetWorkingImage(&img);              // 设置绘图目标为 img 对象
    setbkcolor(BLACK);                  // 黑色区域为背景色
    cleardevice();
    setfillcolor(WHITE);                // 白色区域为自定义图案
    solidrectangle(1, 1, 8, 5);
    SetWorkingImage(NULL);              // 恢复绘图目标为默认绘图窗口
    // 设置填充样式为自定义填充图案
    setfillstyle(BS_PATTERN, NULL, &img);
    // 设置自定义图案的填充颜色
    settextcolor(GREEN);
    // 绘制无边框填充三角形
    POINT pts[] = { {50, 50}, {50, 200}, {300, 50} };
    solidpolygon(pts, 3);
    // 按任意键退出
    getch();
    closegraph();
}
```

程序运行结果如图 12.4 所示。

图 12.4 例 12.4 运行结果

以下局部代码设置自定义的填充图案(圆形图案填充):
setfillstyle((BYTE *)"\x3e\x41\x80\x80\x80\x80\x80\x41");
以下局部代码设置自定义的填充图案(细斜线夹粗斜线图案填充):
setfillstyle((BYTE *)"\x5a\x2d\x96\x4b\xa5\xd2\x69\xb4");
(5)设置当前画线颜色函数。
函数原型:void setlinecolor(COLORREF color);
函数参数:
color:要设置的画线颜色。
返回值:无。
(6)设置当前画线样式函数。
函数原型:void setlinestyle(const LINESTYLE * pstyle);
void setlinestyle(int style, int thickness = 1, const DWORD * puserstyle = NULL, DWORD userstylecount = 0);
函数参数:
pstyle:指向画线样式 LINESTYLE 的指针。
style:画线样式,由直线样式、端点样式、连接样式三类组成。可以是其中一类或多类的组合。同一类型中只能指定一个样式。
直线样式可以使用的值见表 12.5。

表 12.5　直线样式参数值

值	含　义
PS_SOLID	线形为实线
PS_DASH	线形为— — — — — — — — —
PS_DOT	线形为··············
PS_DASHDOT	线形为—·—·—·—·—·—
PS_DASHDOTDOT	线形为—··—··—··—··
PS_NULL	线形为不可见
PS_USERSTYLE	线形样式为用户自定义,由参数 puserstyle 和 userstylecount 指定

宏 PS_STYLE_MASK 是直线样式的掩码,可以通过该宏从画线样式中分离出直线样式。
端点样式可以使用的值见表 12.6。

表 12.6　端点样式参数值

值	含　义
PS_ENDCAP_ROUND	端点为圆形
PS_ENDCAP_SQUARE	端点为方形
PS_ENDCAP_FLAT	端点为平坦

宏 PS_ENDCAP_MASK 是端点样式的掩码,可以通过该宏从画线样式中分离出端点样式。
连接样式可以使用的值见表 12.7。

表 12.7 连接样式参数值

值	含义
PS_JOIN_BEVEL	连接处为斜面
PS_JOIN_MITER	连接处为斜接
PS_JOIN_ROUND	连接处为圆弧

宏 PS_JOIN_MASK 是连接样式的掩码，可以通过该宏从画线样式中分离出连接样式。

thickness：线的宽度，以像素为单位。

puserstyle：用户自定义样式数组，仅当线型为 PS_USERSTYLE 时该参数有效。数组第一个元素指定画线的长度，第二个元素指定空白的长度，第三个元素指定画线的长度，第四个元素指定空白的长度，依此类推。

userstylecount：用户自定义样式数组的元素数量。

返回值：无。

说明：

掩码宏表示对应样式组所占用的所有位。例如，对于一个已经混合了多种样式的 style 变量，如果希望仅将直线样式修改为点划线，可以这么做：

style = (style & ~PS_STYLE_MASK) | PS_DASHDOT;

例如，以下局部代码设置画线样式为点画线：

setlinestyle(PS_DASHDOT);

以下局部代码设置画线样式为宽度 3 像素的虚线，端点为平坦：

setlinestyle(PS_DASH | PS_ENDCAP_FLAT, 3);

以下局部代码设置画线样式为宽度为 10 像素的实线，连接处为斜面：

setlinestyle(PS_SOLID | PS_JOIN_BEVEL, 10);

以下局部代码设置画线样式为自定义样式（画 5 个像素，跳过 2 个像素，画 3 个像素，跳过 1 个像素），端点为平坦的：

DWORD a[4] = {5, 2, 3, 1};

(7) 设置当前多边形的填充模式函数。

函数原型：void setpolyfillmode(int mode);

函数参数：

mode：指定多边形填充模式，可以使用的值见表 12.8。

表 12.8 填充模式描述

值	描述
ALTERNATE	交替填充模式（默认值）。在该模式中，对于每条水平扫描线，从左向右逐像素扫描，当遇到多边形的奇数条边时，开始填充；当遇到偶数条边时，停止填充。例如五角星，五条边多次相交，采用 ALTERNATE 模式填充时，中心的五边形不被填充
WINDING	根据绘图方向填充的模式。在该模式中，对于每条水平扫描线，从左向右逐像素扫描，当遇到多边形的奇数条边时，开始填充；当遇到偶数条边时，需要进一步根据穿过该扫描线的边的方向判断：如果从上向下穿越扫描线的边数和从下向上穿越扫描线的边数不同，则开始填充，边数相同，则停止填充。例如五角星，五条边多次相交，采用 WINDING 模式填充时，中心的五边形会被填充

返回值:无。

说明:

该设置影响 fillpolygon,solidpolygon,clearpolygon 三个绘制多边形函数的执行效果。

(8)设置前景色的二元光栅操作模式函数。

函数原型:void setrop2(int mode);

函数参数:

mode:二元光栅操作码。该函数支持全部的 16 种二元光栅操作码,二元光栅操作模式描述见表 12.9。

表 12.9 二元光栅操作模式描述

位操作模式	描 述
R2_BLACK	绘制出的像素颜色 = 黑色
R2_COPYPEN	绘制出的像素颜色 = 当前颜色(默认)
R2_MASKNOTPEN	绘制出的像素颜色 = 屏幕颜色 AND（NOT 当前颜色）
R2_MASKPEN	绘制出的像素颜色 = 屏幕颜色 AND 当前颜色
R2_MASKPENNOT	绘制出的像素颜色 =（NOT 屏幕颜色）AND 当前颜色
R2_MERGENOTPEN	绘制出的像素颜色 = 屏幕颜色 OR（NOT 当前颜色）
R2_MERGEPEN	绘制出的像素颜色 = 屏幕颜色 OR 当前颜色
R2_MERGEPENNOT	绘制出的像素颜色 =（NOT 屏幕颜色）OR 当前颜色
R2_NOP	绘制出的像素颜色 = 屏幕颜色
R2_NOT	绘制出的像素颜色 = NOT 屏幕颜色
R2_NOTCOPYPEN	绘制出的像素颜色 = NOT 当前颜色
R2_NOTMASKPEN	绘制出的像素颜色 = NOT（屏幕颜色 AND 当前颜色）
R2_NOTMERGEPEN	绘制出的像素颜色 = NOT（屏幕颜色 OR 当前颜色）
R2_NOTXORPEN	绘制出的像素颜色 = NOT（屏幕颜色 XOR 当前颜色）
R2_WHITE	绘制出的像素颜色 = 白色
R2_XORPEN	绘制出的像素颜色 = 屏幕颜色 XOR 当前颜色

注:①AND / OR / NOT / XOR 为布尔运算。②"屏幕颜色"指绘制所经过的屏幕像素点的颜色。③"当前颜色"是指将要绘制的颜色。

返回值:无。

说明:

该函数设置的二元光栅操作码仅影响线条和填充(包括 IMAGE 填充)的输出,不影响文字和 IMAGE 的输出

2. 获取颜色和样式函数

(1)获取当前绘图背景色函数。

函数原型:COLORREF getbkcolor();

返回值:返回当前绘图背景色。

(2)获取图案填充和文字输出时的背景模式函数。

函数原型:int getbkmode();

返回值:如果函数执行成功,返回值表示当前背景混合模式(OPAQUE 或 TRANSPARENT,详见 setbkmode 函数的参数)。如果函数执行失败,返回值为 0。

(3)获取当前填充颜色函数。

函数原型:COLORREF getfillcolor();

返回值:返回当前填充颜色。

(4)获取当前填充样式函数。

函数原型:void getfillstyle(FILLSTYLE * pstyle);

函数参数:

pstyle:返回当前填充样式,详见 setfillstyle。

返回值:无。

(5)获取当前画线颜色函数。

函数原型:COLORREF getlinecolor();

返回值:返回当前的画线颜色。

(6)获取当前画线样式函数。

函数原型:void getlinestyle(LINESTYLE * pstyle);

函数参数:

pstyle:返回当前画线样式,详见 setlinestyle。

返回值:无。

(7)获取当前多边形的填充模式函数。

函数原型:int getpolyfillmode();

返回值:如果函数执行成功,返回值表示当前的多边形填充模式(ALTERNATE 或 WINDING,详见 setpolyfillmode 函数的参数)。如果函数执行失败,返回值为 0。

(8)获取前景色的二元光栅操作模式函数。

函数原型:int getrop2();

返回值:二元光栅操作码,详见 setrop2 函数。

12.3.3 点的绘图函数

函数原型:void putpixel(int x, int y, COLORREF color);
函数参数:
x:点的 X 坐标。
y:点的 Y 坐标。
color:点的颜色。
返回值:无。

12.3.4 直线类绘图函数

1. line
函数原型:void line(int x1,int y1,int x2,int y2);
函数参数:

x1:线的起始点的 X 坐标。
y1:线的起始点的 Y 坐标。
x2:线的终止点的 X 坐标。
y2:线的终止点的 Y 坐标。
返回值:无。

2. linerel

函数原型:void linerel(int dx,int dy);

函数参数:

dx:从"当前点"开始画线,沿 X 轴偏移 dx。
dy:从"当前点"开始画线,沿 Y 轴偏移 dy。
返回值:无。

3. lineto

函数原型:void lineto(int x,int y);

函数参数:

x:目标点的 X 坐标(从"当前点"开始画线)。
y:目标点的 Y 坐标(从"当前点"开始画线)。
返回值:无。

12.3.5 矩形和多边形的绘图函数

1. 矩形绘图函数

函数原型:void rectangle(int left,int top,int right,int bottom);

函数参数:

left:矩形左部 X 坐标。
top:矩形上部 Y 坐标。
right:矩形右部 X 坐标。
bottom:矩形下部 Y 坐标。
返回值:无。

2. 填充矩形(有边框)绘图函数

函数原型:void fillrectangle(int left,int top,int right,int bottom);

函数参数:

left:矩形左部 X 坐标。
top:矩形上部 Y 坐标。
right:矩形右部 X 坐标。
bottom:矩形下部 Y 坐标。
返回值:无。

3. 填充矩形(无边框)绘图函数

函数原型:void solidrectangle (int left,int top,int right,int bottom);

函数参数:

left:矩形左部 X 坐标。

top:矩形上部 Y 坐标。

right:矩形右部 X 坐标。

bottom:矩形下部 Y 坐标。

返回值:无。

4. 清空矩形区域函数

函数原型:void clearrectangle(int left,int top,int right,int bottom);

函数参数:

left:矩形左部 X 坐标。

top:矩形上部 Y 坐标。

right:矩形右部 X 坐标。

bottom:矩形下部 Y 坐标。

返回值:无。

5. 圆角矩形绘图函数

函数原型:void clearroundrect(int left,int top,int right,int bottom,int ellipsewidth,int ellipseheight);

函数参数:

left:圆角矩形左部 X 坐标。

top:圆角矩形上部 Y 坐标。

right:圆角矩形右部 X 坐标。

bottom:圆角矩形下部 Y 坐标。

ellipsewidth:构成圆角矩形的圆角的椭圆的宽度。

ellipseheight:构成圆角矩形的圆角的椭圆的高度。

返回值:无。

6. 填充圆角矩形(有边框)绘图函数

函数原型:void fillroundrect(int left,int top,int right,int bottom,int ellipsewidth,int ellipseheight);

函数参数:

left:圆角矩形左部 X 坐标。

top:圆角矩形上部 Y 坐标。

right:圆角矩形右部 X 坐标。

bottom:圆角矩形下部 Y 坐标。

ellipsewidth:构成圆角矩形的圆角的椭圆的宽度。

ellipseheight:构成圆角矩形的圆角的椭圆的高度。

返回值:无。

7. 填充圆角矩形(无边框)绘图函数

函数原型:void solidroundrect(int left,int top,int right,int bottom,int ellipsewidth,int ellipseheight);

函数参数:

left:圆角矩形左部 X 坐标。

top:圆角矩形上部 Y 坐标。
right:圆角矩形右部 X 坐标。
bottom:圆角矩形下部 Y 坐标。
ellipsewidth:构成圆角矩形的圆角的椭圆的宽度。
ellipseheight:构成圆角矩形的圆角的椭圆的高度。
返回值:无。

8. 清空圆角矩形区域函数

函数原型:void clearroundrect(int left,int top,int right,int bottom,int ellipsewidth,int ellipseheight);

函数参数:

left:圆角矩形左部 X 坐标。
top:圆角矩形上部 Y 坐标。
right:圆角矩形右部 X 坐标。
bottom:圆角矩形下部 Y 坐标。
ellipsewidth:构成圆角矩形的圆角的椭圆的宽度。
ellipseheight:构成圆角矩形的圆角的椭圆的高度。
返回值:无。

9. 多边形绘图函数

函数原型:void polygon(const POINT * points,int num);

函数参数:

points:每个点的坐标,数组元素个数为 num。该函数会自动连接多边形首尾。
num:多边形顶点的个数。
返回值:无。

例如,以下局部代码绘制一个三角形(两种方法):

```
// 方法 1
POINT pts[] = { {50,200},{200,200},{200,50} };
polygon(pts,3);
// 方法 2
int pts[] = {50,200,200,200,200,50};
polygon((POINT *)pts,3);
```

10. 填充多边形(有边框)绘图函数

函数原型:void fillpolygon(const POINT * points,int num);

函数参数:

points:每个点的坐标,数组元素个数为 num。该函数会自动连接多边形首尾。
num:多边形顶点的个数。
返回值:无。

【例 12.5】用两种方法绘制一个封闭的填充三角形。

```
// 方法 1
POINT pts[] = { {50,200},{200,200},{200,50} };
```

solidpolygon(pts,3);
// 方法 2
int pts[] = {50,200,200,200,200,50};
solidpolygon((POINT*)pts,3);
程序如下：
#include <stdafx.h>
#include <graphics.h>
#include <conio.h>
void main(int argc,char* argv[]) {
initgraph(350,300);
POINT pts[] = { {50,200},{200,200},{200,50} };
polygon(pts,3);
getch();
closegraph();
}
程序运行结果如图 12.5 所示。

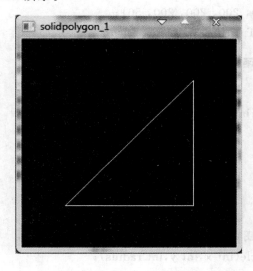

图 12.5　例 12.5 运行结果

11. 填充多边形（无边框）绘图函数

函数原型：void solidpolygon(const POINT * points,int num);

函数参数：

points：每个点的坐标，数组元素个数为 num。该函数会自动连接多边形首尾。

num：多边形顶点的个数。

返回值：无。

例如，以下局部代码绘制一个封闭的填充三角形（两种方法）：

// 方法 1
POINT pts[] = { {50,200},{200,200},{200,50} };

solidpolygon(pts,3);
// 方法 2
int pts[] = {50,200,200,200,200,50};
solidpolygon((POINT *)pts,3);

12. 清除多边形区域函数

函数原型:void clearpolygon(const POINT *points,int num);

函数参数:

points:每个点的坐标,数组元素个数为 num。该函数会自动连接多边形首尾。

num:多边形顶点的个数。

返回值:无。

说明:该函数使用当前背景色清空多边形区域。

例如,以下局部代码清空一个三角形区域(两种方法):
// 方法 1
POINT pts[] = { {50,200},{200,200},{200,50} };
clearpolygon(pts,3);
// 方法 2
int pts[] = {50,200,200,200,200,50};
clearpolygon((POINT *)pts,3);

12.3.6 圆弧类绘图函数

1. 圆绘图函数

函数原型:void circle(int x,int y,int radius);

函数参数:

x:圆的圆心 X 坐标。

y:圆的圆心 Y 坐标。

radius:圆的半径。

返回值:无。

2. 填充圆(有边框)绘图函数

函数原型:void fillcircle(int x,int y,int radius);

函数参数:

x:圆的圆心 X 坐标。

y:圆的圆心 Y 坐标。

radius:圆的半径。

返回值:无。

3. 填充圆(无边框)绘图函数

函数原型:void solidcircle(int x,int y,int radius);

函数参数:

x:圆的圆心 X 坐标。

y:圆的圆心 Y 坐标。

radius:圆的半径。
返回值:无。

4.清空圆形区域函数

函数原型:void clearcircle(int x,int y,int radius);

函数参数:

x:圆的圆心 X 坐标。

y:圆的圆心 Y 坐标。

radius:圆的半径。

返回值:无。

说明:该函数使用背景色清空圆形区域。

5.椭圆绘图函数

函数原型:void ellipse(int left,int top,int right,int bottom);

函数参数:

left:椭圆外切矩形的左上角 X 坐标。

top:椭圆外切矩形的左上角 Y 坐标。

right:椭圆外切矩形的右下角 X 坐标。

bottom:椭圆外切矩形的右下角 Y 坐标。

返回值:无。

说明:该函数使用当前线条样式绘制椭圆。

由于屏幕像素点坐标是整数,因此用圆心和半径描述的椭圆无法处理直径为偶数的情况。而该函数的参数采用外切矩形来描述椭圆,可以解决这个问题。

当外切矩形为正方形时,可以绘制圆。

6.填充椭圆(有边框)绘图函数

函数原型:void fillellipse(int left,int top,int right,int bottom);

函数参数:

left:椭圆外切矩形的左上角 X 坐标。

top:椭圆外切矩形的左上角 Y 坐标。

right:椭圆外切矩形的右下角 X 坐标。

bottom:椭圆外切矩形的右下角 Y 坐标。

返回值:无。

说明:该函数使用当前线条样式绘制椭圆。

由于屏幕像素点坐标是整数,因此用圆心和半径描述的椭圆无法处理直径为偶数的情况。而该函数的参数采用外切矩形来描述椭圆,可以解决这个问题。

当外切矩形为正方形时,可以绘制圆。

7.填充椭圆(无边框)绘图函数

函数原型:void solidellipse(int left,int top,int right,int bottom);

函数参数:

left:椭圆外切矩形的左上角 X 坐标。

top:椭圆外切矩形的左上角 Y 坐标。

right：椭圆外切矩形的右下角 X 坐标。
bottom：椭圆外切矩形的右下角 Y 坐标。
返回值：无。
说明：该函数使用当前线条样式绘制椭圆。
由于屏幕像素点坐标是整数，因此用圆心和半径描述的椭圆无法处理直径为偶数的情况。而该函数的参数采用外切矩形来描述椭圆，可以解决这个问题。
当外切矩形为正方形时，可以绘制圆。

8．清空椭圆区域函数
函数原型：void clearellipse(int left,int top,int right,int bottom);
函数参数：
left：椭圆外切矩形的左上角 X 坐标。
top：椭圆外切矩形的左上角 Y 坐标。
right：椭圆外切矩形的右下角 X 坐标。
bottom：椭圆外切矩形的右下角 Y 坐标。
返回值：无。
说明：该函数使用当前背景色清空椭圆区域。
由于屏幕像素点坐标是整数，因此用圆心和半径描述的椭圆无法处理直径为偶数的情况。而该函数的参数采用外切矩形来描述椭圆，可以解决这个问题。
当外切矩形为正方形时，可以清空圆形区域。

9．椭圆弧绘图函数
函数原型：void arc(int left,int top,int right,int bottom,double stangle,double endangle);
函数参数：
left：圆弧所在椭圆的外切矩形的左上角 X 坐标。
top：圆弧所在椭圆的外切矩形的左上角 Y 坐标。
right：圆弧所在椭圆的外切矩形的右下角 X 坐标。
bottom：圆弧所在椭圆的外切矩形的右下角 Y 坐标。
stangle：圆弧的起始角的弧度。
endangle：圆弧的终止角的弧度。
返回值：无。

10．椭圆扇形绘图函数
函数原型：void pie(int left,int top,int right,int bottom,double stangle,double endangle);
函数参数：
left：圆弧所在椭圆的外切矩形的左上角 X 坐标。
top：圆弧所在椭圆的外切矩形的左上角 Y 坐标。
right：圆弧所在椭圆的外切矩形的右下角 X 坐标。
bottom：圆弧所在椭圆的外切矩形的右下角 Y 坐标。
stangle：圆弧的起始角的弧度。

endangle:圆弧的终止角的弧度。
返回值:无。

11. 填充椭圆扇形(有边框)绘图函数
函数原型:void fillpie(int left,int top,int right,int bottom,double stangle,double endangle);
函数参数:
left:圆弧所在椭圆的外切矩形的左上角 X 坐标。
top:圆弧所在椭圆的外切矩形的左上角 Y 坐标。
right:圆弧所在椭圆的外切矩形的右下角 X 坐标。
bottom:圆弧所在椭圆的外切矩形的右下角 Y 坐标。
stangle:圆弧的起始角的弧度。
endangle:圆弧的终止角的弧度。
返回值:无。

12. 填充椭圆扇形(无边框)绘图函数
函数原型:void solidpie(int left,int top,int right,int bottom,double stangle,double endangle);
函数参数:
left:圆弧所在椭圆的外切矩形的左上角 X 坐标。
top:圆弧所在椭圆的外切矩形的左上角 Y 坐标。
right:圆弧所在椭圆的外切矩形的右下角 X 坐标。
bottom:圆弧所在椭圆的外切矩形的右下角 Y 坐标。
stangle:圆弧的起始角的弧度。
endangle:圆弧的终止角的弧度。
返回值:无。

13. 清空椭圆扇形区域函数
函数原型:void clearpie(int left,int top,int right,int bottom,double stangle,double endangle);
函数参数:
left:圆弧所在椭圆的外切矩形的左上角 X 坐标。
top:圆弧所在椭圆的外切矩形的左上角 Y 坐标。
right:圆弧所在椭圆的外切矩形的右下角 X 坐标。
bottom:圆弧所在椭圆的外切矩形的右下角 Y 坐标。
stangle:圆弧的起始角的弧度。
endangle:圆弧的终止角的弧度。
返回值:无。

12.3.7 填充函数

函数原型:void floodfill(int x, int y, COLORREF border);
函数参数:
x:待填充区域内任意点的 X 坐标。

y:待填充区域内任意点的 Y 坐标。
border:待填充区域的边界颜色。填充动作在该颜色围成的封闭区域内填充。
返回值:无。
说明:填充动作以(x,y)为起点,向周围扩散,直到遇到 border 指定的颜色才会终止。所以,指定的区域必须是封闭的。填充颜色通过函数 setfillcolor 设置,填充样式通过函数 setfillstyle 设置。

12.3.8 图形文本函数

在图形模式和文本模式中,文本的显示方式不同,字符屏幕位置表示法不再适用。文字输出相关函数见表 12.10。

表 12.10 文本输出函数描述

函数	描述
gettextcolor	获取当前字体颜色
gettextstyle	获取当前字体样式
LOGFONT	保存字体样式的结构体
outtext	在当前位置输出字符串
outtextxy	在指定位置输出字符串
drawtext	在指定区域内以指定格式输出字符串
settextcolor	设置当前字体颜色
settextstyle	设置当前字体样式
textheight	获取字符串实际占用的像素高度
textwidth	获取字符串实际占用的像素宽度

1. 输出字符串函数

(1)在当前位置输出字符串。
函数原型:void outtext(LPCTSTR str);
　　　　　void outtext(TCHAR c);
函数参数:
str:待输出的字符串的指针。
c:待输出的字符。
返回值:无。
说明:该函数会改变当前位置至字符串末尾。所以,可以连续使用该函数使输出的字符串保持连续。
例如:
// 输出字符串
char s[] = "Hello World";
outtext(s);// 输出字符
char c = 'A';
outtext(c);// 输出数值,先将数字格式化输出为字符串

```
char s[5];
sprintf(s,"%d",1024);
outtext(s);
```
(2)在指定位置输出字符串。

函数原型:void outtextxy(int x,int y,LPCTSTR str);
　　　　 void outtextxy(int x,int y,TCHAR c);

函数参数:

x:字符串输出时头字母的 X 轴的坐标值。

y:字符串输出时头字母的 Y 轴的坐标值。

str:待输出的字符串的指针。

c:待输出的字符。

返回值:无。

说明:该函数不会改变当前位置。

字符串常见的编码有两种:MBCS 和 Unicode。VC6 新建的项目默认为 MBCS 编码,VC2008 及高版本的 VC 默认为 Unicode 编码。LPCTSTR 可以同时适应两种编码。为了适应两种编码,请使用 TCHAR 字符串及相关函数。

例如:
```
// 输出字符串（VC6）
char s[] = "Hello World";
outtextxy(10, 20, s);
// 输出字符串（VC6 / VC2008 / VC2010 / VC2012）
TCHAR s[] = _T("Hello World");
outtextxy(10, 20, s);
// 输出字符（VC6）
char c = 'A';
outtextxy(10, 40, c);
// 输出字符（VC6 / VC2008 / VC2010 / VC2012）
TCHAR c = _T('A');
outtextxy(10, 40, c);
// 输出数值,先将数字格式化输出为字符串（VC6）
char s[5];
sprintf(s,"%d",1024);
outtextxy(10, 60, s);
// 输出数值 1024,先将数字格式化输出为字符串（VC2008 / VC2010 / VC2012）
TCHAR s[5];
_stprintf(s, _T("%d"), 1024); // 高版本 VC 推荐使用 _stprintf_s 函数
outtextxy(10, 60, s);
```
(3)在指定区域内以指定格式输出字符串。

函数原型:int drawtext(LPCTSTR str,RECT * pRect,UINT uFormat);

```
int drawtext(TCHAR c,RECT * pRect,UINT uFormat);
```

函数参数：

str：待输出的字符串。

pRect：指定的矩形区域的指针。某些 uFormat 标志会使用这个矩形区域做返回值。详见后文说明。

uFormat：指定格式化输出文字的方法。详见后文说明。

c：待输出的字符。

返回值：函数执行成功时，返回文字的高度。

如果指定了 DT_VCENTER 或 DT_BOTTOM 标志，返回值表示从 pRect->top 到输出文字的底部的偏移量。

如果函数执行失败，返回 0。

说明：下文关于文字位置的描述，均是相对于 pRect 指向的矩形而言。格式化输出标志描述见表 12.11。

表 12.11 格式化输出标志描述

标　志	描　述
DT_BOTTOM	调整文字位置到矩形底部，仅当和 DT_SINGLELINE 一起使用时有效
DT_CALCRECT	检测矩形的宽高。如果有多行文字，drawtext 使用 pRect 指定的宽度，并且扩展矩形的底部以容纳每一行文字。如果只有一行文字，drawtext 修改 pRect 的右边以容纳最后一个文字。无论哪种情况，drawtext 都返回格式化后的文字高度，并且不输出文字
DT_CENTER	文字水平居中
DT_EDITCONTROL	以单行编辑的方式复制可见文本。具体地说，就是以字符的平均宽度为计算依据，同时将这种方式应用于编辑控制，并且这种方式不显示可见部分的最后一行
DT_END_ELLIPSIS	对于文本显示，如果字符串的末字符不在矩形内，它会被截断并以省略号标识。如果是一个单词而不是一个字符，其末尾超出了矩形范围，它不会被截断。字符串不会被修改，除非指定了 DT_MODIFYSTRING 标志
DT_EXPANDTABS	展开 TAB 符号。默认每个 TAB 占 8 个字符位置。注意，DT_WORD_ELLIPSIS，DT_PATH_ELLIPSIS 和 DT_END_ELLIPSIS 不能和 DT_EXPANDTABS 一起用
DT_EXTERNALLEADING	在行高里包含字体的行间距。通常情况下，行间距不被包含在正文的行高里
DT_HIDEPREFIX	Windows 2000/XP：忽略文字中的前缀字符（&），并且前缀字符后面的字符不会出现下画线。其他前缀字符仍会被处理，解释 && 为显示单个 &（通常，DrawText 解释前缀转义符 & 为其后的字符加下画线，解释 && 为显示单个 &）。例如： 输入字符串："A&bc&&d" 不添加标志输出："Abc&d" 添加标志 DTDT_HIDEPREFIX 输出："Abc&d"

续表

标志	描述
DT_INTERNAL	使用系统字体计算文字的宽高等属性
DT_LEFT	文字左对齐
DT_MODIFYSTRING	修改指定字符串为显示出的正文。仅当和 DT_END_ELLIPSIS 或 DT_PATH_ELLIPSIS 标志同时使用时有效
DT_NOCLIP	使输出文字不受 pRect 裁剪限制。使用 DT_NOCLIP 会使 drawtext 执行稍快一些
DT_NOFULLWIDTH-CHARBREAK	Windows 2000/XP：防止换行符插入到 DBCS（double-wide character string,即宽字符串），换行规则相当于 SBCS 字符串。仅当和 DT_WORDBREAK 一起使用时有效。例如,汉字就是宽字符,设置该标志后,连续的汉字会像英文单词一样不被换行符中断
DT_NOPREFIX	关闭前缀字符的处理（通常,DrawText 解释前缀转义符 & 为其后的字符加下画线,解释 && 为显示单个 &）。指定 DT_NOPREFIX,这种处理被关闭。例如： 输入字符串："A&bc&&d" 不添加标志输出："Abc&d" 添加标志 DT_NOPREFIX 输出："A&bc&&d"
DT_PATH_ELLIPSIS	对于显示的正文,替换字符串在椭圆中的字符,以确保结果能在合适的矩形内。如果该字符串包含反斜杠(\)字符,DT_PATH_ELLIPSIS 尽可能地保留最后一个反斜杠之后的正文。字符串不会被修改,除非指定了 DT_MODIFYSTRING 标志
DT_PREFIXONLY	Windows 2000/XP：仅仅在(&)前缀字符的位置下绘制一个下划线。不绘制字符串中的任何其他字符。（通常,DrawText 解释前缀转义符 & 为其后的字符加下画线,解释 && 为显示单个 &。）例如： 输入字符串："A&bc&&d" 不添加标志输出："Abc&d" 添加标志 DT_PREFIXONLY 输出："_"
DT_RIGHT	文字右对齐
DT_RTLREADING	设置从右向左的阅读顺序（当文字是希伯来文或阿拉伯文时）。默认的阅读顺序是从左向右
DT_SINGLELINE	使文字显示在一行。回车和换行符都无效
DT_TABSTOP	设置 TAB 制表位。uFormat 的 15-8 位指定 TAB 的字符宽度。默认 TAB 表示 8 个字符宽度。注意,DT_CALCRECT、DT_EXTERNALLEADING、DT_INTERNAL、DT_NOCLIP 和 DT_NOPREFIX 不能和 DT_TABSTOP 一起用
DT_TOP	文字顶部对齐

续表

标　志	描　述
DT_VCENTER	文字垂直居中。仅当和 DT_SINGLELINE 一起使用时有效
DT_WORDBREAK	自动换行。当文字超过右边界时会自动换行(不拆开单词)。回车符同样可以换行
DT_WORD_ELLIPSIS	截去无法容纳的文字,并在末尾增加省略号

【例 12.6】在屏幕中央输出字符串"Hello World"。

程序如下：

```
#include <stdafx.h>
#include <graphics.h>
#include <conio.h>
void main(){
    // 绘图环境初始化
    initgraph(200, 200);
    // 在屏幕中央输出字符串
    RECT r = {0, 0, 200, 200};
    drawtext(_T("Hello World"), &r, DT_CENTER | DT_VCENTER | DT_SINGLELINE);
    // 按任意键退出
    getch();
    closegraph();
}
```

程序运行结果如图 12.6 所示。

图 12.6　例 12.6 运行结果

12.4　图形处理程序设计案例

【例 12.7】绘制一个圆从左向右移动。
程序如下：

```
#include <stdafx.h>
#include <graphics.h>              // 就是需要引用这个图形库
#include <conio.h>
void main() {
    initgraph(640,480);            //绘图环境 640 * 480
    setcolor(WHITE);               //绘图前景色为白色
    setfillstyle(BS_SOLID);        //填充样式为固实填充
    setfillcolor(RED);             //填充颜色为蓝色
    BeginBatchDraw();              //开始批量绘图
for(int i=50; i<600; i++)
{
    circle(i,100,40);              //画圆
    floodfill(i, 100, WHITE);      //填充
    FlushBatchDraw();              //执行未完成的绘制任务
    Sleep(10);                     //挂起 50ms
    cleardevice();                 //用背景色清空屏幕
} EndBatchDraw();                  //结束批量绘制
    getch();                       // 按任意键继续
    closegraph();                  // 关闭图形界面
}
```

程序运行结果如图 12.7 所示。

图 12.7　例 12.7 运行结果

说明：此图为小球运动的一瞬间截图。

实训 12　图形处理

1. 实训目的
(1)熟悉图形的初始化和输出设置。

(2)学习和掌握C语言绘图常用的函数。

2. 实训环境

上机环境为 Visual C++ 6.0。

3. 实训内容

(1)绘制国际棋盘。

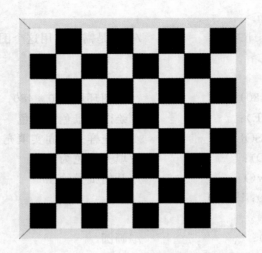

设计方法：

首先设置背景颜色，然后使用绘制填充矩形函数绘制棋盘边框，并为其填充白色，最后按照国际象棋样式对其相应位置绘制黑色填充矩形。

(2)用绘图语句画机器猫。

设计方法：使用图像绘制函数将机器猫从上到下绘制出来，再使用填充函数对其填充相应的颜色。

4. 实训报告要求

(1)实验题目。

(2)设计步骤。

(3)源程序。

(4)输出结果。

(5)实验总结。

习 题 12

1. 填空题

(1) 图形系统初始化函数原型为 _____。
(2) 图形输出初始化函数是 _____。
(3) 程序中要使用图形方式时,必须包含头文件 _____。
(4) 在图形模式下,在指定位置输出字符串的函数是 _____。
(5) 在绘圆函数中的第三个参数表示 _____。

2. 选择题

(1) 在图形模式的指定位置输出字符串的函数是( )。
A. outtextxy B. outtext C. puts D. putchar
(2) 绘制填充无边框圆的函数是( )。
A. circle B. arc C. sector D. solidcircle
(3) 在 void floodfill(int x, int y, COLORREF border) 函数中的参数(x,y)是( )。
A. 封闭区域中的任意一点 B. 边界上的任意一点
C. 开放区域中的任意一点 D. 边界外的任意一点

3. 程序设计

(1) 试编程绘制一个红色的无边框五角星。

(2) 试编程设计显示屏窗口、菜单、提示,实现效果如下图。

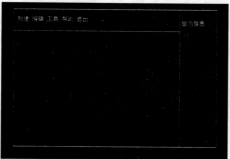

(3) 已知函数 y=f(x) 的一组测量值如下表所示,根据这些数据编程画出该函数的近似曲线图。

xi	1	2	3	4	5	6	7	8	9	10
yi	−4.5	−4	−3.4	−3.1	−2	−1	0	1.5	2.2	3.2

参考文献

[1] 顾彦玲.C++开发实战[M].北京:清华大学出版社,2013.
[2] 周霭如,等.C++程序设计基础(下)[M].北京:电子工业出版社,2013.
[3] 李振富.C语言程序设计[M].西安:西安电子科技大学出版社,2013.
[4] 陈建铎,等.C语言程序设计[M].西安:西北大学出版社,2009.
[5] 谭浩强,等.C程序设计(第四版)学习辅导[M].北京:清华大学出版社,2010.
[6] 谭浩强.C程序设计[M].4版.北京:清华大学出版社,2010.
[7] 谭浩强.C程序设计试题汇编[M].2版.北京:清华大学出版社,2006.
[8] 吴德成,等.C程序设计[M].北京:清华大学出版社,2011.
[9] 刘白林,等.程序设计基础(C语言版)[M].2版.北京:清华大学出版社,2010.
[10] 向艳.C语言程序设计[M].2版.北京:清华大学出版社,2011.
[11] 牛连强,等.C语言程序设计——面向工程的理论与应用[M].北京:电子工业出版社,2013.
[12] 陈明晰,等.C语言程序设计[M].北京:清华大学出版社,2013.
[13] 崔武子,等.C程序设计试题精选[M].2版.北京:清华大学出版社,2009.
[14] 刘志铭,等.C语言入门经典[M].北京:机械工业出版社,2013.
[15] 谭浩强,等.C语言习题集与上机指导[M].北京:高等教育出版社,2003.
[16] 张明林.C语言程序设计上机指导与习题集[M].西安:西北工业大学出版社,2006.
[17] 杨起帆.C语言程序设计教程[M].杭州:浙江大学出版社,2006.